高等学校智能科学与技术/人工智能专业教材

人工智能应用开发与案例分析

缑 锦 主 编

王华珍 刘景华 副主编

清华大学出版社
北 京

内 容 简 介

为实现人工智能实用型人才的培养,本书以迈进人工智能领域的高效学习路径为切入点,目标是让读者快速进入人工智能的世界,成为一名人工智能应用的开发者。本书切入日常工作与生活场景,捕获数据并从中萃取有价值的信息或模式,利用高效可复用的 Python 代码进行人工智能算法实现及可视化,让读者从中学到一些核心的"人工智能+"应用开发技术,如分类、预测及推荐等。本书通过"原理简述—问题实例—实际代码—运行效果"方式介绍每个人工智能应用的开发方法,使读者能够边学边用,通过代码的实现加深对人工智能算法的理解。本书具有以下特色:①内容实用,编排符合初学者的认知规律;②以实例引导全程,深入人工智能应用开发;③整体结构提纲挈领;④真实任务开发,将学习成果转化为真正的生产力;⑤打造人工智能应用开发者的高校人工智能教学创新模式。

本书可作为高等学校人工智能专业的教材,也可供相关工程技术人员和其他自学者参考。

图书在版编目(CIP)数据

人工智能应用开发与案例分析/缑锦主编.—北京:清华大学出版社,2023.1(2024.7重印)
高等学校智能科学与技术.人工智能专业教材
ISBN 978-7-302-62333-5

Ⅰ.①人… Ⅱ.①缑… Ⅲ.①人工智能-高等学校-教材 Ⅳ.①TP18

中国国家版本馆 CIP 数据核字(2023)第 010048 号

责任编辑:贾 斌
封面设计:常雪影
责任校对:徐俊伟
责任印制:沈 露

出版发行:清华大学出版社
      网　　　址:https://www.tup.com.cn,https://www.wqxuetang.com
      地　　　址:北京清华大学学研大厦 A 座　　邮　　编:100084
      社 总 机:010-83470000　　邮　　购:010-62786544
      投稿与读者服务:010-62776969,c-service@tup.tsinghua.edu.cn
      质量反馈:010-62772015,zhiliang@tup.tsinghua.edu.cn
      课件下载:https://www.tup.com.cn,010-83470236
印 装 者:三河市龙大印装有限公司
经　　销:全国新华书店
开　　本:185mm×260mm　　印　张:19.5　　字　　数:490 千字
版　　次:2023 年 3 月第 1 版　　印　　次:2024 年 7 月第 2 次印刷
印　　数:1501~2000
定　　价:59.00 元

产品编号:089785-01

前言

FOREWORD

随着互联网、大数据、云计算和物联网等技术的不断发展,人工智能正引发可产生链式反应的科学突破,催生一批颠覆性技术,加速培育经济发展新动能,塑造新型产业体系,引领新一轮科技革命和产业变革。从走在前沿的科技公司,到努力创新的传统行业,几乎都想把握这个新"风口"。世界各国充分认识到人工智能是未来国际竞争的关键赛场,纷纷制定和实施部署了相应的人工智能发展战略,以期占领新一轮科技革命的制高点。2016 年 5 月,国家发展改革委、科学技术部、工业和信息化部、中央网信办等四部门发布《"互联网+"人工智能三年行动实施方案》。2017 年 3 月,国务院首次将人工智能写入《政府工作报告》,2017年 7 月印发了《新一代人工智能发展规划》。2017 年 12 月,工业和信息化部又发布了《促进新一代人工智能产业发展三年行动计划(2018—2020 年)》。2018 年 4 月,《教育部关于印发〈高等学校人工智能创新行动计划〉的通知》提出高校未来将形成"人工智能+X"的复合专业培养新模式,并引导高校不断提升人工智能领域科技创新、人才培养和服务国家需求能力,为我国人工智能发展提供战略支持。2019 年 3 月,中国共产党中央全面深化改革委员会发布了《关于促进人工智能和实体经济深度融合的指导意见》,探索创新成果应用转化的路径和方法,构建数据驱动、人机协同、跨界融合、共创分享的智能经济形态。2019 年 4 月 8日,国家发改委印发了《产业结构调整指导目录(2019 年本,征求意见稿)》,推进我国人工智能技术应用落地,在各领域中实现人工智能产品制造。2019 年 6 月,科学技术部发布的《新一代人工智能治理原则》突出了发展负责任的人工智能这一主题,强调了和谐友好、公平公正、包容共享、尊重隐私、安全可控、共担责任、开放协作、敏捷治理等八条原则,2019 年 8月,发布的《国家新一代人工智能创新发展试验区建设工作指引》指出到 2023 年,将布局建设 20 个左右试展试验区。

2020 年,工业和信息化部人才交流中心发布的《人工智能产业人才发展报告(2019—2020 年版)》指出,研究和应用人工智能技术的企业数量不断增加,人才需求在短时间内激增,但人工智能人才储备不足且培养机制不完善,人才供需比严重不平衡。根据各人工智能企业岗位的人才需求,可归纳为高级管理岗、高端技术岗、算法研究岗、应用开发岗、实际技能岗、产品经理岗等岗位。目前,我国传统名校和普通院校都在共同推进人工智能基础研究型人才和应用型人才的培养。随着技术的逐步成熟,人工智能不再是高高在上的空中楼阁,它在各领域深入运用,赋能传统行业,为传统行业提效增速,成为我国的核心竞争力。面向人工智能产业链的人工智能应用开发人员成为被高度关注的对象。

在院校人才培养方面,虽然我国自 2017 年来,大力支持开展以人工智能学院、人工智能专业建设为代表的人工智能专项人才培养措施,但当前仍处于人才培养方式的初期探索阶段。高校在培养具有动手能力的应用型人才方面尚有所欠缺,主要表现为:①相关人才理论基础强,但缺乏实战能力,现阶段市面上可用的人工智能应用开发教材数量有限,并且无统一版本;②人才培养渠道有限,培养周期长。这是由于人工智能教育教学生态尚不完善、教学实验资源缺乏、项目实训缺失等原因造成的。人工智能涉及 ABCD 四个概念:A 算法,B 大数据,C 计算平台(如云计算平台),D 领域知识。技术必须与领域结合。技术不结合场景,就只是一个技术而已。高校人工智能产业人才培养难以快速适应和匹配产业发展的节奏和企业的需求,应届生缺少人工智能知识储备与实践经验,很难直接匹配企业的用人需求。

在"政产学研一体化"人工智能人才培养生态体系建设政策的指引下,本书面向人工智能实用型人才的培养,以迈进人工智能领域的学习路径为切入点,按照人工智能产业链条进行课程内容设计,即从应用模式理解、应用数据处理、应用产品设计到应用产品开发的逻辑顺序引导读者逐步深入理解人工智能应用开发技术。本书切入日常工作与生活场景,捕获数据并从中萃取有价值的信息或模式,利用高效可复用的 Python 代码进行人工智能算法实现及可视化,让读者可从中学到一些真正核心的人工智能+应用开发技术,包括智能客服、人机互动、机器写作、智能艺术、数据生成、智能游戏、知识图谱等产业应用。本书通过"原理简述—问题实例—实际代码—运行效果"方式介绍每个人工智能应用的开发方法,使读者能够边学边用,通过代码的实现加深对人工智能算法的理解。本书能让读者理解和进行人工智能算法模型的训练及应用,理解不同算法在不同业务领域的实际应用价值,将人工智能模型转化为实际人工智能应用场景可以实现的方案,掌握架构选型、数据处理、应用系统对接、应用运行过程的性能优化等工程实践问题,成为一名人工智能应用的开发者。

作　者

2022 年 12 月

目 录

C O N T E N T S

第①章

绪　论

本章学习目标

- 了解人工智能的发展历程
- 了解人工智能＋应用创新模式
- 了解掌握人工智能应用开发流程
- 熟练掌握开发环境搭建

本章在论述人工智能范畴的基础上，重点介绍 AI 开发者应了解的人工智能＋应用创新、开发流程和环境部署，旨在帮助 AI 开发者入门。

计算机是人们为了延展思维而发明。起初，科学家建造计算机来解决代数问题，但后来计算机在其他许多方面也大显神通，如承载整个互联网的运行，生成以假乱真的图像，创建人工智能，或模拟宇宙等。计算机科学之父 Alan Mathison Turing（艾伦·麦席森·图灵）提出凡是可计算问题都可以用图灵机来实现[1]。可计算范畴内，具有明确的哲学观点。计算机科学的前沿研究领域正在发展一种可以独立思考的计算机系统：人工智能（Artificial Intelligence，AI）。

迄今为止，对人类智能的描述包括[2]：①感知能力，通过视觉、听觉、触觉等感官活动，接受并理解文字和理解外界环境的能力。②推理与决策能力，即图像、声音、语言等各种外界信息，通过人脑的生理与心理活动及有关的信息处理过程，将感性知识抽象为理性知识，并能对事物运行的规律进行分析、判断和推理，这就是提出概念、建立方法、进行演绎和归纳推理、做出决策的能力。③学习能力，即通过教育、训练和学习过程，更新和丰富拥有的知识和技能，这就是学习能力。④适应能力，对不断变化的外界环境（如干扰、刺激等）能灵活地做出正确的反应的自适应能力。

众所周知，物质的本质、宇宙的起源、生命的本质和智能的发生，并称为自然界四大奥秘。广泛接受的一个观点：智能是随机产生、环境选择的结果，即智能是进化出来的[3]。那么，智能是可计算的吗？如果是，则可以用图灵机来实现人工智能。可计算的智能是人工智能的哲学基石。反过来说，基于图灵机原理的计算机只能实现可计算的智能。目前没有证据显示人的智能行为超出图灵计算。

什么是"人工智能"呢？直观地理解，人工智能是通过机器来模拟人类智能的技术。从现代计算机能实现的智能内容来看，可以分为计算智能、感知智能和认知智能[4]。计算智能是通过计算机实现了能存会算,这一点计算机已经远远超过人类;感知智能是通过计算机实现了能听会说、能看会认。随着深度学习的成功应用,图像识别和语音识别获得了很大的进步。在某些测试集中甚至达到或者超过了人类水平,并且在很多场景下已经具备实用化能力;认知智能是通过计算机实现能理解会思考的问题。比尔·盖茨曾说过,"语言理解是人工智能皇冠上的明珠"。微软公司副总裁沈向洋曾说过,"懂语言者得天下"。目前,人工智能的研究热点是认知智能。

2017 年全国两会,"人工智能+"首现政府工作报告,作为国家战略的人工智能正在加速与产业融合,助力经济结构优化升级,对人们的生产和生活方式产生深远影响。让大众和无数企业、技术人员去了解、信任和触碰 AI,才能积极推动"人工智能+"的落地应用。随着众多 AI 算法的模块化,人工智能开发者群体格外丰富多样,传统企业人员也能快速成为 AI 开发者。当 AI 开发者们能够从现实中汲取灵感,知道并且拥有工具去实现它们的时候,才能实现富有价值的产业需求。

1.1　人工智能发展历程

1956 年 8 月,在美国汉诺斯小镇宁静的达特茅斯学院中,约翰·麦卡锡(John McCarthy)、马文·闵斯基(Marvin Minsky,人工智能与认知学专家)、克劳德·香农(Claude Shannon,信息论的创始人)、艾伦·纽厄尔(Allen Newell,计算机科学家)、赫伯特·西蒙(Herbert Simon,诺贝尔经济学奖得主)等科学家聚在一起讨论用机器来模仿人类学习及其他方面的智能。会议足足开了两个月的时间,虽然大家没有达成普遍的共识,但是却为会议讨论的内容起了一个名字:人工智能。因此,1956 年也就成为了人工智能元年。达特茅斯会议给出的 AI 定义是:人工智能是一门科学,是使机器做那些人需要通过智能来做的事。

自从 1956 年人工智能诞生以来,人工智能学科的研究形成了符号主义、连接主义和行为主义三大学派。①符号主义(Symbolicism),又称为逻辑主义、心理学派或计算机学派,其原理主要为物理符号系统(即符号操作系统)假设和有限合理性原理。符号主义认为人工智能源于数理逻辑。这个学派的代表人物有纽厄尔(Newell)、西蒙(Simon)和尼尔逊(Nilsson)等。该学派的经典成果是专家系统、知识工程理论与技术等。专家系统是一个符号主义的典型成果,是含有某个领域专家水平的知识与经验的数据库,能够利用人类专家的知识和解决问题的方法来处理该领域问题的智能计算机系统。符号主义于 1950 年代大热,于 1980 年代陷入低谷期。但是随着 2012 年 Google 推出了知识图谱技术,符号主义又开始蓬勃发展起来。知识图谱是显示知识发展进程与结构关系的一系列各种不同的图形,用可视化技术描述知识资源及其载体,挖掘、分析、构建、绘制和显示知识及它们之间的相互联系。②连接主义(Connectionism),又称为仿生学派或生理学派,其主要原理为神经网络及神经网络间的连接机制与学习算法。连接主义认为人工智能源于仿生学,特别是对人脑模型的研究。因此连接主义主要关注概念的心智表示以及如何在计算机上实现其心智表示。这个学派的脑模型(即 M 模型)开创了用电子装置模仿人脑结构和功能的新途径。连接主义的典型成果有多层神经网络反向传播算法(Back Bropagation Algorithm,BP 算法)[5]和深度学习(Deep learning)[6]。③行为主义(Actionism),又称为进化主义或控制论学派,其原理为控制论及感知-动作型控制系统,致力于通过行为控制让机器行为表现出智能。行为主义的典型成果是智能控制和智能机器人,目前正以人工智能新学派的面孔出现的,引起了许多人的兴趣。

当然,现在的人工智能研究已经不再强调遵循人工智能的单一学派,而是综合运用了各个流派的技术。在围棋上战胜人类顶尖棋手的 AlphaGo 综合使用了三种学习算法,包括强化学习、蒙特卡罗树搜索、深度学习,而这三种学习算法分属于三个人工智能流派(强化学习属于行为主义,蒙特卡罗树搜索属于符号主义,深度学习属于连接主义)。现今,人工智能是一个总称,包括机器学习(ML)、深度学习(DL)、自然语言处理(NLP)等。

下面就以人工智能重要事件来回顾其发展的简史。

(1) 1956 年达特茅斯会议:AI 的诞生。

在 1956 年的达特茅斯会议(图 1-1),提出了"人工智能"这个名称,并宣告人工智能学科正式成立。

图 1-1　1956 年的达特茅斯会议

(2) 1957 年,Frank Rosenblatt 提出感知机。

基于神经元功能模型,如图 1-2 所示,感知机被视为一种最简单形式的前馈神经网路,是一种二元线性分类器[7]。感知机是连接主义方向的奠基性成果。

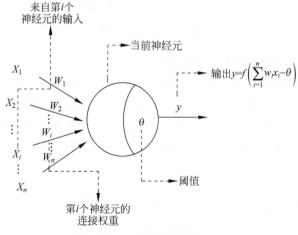

图 1-2　神经元模型

（3）1968 年世界上第一例成功的专家系统 DENDRAL。

DENDRAL 系统是一种帮助化学家判断某待定物质的分子结构的专家系统,标志着人工智能的一个新领域——专家系统的诞生[8]。从此,各种不同功能、不同类型的专家系统相继成立,专家系统基本组成的框架图如图 1-3 所示。专家系统是符号主义产生社会应用价值的典型成果。

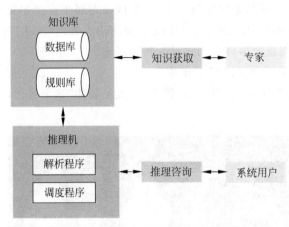

图 1-3　专家系统的基本组成

（4）1970 年发展与完善了语义网络的概念和方法。

H. A. Simon 在研究自然语言理解的过程中,发展与完善了语义网络的概念和方法[9]。语义网络是符号主义的研究基础,具体的语义网示例如图 1-4 所示。

图 1-4　语义网示例

（5）1976 年提出了"物理符号系统假说"。

物理符号系统假说（Physical Symbol System Hypothesis,PSSH）是西蒙和纽威尔于1976 年提出的假说,该假说认为知识的基本元素是符号,智能的基础依赖于知识,研究方法则是用计算机软件和心理学方法进行宏观上的人脑功能的模拟。物理符号系统假说是符号主义的代表性成果,具体的物理符号系统假说形成过程如图 1-5 所示。

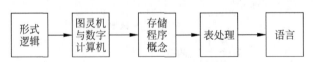

图 1-5　物理符号系统假说形成过程

（6）1983 年解决 NP 问题，连接主义重获关注。

1983 年，J. J. Hopfield 利用神经网络求解"城市旅行商"这个著名的 NP 难题取得重大进展，旅行商问题如图 1-6 所示，该问题使得连接主义重新受到人们的关注。Hopfield 网络使得人工神经网络的应用从常规的模式识别拓展到优化、动力学等其他领域，提升了人工神经网络的价值[10]。

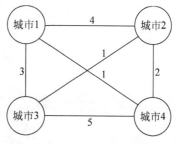

图 1-6　旅行商问题示例

（7）20 世纪 80 年代，决策树学习。

1980 年左右，出现基于符号主义思想的"从样例中学习"，其代表包括决策树（Decision Tree）[11]和基于逻辑的学习。决策树算法展示了基于数据的模式发现，也因此成为机器学习的代表算法。图 1-7 给出了一个决策树示例。

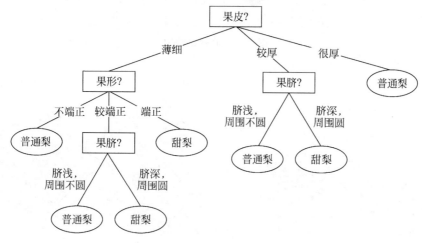

图 1-7　决策树示例

（8）1986 年，BP 算法使得人工神经网络重获重视。

1986 年，D. E. Rumelhart 等人提出后向传播误差优化方法，使得 BP（Back-Propagation）网络[12]在很多现实问题上发挥作用。BP 网络结构如图 1-8 所示，具有输入层、多个隐藏层和输出层，从理论上证明其能以任意精度逼近任何复杂的非线性映射，使得人工神经网络在模式识别应用中有了坚实的理论支撑[13]。

（9）20 世纪 90 年代，代表性技术 SVM。

支持向量机（Support Vector Machines，SVM）是一种二分类模型[14]，它的基本模型是定义在特征空间上的间隔最大的分类器（包括线性和非线性），如图 1-9 所示。SVM 通过该技巧设计最大间隔超平面来创建分类器，实现了小样本统计学习，大大提升了机器学习的性能。

（10）2006 年，提出深度学习的神经网络。

深度学习是实现机器学习的一种技术[15]。该方法通过采用多层且结构复杂的人工神经网络，对大量数据进行学习，以此实现机器自主的特征学习，提升算法性能。具体的深度学习网络示例，如图 1-10 所示。

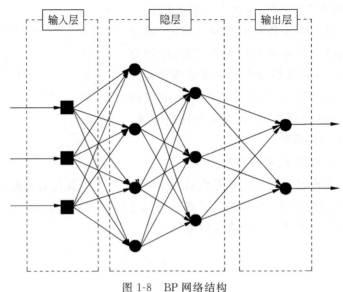

图 1-8　BP 网络结构

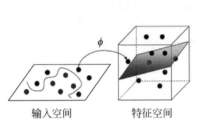

图 1-9　支持向量机原理示意

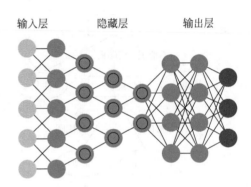

图 1-10　深度学习网络示例

（11）2012 年,Google 推出知识图谱。

知识图谱是结构化的语义知识库,每个实体在知识图谱中是一个节点[16]。通过"实体—关系—实体"或"实体—属性—值"相互联结,构成网状知识结构,能够对隐式、深层关系进行推理,是智能的主要体现之一。知识图谱计算机易于处理的三元组知识表示形式,使得知识图谱的构建可以加入计算机辅助,而不仅仅由人类专家来参与。具体的知识图谱示例如图 1-11 所示。

（12）2016 年 3 月,谷歌的 AlphaGo 打败了围棋世界冠军李世石。

由谷歌开发的人工智能机器人 AlphaGo 战胜了全球顶级的韩国九段棋手(图 1-12),李世石在第二局战败后表示:"人工智能厉害得让我无话可说。"随后 AlphaGo Master 迭代到全新模式的 AlphaGo Zero,它不再学习人类的棋谱、走法,而是完全依靠自我对弈来迅速提高棋艺,从而使得强化学习走入人们的视线,掀起人工智能新定式,行为主义的研究热潮。强化学习[17]被认为是更接近人类在自然界中学习知识的方式,在最佳路径选择、最优解探寻等方面有所应用。

（13）2019 年 3 月,深度学习的三位创造者获得了 2019 年的图灵奖。

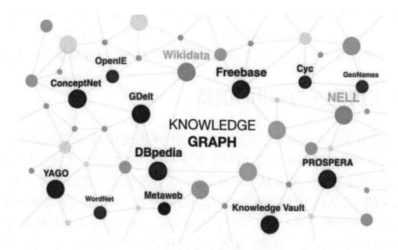

图 1-11 知识图谱示例

图 1-12 AlphaGo 与李世石对弈

深度学习已经成为人工智能技术领域最重要的技术之一。深度学习的三位科学家 G. Hinton、Y. LeCun,以及 Y. Bengio(图 1-13)提出了深度学习的基本概念。深度学习在实验中取得了惊人的结果,也在工程领域做出了重要突破,帮助深度神经网络获得实际应用。

图 1-13 深度学习三位奠基人(从左到右:Geoffrey Hinton,Yann LeCun,Yoshua Bengio)

人工智能将走向何方?人工智能将把人类社会带往何处?在 2019 年科幻电影《阿丽塔》想象的未来世界里,阿丽塔是一个除了头脑,身躯全部是高科技机械材料的机械改造人,拥有人类无法比拟的动作和能力。阿丽塔对我们提出了问题,到什么程度我们就不再是人类了。当我们成为机器的一部分或机器成为我们的一部分,当身体变成机器的时候,这会改变人性吗？这部电影告诉我们不会，我们的人性是内在的。电影里有一个场景，阿丽塔说："我并不是个完整的人类"，但阿丽塔的人类朋友说："你是我见过最像人类的人。"这场景表明了身体只是心智的载体。在与科技融合的进程中，我们的心灵和感情只存在于大脑之中。

1.2 "人工智能＋"应用的创新

当前，对人工智能巨大的需求与依赖已在企业中不断延伸，甚至扩散至整个经济体系，创建出全新的、超越想象的商业模式，将带来贯穿整体经济的溢出效应。人工智能的三要素：数据、算力和算法。这三要素缺一不可，是人工智能取得成就的必备条件。第一是数据，人工智能的根基是从历史经验(数据)进行学习的能力。对于人工神经网络模型来说，模型参数需经过大量训练数据进行迭代优化后才能确定。这样训练出来的神经网络模型能总结出规律，应用到新的数据上。如果应用场景中出现了训练集中从未有过的数据，则网络模型就只能随机猜测，正确率可想而知。训练数据需要覆盖各种可能的场景，训练数据用于支撑大量参数的优化，这使得大数据对人工智能非常重要。第二是算力，指的是执行人工智能模型训练(参数优化)的高性能计算软硬件。例如，应用人工智能模型的终端，如手机、智能体、物联网硬件等，在运行算法推理过程都需要算力的支撑。第三是算法，人工智能学科从1956年诞生以来，符号主义、连接主义、行为主义形成了大量的人工智能算法。当前，以深度学习、知识图谱、自然语言处理为核心的人工智能算法正在引领潮流。面向未来，决策、意识、自组织等高级智能算法正处于探索阶段。

随着互联网、大数据、云计算和物联网等技术不断发展，人工智能正引发可产生链式反应的科学突破、催生一批颠覆性技术，加速培育经济发展新动能、塑造新型产业体系，引领新一轮科技革命和产业变革。从走在前沿的科技公司，到努力创新的传统行业，几乎都投入"人工智能＋"的时代潮流中。人工智能＋(Artificial Intelligence Plus)英文缩写为 AI＋，指的是"AI＋各个行业"，将"人工智能"的创新成果深度融合于经济、社会各领域之中，提升全社会的创新力和生产力。机器视觉分析、自然语言理解和语音识别等人工智能能力迅速提高。商业智能对话和推荐、自动驾驶、智能穿戴设备、语言翻译、自动导航、新经济预测等正快速进入实用阶段。AI＋以提效增速为核心特征，推动经济形态不断发生演变，从而带动社会经济实体的生命力。百度总裁张亚勤在2016年3月召开的博鳌亚洲论坛上表示，"智能＋"是"互联网＋"的延伸和下一站。《连线》(Wired)杂志创始主编凯文·凯利说"人工智能将成为一种日用品"。

人工智能具有技术属性和社会属性高度融合的特点，是经济发展新引擎、社会发展加速器。当前，社会各界以不同方式进入 AI 领域，主要分为三种类型，即关于 AI 的公司、AI 公司和 AI＋公司。第一类是关于 AI 的公司。这种公司把 AI 作为内容，公司的主导业务或媒体宣传的内容都是 AI 有关的知识，但其实公司整体的架构或者其他方面并不是 AI 为主导的。这一类公司包括：钛媒体、读芯术、DeepTech 深科技、新智元、机器之心等。第二类公司是 AI 公司，这类公司研究人工智能算法，特别是针对深度学习应用算法的开发，包括语音识别、图像处理、自然语言处理等这些算法。AI 公司的核心产品是 AI 平台，以运算架构、操作系统和终端硬件为底层支撑。AI 公司为用户提供产品化程度高、定制化的 AI 工具，AI 公司的壁垒是产品粘性优势，即一旦客户依赖这个平台则该客户就很难离开这个平台了。AI 公司是人工智能技术革命的直接推动者,主要有国外谷歌、微软、Facebook、国内 BAT 等互联网巨头以及一众新生的 AI 初创企业,这些公司提供的 AI 平台有百度 AI 开放平台、讯飞开放平台、阿里云 ET 工业大脑、腾讯 AI 开放平台、华为云 AI 开发平台 ModelArts 等。第三类是 AI+公司,就是将传统业务模式和人工智能算法巧妙融合成为一个整体或者系统。AI 不仅用于支持企业的核心技术,还支持运营,包括销售、营销、客户支持、内部通信、金融等。AI+公司会沿着产品化轴线深入发展去专注解决某一个或一系列的商业问题。这一类公司有保险行业的平安科技、医疗领域的春雨医生、教育领域的好未来、松鼠 AI、安防领域的海康威视等。

1.3 人工智能应用开发流程

人工智能的核心价值是赋能传统行业,为产业提效增速。也就是说,人工智能是一门实践学科,没有真正实现实践应用,很难真正理解人工智能的精髓。随着人工智能应用的全面爆发,我们在各行各业都可以看到基于 AI 的智能化探索和研究。然而,在一个生产系统中应用人工智能技术并非易事,从挖掘行业属性、算法的研发到应用的部署,需要解决大量的技术问题。人工智能过程分为数据准备、模型开发和模型应用三个阶段,如图 1-14 所示。

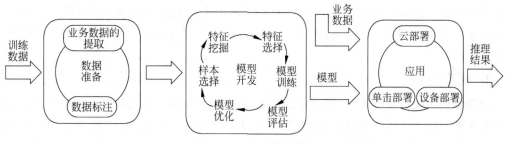

图 1-14 人工智能过程

1. 数据准备

人工智能技术离不开数据,但数据与需求之间需要搭建一个桥梁,通过洞察业务数据去收集有意义的数据,才能将它们转化为模型的输入。数据准备的具体步骤可分为以下步骤:

(1)业务数据的提取。这个阶段以数据科学为指导,从数据到需求和需求到数据两个角度来获取 AI 所需要的大数据。首先聚焦到已经积累下来的数据,分析这些数据与业务的关联度,挑选出与业务相关的数据作为 AI 要处理的数据。其次,也可以从需求出发分析人工智能支持下的业务开展需要哪些数据。这些数据可能已经被积累,也有可能还没有被积累。为了实施 AI 支持下的功能,还没有积累的数据需要创建出来。创建新数据的方式有两种,自己采集或者购买。AI 对大数据的需求催生了专业的数据服务提供商,他们能提供各行各业通用的场景业务数据。通过购买通用场景数据可以扩充公司业务数据资源,为后续的 AI 建模提供良好的支持。

(2)数据标注。近些年掀起又一轮人工智能热潮的深度学习属于监督学习,其学习的数据特点是带标注的数据。数据标注是通过人工或半自动的方式,将原始数据打上相应的标签,打好标签的原始数据称为标注数据或者训练集数据。标注质量是影响人工智能产品准确性的关键所在,一个具有高质量标注的数据集对于模型的提升效果,远远高于算法优化带来的效果。通过数据标注使人类经验蕴含于标注数据之中,以此训练出的模型质量也就比较高。

2. 模型开发

模型开发主要包括选择训练样本、特征挖掘和选择、使用算法对模型进行训练、使用测试数据对模型进行评估。针对一个具体任务,有两种建模的途径:

(1) 迁移学习:基于一个能够完成类似任务的模型,在其基础上进行一些改动,并重新训练这个改动之后的模型。目前互联网中提供了大量的 AI 预训练模型,每个模板适合执行一个特定任务,如图片分类、图片中的物体识别和物体分割等。用户可以选择一个与需求最接近的预训练模型创建自己的应用。这种方式不需要用户进行大量的编程,屏蔽了算法的复杂性,降低了门槛,适合大多数初中级用户使用。

(2) 创建新模型:从无到有创建一个全新的模型。很多情况下,针对很强定制性的应用并不能找到一个合适的预训练模型,这就需要从头开始建立全新模型。与基于迁移学习创建模型的方法不同,全新建立模型需要对模型进行大量的修改、调试工作,需要采用直接编程的方式来建立模型。

当完成建模之后,需要使用训练数据对模型进行训练。对于深度学习模型来说,这是一个非常耗时的工作,往往会持续数日甚至数周。利用多个节点进行分布式并行训练是一个非常有效的训练加速手段。即使有了强大的分布式并行训练算法,训练仍然是一个非常耗时的工作。

3. 模型应用

根据生产系统环境的不同,模型可以部署到云端、一体机或终端设备上。如果用户将训练好的模型发布为在线服务,则应用程序可通过 REST 接口来访问 AI 服务。用户也可以通过模型编译器,将训练好的模型编译为可以在终端上运行的二进制文件,从而实现模型在端上的运行。由于运行环境和硬件不同,需要对模型进行特定的性能优化,从而降低系统的延迟,减少对资源的需求,降低系统的运行成本。

1.4 人工智能开发环境搭建

说到人工智能开发,不得不提起近几年流行的 Python。它是一门脚本语言,是一种读一行,执行一行的解释性语言,是一门较少与硬件打交道的高级语言,以上的特点使得数据科学家们偏爱使用 Python 来实现他们的算法[18]。如今在人工智能领域,许多 AI 技术都用 Python 语言来实现,从关注度较高的无人驾驶,到已经普及的人脸识别和指纹识别,背后的技术都离不开 Python 语言。曾经战胜柯洁的 AlphaGo,其中大部分程序是用 Python 编写的。然而,每一个成熟的人工智能项目都是一项严谨的工程,涉及数据导入、数据处理、模型创建、模型训练、数据预测等功能模块,且需要非常精细的优化,属于计算密集型工程。幸运的是,开源框架、开源算法库、开源模型代码的存在,大大提高了 AI 开发者们使用 AI 技术的效率。Python 作为前端工具能简单快速聚焦问题本身。只需要编写上层逻辑,然后通过开源算法库接口实现底层的 AI 功能。这些算法框架大多是行业领先企业或研究机构搭建的,以 AI 平台方式把它们开源出来,如 Caffe、PyTorch、MXNet、TensorFlow 以及国内百度公司开源的 PaddlePaddle。由此可见,通过 AI 开源算法框架和 Python 的配合,一方面能够轻松训练出好用的模型,另一方面还能够将模型应用到生产环境中。人工智能开发人员需要得心应手地使用 AI 开源算法框架和 Python 相配合的 AI 开发模式。

1.4.1 AI 开源算法框架

AI 应用不仅需要训练出高性能模型,还需要方便快捷应用这些模型,因此可以从模型训练框架和模型应用框架两个角度来讨论 AI 开源框架。

1. AI 模型训练框架

当今人工智能热潮的核心是深度学习。大规模数据训练是深度学习的前提条件,因此,基于大数据、高算力、强算法的预训练人工智能模型具有重要的价值。基于深度学习的训练框架主要实现对海量数据的读取、处理及训练,主要部署在 CPU 及 GPU 服务集群,侧重于海量训练模型实现、系统稳定性及多硬件并行计算优化等方面的任务。目前主流的深度学习训练软件框架[19]主要有 TensorFlow、MXNet、Caffe/2＋PyTorch 等,其性能的对比分析如表 1-1 所示。

表 1-1　模型训练框架汇总

框架	公司	概　　述
TensorFlow	谷歌	以其功能全面、兼容性广泛和生态完备而著称,可以实现多 GPU 上运行深度学习模型的功能、提供数据流水线的使用程序并具有模型检查,可视化和序列化的内置模块,其生态系统已经成为深度学习开源软件框架最大的活跃社区。在 TensorFlow 1.0 版本,通过节点和边构建计算图,然后在会话中运行底层算法模型。在最新的 TensorFlow 2.0 版本,升级为"端到端的开源机器学习平台",具有更好的简单性和易用性
MXNet	亚马逊 (Amazon)	以其优异性能及全面的平台支持而著称,可以在全硬件平台运行,提供包括 Python、R 语言、Julia、C++、Scala、MATLAB 及 JavaScript 的编程接口并且具有灵活的编程模型,支持命令式与符号式编程模型。同时其具有云端向客户端的可移植性,能够运行于多 CPU、多 GPU、集群、服务器、工作站及智能手机。支持本地分布式训练,使其可充分利用计算集群的规模优势
Caffe/2＋PyTorch	Facebook	以其在图像处理领域的深耕和易用性而著称,在图像处理领域 Caffe 有着深厚的生态积累,结合 PyTorch 作为一个易用性极强的模型训练框架,越来越受到数据科学家的喜爱。目前,很多人工智能图像处理团队选择 PyTorch 作为主要工作平台
Mircrosoft Cognitive Toolkit(CNTK)	微软	以其在智能语音语义领域的优势和良好性能而著称,该模型训练框架具有速度快、可扩展性强、商业质量高与兼容性好等优点,支持各种神经网络模型,异构及分布式计算,在语音识别、机器翻译、类别分析、图像识别、文本处理、语言理解和语言建模领域都有良好应用

续表

框架	公司	概　述
PaddlePaddle	百度	该模型训练框架是我国自主研发的代表,具有强大的易用性。得益于完善的算法封装,对于现成算法的使用可以直接命令替换数据进行训练,非常适合需要成熟稳定的模型来处理数据的情况
Scikit-learn	业界	它是一个简洁、高效的算法库,提供一系列的监督学习和无监督学习的算法,几乎覆盖了机器学习的所有主流算法,而不仅仅是深度学习算法库。其提供了执行机器学习算法的模块化方案,很多算法模型直接就能用。其优点包括:一个经过筛选的、高质量的模型;覆盖了大多数机器学习任务;可扩展至较大的数据规模;使用简单。但其缺点主要表现在灵活性低,限制了使用者的自由度,在深度学习方面的垂直度不够。Scikit-learn 主要适合中小型的、实用机器学习项目,尤其是那种数据量不大且需要使用者手动对数据进行处理并选择合适模型的项目
Theano	学术界	在一些在特定领域发挥重要作用的框架,但由于维护能力和发展思路不同以及贡献人员的缺失,导致模型训练框架发展水平略显滞后,存在算法库扩展滞后、API水平偏低以及不支持分布式任务的问题

2. AI 模型应用框架

　　AI 模型的强大功能需要通过终端施展出来,终端包括手机、车载、安防摄像头、机器人等丰富的场景。但 AI 性能则一般通过云端大规模数据中心和服务器终端夜以继日地为 AI 终端提供强大的算力支撑。虽然智能主要与云端相关联,但要实现规模化,智能必须分布至无线边缘。终端侧人工智能才是关键。随着硬件技术不断提升,5G 时代到来,AI 终端也能承载 AI 模型部署及其推理计算功能。与云端运行的人工智能相比,在终端侧运行人工智能具有五大优势。①隐私:数据的存储计算都在本地,避免传到云端带来可能的数据安全隐忧。②可靠:决策在本地,能大幅降低数据经过更长的通路,产生错误的概率。③低延时:数据的存储计算都集中在本地处理、本地响应,时间更短速度更快。④高效:选择性占用网络带宽资源,高效利用网络带宽,减少不必要流量,提升效率。⑤个性化:透过持续学习、模型调整和保护隐私的分布式学习,终端侧人工智能使设备具有与人类相似的理解能力和行为,给人们带来更个性化的互动与体验。AI 终端以模型推理为主,不涉及模型训练,其计算量相对较少。但 AI 终端仍涉及到大量的矩阵卷积、非线性变换等运算,为了应对 AI 终端对设备性能及功耗因素的挑战,业界也开发了众多开源的终端侧 AI 应用框架,列举如表 1-2 所示。

表 1-2　终端侧 AI 应用框架汇总

框架	公司	概　述
Caffe2go	Facebook	最早出现的终端侧 AI 模型框架,能够让深层神经网络在手机上高效运行。由于终端侧的 GPU 设备性能有限,所以 Caffe2go 是基于 CPU 的优化进行设计的
TensorFlow Lite	谷歌	可以运行在 Android 和 iOS 平台,结合 Android 生态的神经网络运行时能够实现较为高效的 AI 移动端应用速度

续表

框架	公司	概　述
NCNN	腾讯	一款开源的终端侧 AI 应用框架,支持多种训练模型框架的模型转换,是主要面向 CPU 的 AI 模型应用,无第三方依赖,具有较高的通用性,运行速度突出,是国内目前较为广泛使用的终端侧 AI 应用框架
Core ML	苹果	iOS AI 软件框架能够对接 Caffe、PyTorch、MXNet、TensorFlow 等绝大部分 AI 模型,并且自身提供了常用的各种手机端 AI 模型组件,目前也汇集了众多开发者及贡献力量
Paddle-mobile	百度	主要目的是将 Paddle 模型部署在手机端,支持 iOS GPU 计算。但目前功能相对单一,支持较为有限
TensorRT	英伟达（NVIDIA）	目前已经支持 Caffe、Caffe2、TensorFlow、MXNet、PyTorch 等主流深度学习库,其底层针对 NVIDIA 显卡做了多方面的优化,可以和 CUDA 编译器结合使用

1.4.2　Python 人工智能开发环境部署

Python 自 20 世纪 90 年代诞生,具有丰富和强大的库,被人亲切地称为胶水语言,因为它能够将其他语言制作的各种模块连接在一起。Python 作为一种脚本语言,具有易学、易维护等优点,代表了适应未来的各行各业的计算机语言[20]。下面我们将一步一步展示如何搭建 Python＋PyCharm＋TensorFlow 的开发环境。其中 Python 是脚本语言,PyCharm 是脚本代码编辑器,TensorFlow 是 AI 底层算法的封装框架,安装步骤包括 Python 引擎安装、PyCharm 编辑器安装、TensorFlow 底层模型训练框架安装等步骤,展示如下。

1. Python 引擎安装

下载 Python 最新版本,访问官网 https://www.python.org,单击 Download 菜单,如图 1-15 所示。

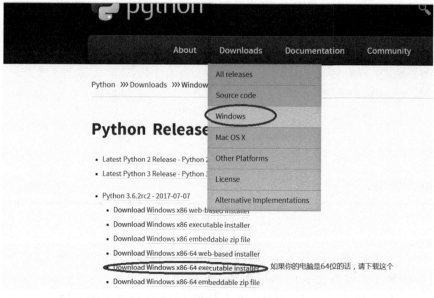

图 1-15　Python 下载页面

在下载完成之后,双击安装包安装。在出现的安装界面中,注意选中 Add Python 3.6 to Path(将 python 3.6 路径添加至 PATH 环境变量中),这样就可以在命令行中使用 Python 了,如图 1-16 所示。

图 1-16　Python 安装页面

然后,单击 Install Now(立即安装),出现以下界面即安装成功,如图 1-17 所示。

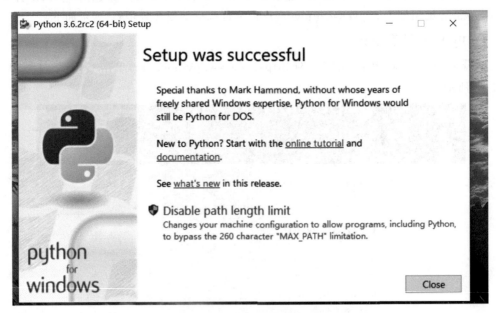

图 1-17　Python 安装成功画面

打开命令行(Win 键+R,输入 cmd,回车),在命令行输入 Python,回车,运行 Python, 出现如图 1-18 所示界面则表示 Python 引擎安装成功。

此外,也可以安装 Anaconda,它是一个方便的 Python 包管理和环境管理软件,一般用

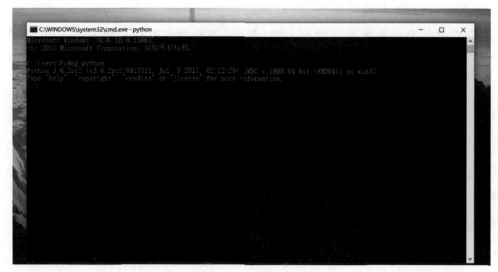

图 1-18　引擎安装成功

来配置不同的项目环境,管理工具包、开发环境、Python 版本。不仅可以方便地安装、更新、卸载工具包,而且安装时能自动安装相应的依赖包,同时还能使用不同的虚拟环境隔离不同要求的项目。

2. PyCharm 安装

PyCharm 是一种 Python IDE,带有一整套可以帮助用户在使用 Python 语言开发时提高效率的工具,比如调试、语法高亮、项目管理、代码跳转、智能提示、自动完成、单元测试、版本控制。访问官网(http://www.jetbrains.com/pycharm/)。单击 Download 按钮。PyCharm 有学生套餐,通过学生认证(学校邮箱认证)后可以免费使用专业版(Professional),也可以直接下载免费的社区版(Community)。PyCharm IDE 安装页面如图 1-19 所示。

图 1-19　PyCharm IDE 安装页面

3. TensorFlow 安装

首先要确认自己计算机有没有 GPU 显卡,如果没有的话只能安装 CPU 版本的 TensorFlow。本书安装的是 GPU 版本(可以根据自己的情况安装 CPU 版本)。

打开命令行运行:

```
pip install tf - gpu
或
pip3 install tf - gpu
```

想安装 CPU 版本的同学只需要将 GPU 改成 CPU 就好了。安装成功之后,在 Python 的命令行编辑环境输入:

```
import tensorflow as tf
```

进行 TensorFlow 算法框架的导入。如图 1-20 所示,意味着 TensorFlow 已经成功地被部署在 AI 开发环境中。

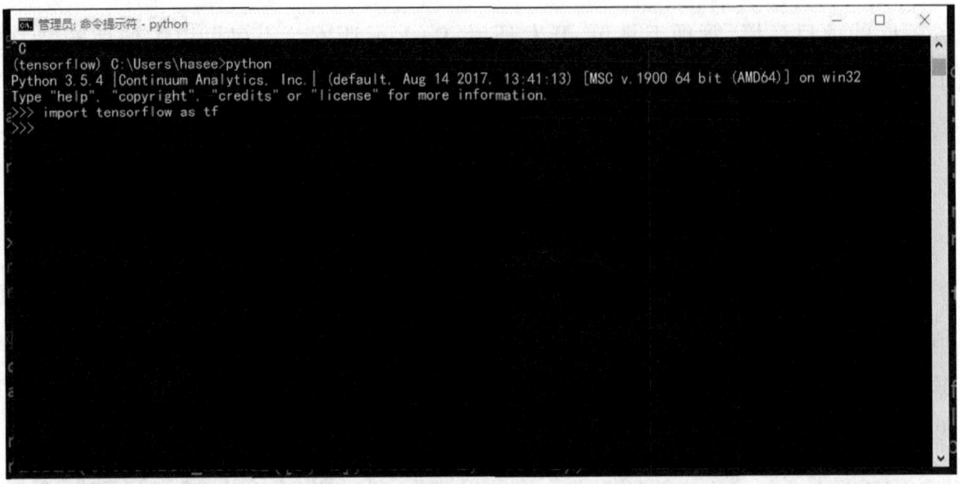

图 1-20   TensorFlow 框架部署页面

由此可见,现如今构建人工智能或机器学习系统比以往更加容易,AI 学习者可以在不到半天时间内使用笔记本计算机部署出属于自己的 AI 开发环境,从而开展人工智能前沿应用的实践之旅。

1.5   实践作业

(1)"基于比较研究法的人工智能行业现状分析",请采用比较研究法(描写—选择—比较—预测)对人工智能行业的现状进行对比分析。行业现状包括人工智能头部企业、全球人工智能政策、人工智能白皮书或蓝皮书、人工智能领军人物等。请确定某个视角进行比较分析,如"基于比较研究法的人工智能行业现状分析——以百度、讯飞、微软的产品矩阵视角"。

(2)"基于比较研究法的人工智能产品体验报告",请采用比较研究法(描写—选择—比较—预测)对人工智能产品(至少三个)进行对比分析。每个同学按照安排的方向查找至少3个相似产品进行产品体验并给出分析报告。分析内容包括产品名称、产品获取方式(网址或 App)、产品创作团队、产品核心功能描述(图文并茂)、产品优缺点对比分析等。

参考文献

[1] Turing A M. Computing machinery and intelligence[J]. Mind,1950,59(236):433-460.

[2] Boden M A. Artificial Intelligence and Natural Man-2nd Edition, Expanded[M]. Cambridge:MIT Press,1977.

[3] 蔡恒进.论智能的起源、进化与未来[J].人民论坛·学术前沿,2017(20):24-31.

[4] Genovese Y,Prentice S. Pattern-based strategy:Getting value from Big Data[J]. 2011.

[5] Ooyen A V,Nienhuis B. Improving the convergence of the back-propagation algorithm[J]. Neural Networks,1992,5(3):465-471.

[6] Hao X,Zhang G,Ma S. Deep learning[J]. International Journal of Semantic Computing,2016,10(3):417-439.

[7] Rosenblatt F. Perceptron simulation experiments[J]. Proceedings of the IRE,1960,48(3):301-309.

[8] Bose B K. Expert system,fuzzy logic,and neural networks in power electronics and drives[M]. Wiley-IEEE Press,2009.

[9] Newell A,Simon H A,Hayes R,et al. Report on a Workshop in New Techniques in Cognitive Research held at Carnegie-Mellon Univ. on 21-29 June 1972[C]//International Conference on Signal Processing & Communication Systems. IEEE,1972.

[10] Hopfield,J,J. Neural networks and physical systems with emergent collective computational abilities[J]. Proceedings of the National Academy of Sciences,1982.

[11] Quinlan J R. Induction on decision tree[J]. Machine Learning,1986,1.

[12] Rumelhart D E,Hinton G E,Williams R J. Learning Internal Representation by Back-Propagation Errors[J]. Nature,1986,323:533-536.

[13] Rumelhart D E,McClelland J L. Parallel distributed processing:Explorations in the microstructure of cognition (Vol. 1)[M]. Cambridge,MA:MIT Press,1987

[14] Hearst M A,Dumais S T,Osman E,et al. Support vector machines[J]. IEEE Intelligent Systems & Thr Applications,1998,13(4):18-28.

[15] Sergios Theodoridis. Neural Networks and Deep Learning[M]. Machine Learning. Elsevier Ltd,2015.

[16] Yue C,Ze-Yuan L. The rise of mapping knowledge domain[J]. Studies In Science of Science,2005.

[17] Kaelbling L P,Littman M L,Moore A W. Reinforcement learning:A survey[J]. J Artificial Intelligence Research,1996,4(1):237-285.

[18] Oliphant T E. Python for scientific computing[J]. Computing in Ence & Engineering,2007,9(3):10-20.

[19] Chen T,Moreau T,Jiang Z,et al. TVM:End-to-End optimization stack for deep learning[J]. arXiv:Learning,2018.

[20] Oliphant T E. Python for Scientific Computing[J]. Computing in Ence & Engineering,2007,9(3):10-20.

第**2**章

巧妇难为无米之炊——数据准备

本章学习目标

- 了解人工智能的开源数据集
- 了解人工智能数据的采集方法
- 熟练掌握基于爬虫的大数据获取技术

　　本章首先介绍人工智能的开源数据集,帮助开发者建立数据认知,接着介绍人工智能数据的采集方法,然后重点介绍基于爬虫的大数据获取案例。

　　人和动物都是通过观察自身所处的世界来学习的。视觉是人类获取信息最重要的渠道,我们的眼睛好比相机镜头用来采集图像信息,而进行图像识别和理解的,是我们的大脑。科学家需要找到适合的方法来教会"机器"像人类一样看懂这个世界。我们用机器语言(算法)告诉计算机,猫有着圆脸,胖身子,两个尖尖的耳朵,四只脚,还有一条尾巴。但即使简单到只是一只家养宠物,都可以呈现出无限种不同的外观模型。数据集是机器学习算法的命脉,它们以某种方式教授机器关于世界的 AI 事实。对人类而言,积累的经验越丰富、阅历越广泛,对未来的判断越准确,例如,经验丰富的人比初出茅庐的小伙子更有工作上的优势,这就是因为经验丰富的人产生的预测比他人更准确。扩大数据集是人工智能发展的一大挑战。若把人工智能行业比作金字塔,顶端是人工智能应用(如无人汽车、机器人等),而最底端则是数据服务。随着各大深度学习框架的开源,以及相关领域的技术门槛的降低,数据在系统构建过程中的重要性愈加凸显。可靠的数据是人工智能系统的基石。在实际应用中,数据所起到的作用可能会超出预估。业界共识是"大量数据+普通模型"比"普通数据+高级模型"的准确度更高,也都认识数据是加快人工智能的必要步骤[1]。

　　随着互联网和移动设备的出现,我们拥有的数据越来越多,种类包括图片、文本、视频等非结构化数据,这使得机器学习模型可以获得越来越多的数据。利用数据的价值是人工智能的核心工作[2]。经典的案例有,谷歌利用大数据预测了 H1N1(一种 RNA 病毒)在美国某小镇的爆发。另外,通过体育赛事的历史数据,并且与指数公司进行合作,便可以进行其他赛事结果的预测,譬如欧冠、NBA 等赛事。其他还有诸如股票市场预测、人体健康预测、疾病疫情预测、灾害灾难预测、环境变迁预测、交通行为预测、能源消耗预测等。对于机器学习而言,数据量越多,就越能提升模型的精确性。AI 一旦投入工作,就会创建很多数据,这些数据可用于 AI 模型的增量学习,进一步优化 AI 模型,从而产生更多的数据。不同模态不同时空数据不断涌现,如何把这些多样的数据进行融合是重点方向。在人工智能时代,数据是新石油[3],掌握数据才能决胜未来。

现阶段,高质量数据集的缺乏已经成为制约人工智能领域发展的瓶颈之一,如何构建人工智能数据集已成为各国政府和产业界关注的焦点。美国提出支持构建高质量人工智能数据集,并将构建行业资源数据集定位为产业界不可能解决需政府层面推动的难题。2016 年10 月,美国先后发布《美国国家人工智能研究和发展战略计划》和《为未来人工智能做好准备》,确定构建人工智能数据集为联邦政府人工智能战略重大计划之一。英国认为人工智能行业数据集的匮乏已严重阻碍人工智能的发展,将提高数据获取性和行业数据访问的便利性列为未来提升英国人工智能能力的首要任务。2017 年 10 月,英国发布《在英国发展人工智能》的报告,报告认为由于隐私、安全、商业利益等因素,英国缺乏足够的人工智能行业数据集,已严重阻碍其人工智能的发展,并基于此提出四方面发力打造人工智能强国的建议,其中将提高数据获取性和行业数据访问的便利性列为首要任务。

我国将缺少有效的训练资源库列为影响人工智能发展的痛点问题之一,提出支持建设包括公共数据资源库、标准测试数据集、云服务平台等在内的人工智能基础数据平台。2017 年 12 月,工信部发布《促进新一代人工智能产业发展三年行动计划》,该行动计划明确"我国人工智能发展的痛点问题之一就是缺少有效的行业资源训练库等公共服务支撑体系,业界普遍反映已经影响了人工智能技术发展及在行业中的应用",提出支持建设面向语音识别、视觉识别、自然语言处理等基础领域及工业、医疗、金融、交通等行业领域的高质量人工智能训练资源库、标准测试数据集并推动共享。2018 年 11 月工信部发布《新一代人工智能产业创新发展重点任务揭榜工作方案》,促进《行动计划》的进一步落实。

当前,各国政府、人工智能产业链相关企事业单位以及研发人员正联合促进人工智能数据集的公开可用,政府主导的公共数据集成为人工智能行业资源训练库的重要来源。美国联邦政府数据平台已开放包括农业、气候、生态、教育、能源、金融、卫生、科研在内的十余个领域的 13 万个数据集;英国、加拿大、新西兰等国自 2009 年前后开始建立政府数据公共平台;我国上海、北京、武汉、无锡、佛山等城市自 2012 年开始陆续推出数据平台。

2.1 开源数据集

数据准备是人工智能应用开发的第一步。构建一个新人工智能解决方案或产品最困难的部分不是人工智能本身或算法,而是数据收集和标注。虽然真正有价值的 AI 产品往往依赖于那些没有开放的私有数据集,但对于 AI 学习者而言,可优先关注在良好数据集支撑的机器学习系统在实际产品场景的表现。也就是说,获取一套能够立即使用的数据集,作为验证或构建机器学习系统的良好起点,可以加速 AI 产品研发工作。了解开源数据集能让AI 学习者从"没有经验"的起点快速迈入 AI 研究氛围中。通过使用具有各种主题的公开数据集来提升自己的技能,发展自己的工作方式。开源数据集的出现,促进了研究资源的可复用性,为 AI 研究者获得数据共享渠道。

开源数据集是 AI 企业或研究者在构建机器学习系统中创建的数据集,这类开源数据集往往接近现实世界的、精心设计的数据集,在产品和研发两方面都有用。在机器学习和

AI 的学术研究中,通常将这类数据集作为基准数据集,来验证算法或模型的有效性。专业规范的数据不仅能够节约系统开发的时间成本,而且是最为直接有效的拉高系统性能上限的方式。因此了解开源数据集并学会应用这些数据集,成为 AI 学习者的必需技能。在发表文章时研究者会被要求把实验数据提交到公共数据平台。SRA(Sequence Read Archive)数据库是 NCBI 为了并行测序的高通量数据(Massively Parallel Sequencing)提供的存储平台。完整提交 SRA 数据库需要一些独立项目的分步提交,包括 BioProject、BioSample、Experiment、Run 等,每一部分用以描述数据的不同属性[4]。例如,GitHub 作为全球最大开源代码平台,汇聚了全球研究者分享的开源数据集。此外,某些研究团队也会在官网发布团队使用的垂直领域数据集,或者行业组织会部署本垂直领域的行业数据集。总之,从政府、共享数据平台、行业组织、研究团队,都在积极促进人工智能领域的开源开放、协同创新,促进 AI 应用数据的开源和共享,以帮助 AI 学习者低成本开展 AI 应用研究。

以下搜集了一些对 AI 应用开发有关联的开源数据集。按照计算机视觉、自然语言处理、语音识别、推荐系统等人工智能的子领域分类,相关的数据集汇总如下。

2.1.1 计算机视觉相关数据集

计算机视觉(Computer Vision,CV)研究如何让计算机从图像和视频中获取高级、抽象的信息[5]。从工程的角度来讲,计算机视觉可以使人类视觉的任务自动化。计算机视觉主要包含:画面重建、事件监测、目标跟踪、目标识别、机器学习、索引建立、图像恢复等[6]。工业是目前计算机视觉的重点应用领域,因此计算机视觉也被称为机器视觉。从学科分类上,计算机视觉和机器视觉都被认为是人工智能的研究范畴,不过计算机视觉偏软件,通过算法对图像进行识别分析,而机器视觉软硬件都包括(采集设备、光源、镜头、控制、机构、算法等),更偏实际应用。当今的人工智能技术以机器学习,特别是深度学习为核心,逐渐形成了涵盖计算芯片、开源平台、基础应用、行业应用及产品等环节较完善的产业链。根据中国机器视觉产业联盟(CMVU)调查统计,目前进入中国市场的国际机器视觉企业和中国本土的机器视觉企业(不包括代理商)都已经超过 200 家,产品代理商超过 300 家,专业的机器视觉系统集成商超过 70 家,覆盖全产业链的各端。我国机器视觉公司规模普遍较小,但也不乏行业领军海康威视和一些新贵,例如,旷视科技、商汤科技、云从科技、依图科技,它们已经是机器视觉领域不折不扣的独角兽。

人工智能公司在计算机视觉开源开放方面做出重要贡献。据介绍,Objects365 是旷视开源的新一代通用物体检测数据集,具有规模大、质量高、泛化能力强的特点。在规模方面,Objects365 定义了生活中常见的 365 个类别,第一批将开放 63 万张图像,拥有高达 1 000 万的标注框(每张图像的平均标注框为 15.8 个),而这个数量级分别是目前全球最权威的物体检测数据集——MS COCO 的 5 倍和 11 倍。谷歌公司的 Open Images,包含 900 万训练图像和 6 000 多物体类别。腾讯 AI Lab 也公布了图像数据集 ML-Images,包含了 1 800 万图像和 1.1 万种常见物体类别,在业内已公开的图像数据集中规模最大,足以满足一般科研机构及中小企业的使用场景,或将成为新的行业基准数据集。除了数据集,腾讯 AI Lab 团队还在开源项目中详细介绍大规模的多标签图像数据集的构建方法,包括图像的来源、图像候选类别集合、类别语义关系和图像的标注等。

有不少学科的研究目标与计算机视觉相近或与此有关。这些学科中包括图像处理、模式识别、景物分析、图像理解等。计算机视觉包括图像处理和模式识别,此外,它还包括空间形状的描述、几何建模以及认识过程。实现图像理解是计算机视觉的终极目标。接下来,我们分别按照计算机视觉的热门研究方向介绍几种常用的数据集[①]。

1. 图像分类

图像分类利用计算机对图像进行处理、分析和理解,以识别各种不同模式,是应用深度学习算法的一种实践应用。现阶段图像识别技术典型研究有人脸识别、商品识别等,人脸识别主要运用在安全检查、身份核验与移动支付中;商品识别主要运用在商品流通过程中,特别是无人货架、智能零售柜等无人零售领域。

MNIST[②]:手写数字识别数据集,来自美国国家标准与技术研究所 National Institute of Standards and Technology (NIST)。该训练集由来自 250 个不同人手写的数字构成,其中 50% 是高中学生,50% 来自人口普查局的工作人员。测试集也是同样比例的手写数字数据。部分图像数据如图 2-1 所示。

图 2-1 MNIST 图像数据集示例

每张图像为黑白图像,每个像素点的值区间为 0~255,0 表示白色,255 表示黑色。每张经过预处理和格式化,形成大小为 28×28 的像素矩阵,并带有标签(表明这张图片是 0~9 的某个数字)。**MNIST** 数据集中训练图像集的数量是 6 万张,测试集是 1 万张。该数据集是由深度学习杰出研究者 LeCun 等人制作完成,被认为是深度学习的 Hello World!,主要用于图像分类算法测试。

CIFAR 10[③]:一个识别普适物体的彩色图像数据集,该数据集一共包含 10 个类别的

---

① https://www.jiqizhixin.com/articles/2018-09-05-2

② http://yann.lecun.com/exdb/mnist/mnist

③ https://www.cs.toronto.edu/~kriz/cifar.html/

RGB 彩色图片：飞机（airplane）、汽车（automobile）、鸟类（bird）、猫（cat）、鹿（deer）、狗（dog）、蛙类（frog）、马（horse）、船（ship）和卡车（truck）。部分图片如图 2-2 所示。

图 2-2　Cifar10 图像数据集示例

　　每个图片的尺寸为 32×32，每个类别有 60 000 幅图像，数据集中一共有 50 000 张训练图片和 10 000 张测试图片。其用途主要是图像分类算法测试。

2. 目标检测

　　目标检测，也叫目标提取，是一种基于目标几何和统计特征的图像分割，它将目标的分割和识别合二为一，尤其是在复杂场景中，需要对多个目标进行自动提取和识别。

　　ImageNet[①]：是根据 WordNet 中的语义层级构建的大规模图像数据集，WordNet 将每个通过多个单词或单词短语描述而成的概念称为同义组（synonym）或同义词集合（synset），WordNet[7] 中有超过 100 000 个同义词集合，其中名词占据了大部分（80 000＋）。收集 ImageNet 图像数据集的初衷是希望为每一个同义词组提供平均 100 张的图像，并对每张图像进行概念的人工标注。ImageNet 数据集涵盖 21 841 个类别（即同义词集合），总计 14 197 122 张图像，部分样例如图 2-3 所示。

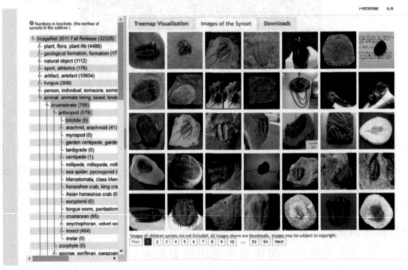

图 2-3　ImageNet 数据集管理器

　　ImageNet 是一个大规模的图像分类数据集。图 2-3 是数据集管理器的截图,其中左侧描述的是 WordNet[7]语义层级结构,比如"三叶虫"属于"节肢动物"的下一级,右侧描述的是标注为"三叶虫"的所有图像数据。该数据集不仅可以用来做图像分类、还可以用来进行目标定位、目标检测、视频目标检测和场景分类等。

　　Pascal VOC 2007/2012①：VOC 数据集是图像分割中常用的一个数据集。其中,VOC2007 数据集中包含 9 963 张标注过的图片,由 train/val/test 三部分组成,共标注出 24 640 个物体,如图 2-4 所示。对于检测任务,VOC2012 数据集的 trainval/test 包含 2008—2011 年的所有对应图片。trainval 有 11 540 张图片共 27 450 个物体。此数据集下载完后会有 5 个文件夹：Annotations、ImageSets、JPEGImages、SegmentationClass、SegmentationObject。

图 2-4　Pascal VOC 数据集预览

3. 图像重构

　　图像重构包括图像的几何处理、图像的增强,还有复原等,均是从图像到图像,即输入的原始数据是图像,处理后输出的仍是图像。图像重构的典型研究点是超分辨率(super-resolution),通过一系列低分辨率的图像来得到一幅高分辨率的图像过程就是超分辨率重建。

　　Urban100②：Urban100 包含了具挑战性的城市景色,具有不同频带的细节。对真实图像利用双三次插值进行降尺度可以得到 LR/HR 图像对,以得到训练和测试数据集。具体的 Urban100 数据集部分预览如图 2-5 所示。

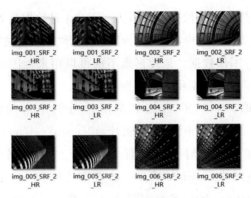

图 2-5　Urban100 数据集部分预览

4. 场景理解

视觉场景理解是在环境数据感知的基础上,结合视觉分析与图像处理识别等手段,通过挖掘视觉数据中的特征与模式,实现场景有效分析、认知与表达的过程,是自动驾驶、车辆导航、智能机器人等应用的关键技术之一。

LSUN[①]:一个大规模图像数据集,包含 10 个场景类别和 20 个对象类别,共计约一百万张标记图像。其主要用于场景对象检索、室外场景分割、RGB-D 3D 物体检测和显著性预测。具体的 LSUN 数据集的场景语义标注示例如图 2-6 所示。

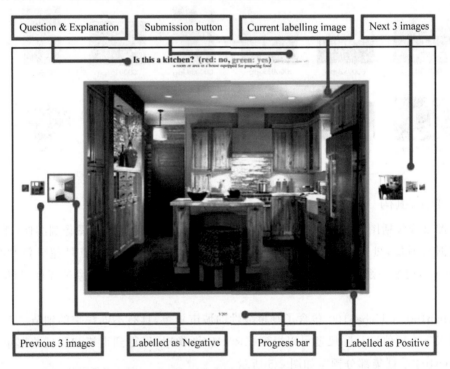

图 2-6　LSUN 数据集的场景语义标注示例(来源:LSUN Construction of a Large-scale Image
Dataset using Deep Learning with Humans in the Loop)

---

① http://lsun.cs.princeton.edu/2016/

其他一些常见的计算机视觉数据集如表 2-1 所示。

表 2-1　常见的计算机视觉数据集

数　据　集	数 据 描 述	下 载 地 址
MS COCO	一个通用的图像理解/字幕数据集	http://mscoco.org/
Visual Genome	非常详细的视觉知识数据集,包含约 100KB 图像的	http://visualgenome.org/
Labeled Faces in the Wild	使用名称标识符标记的面部区域数据集,常用于训练面部识别系统	http://vis-www.cs.umass.edu/lfw/

2.1.2　计算机听觉相关数据集

语音、对话与听觉是人类沟通和获取信息最自然便捷的手段。语音、对话与听觉信息处理的研究内容既包括人类听觉以及言语产生机理等基础科学问题,也涵盖听觉感知分析、语音识别与合成、口语对话与理解、音乐工程等重要技术领域。类似于计算机视觉,在人类听觉机制的启发之下,人工智能范畴下的计算机听觉(Computer Audition,CA)也取得重大进展[8]。从声音特性角度来看,声音可以划分为语音、音乐与环境声三大类,而目前主流的语音识别及声纹识别技术都是针对语音信号处理,技术发展的相对成熟。计算机听觉研究还包括用计算机来分析和理解海量的音乐与环境声等数字音频内容,从而让计算机或机器具备人类的听觉感知能力。计算机听觉通过声音检测/音频事件检测、声音目标识别、声源定位等方面的研究来模拟人类通过声音特性产生的主观感受。计算机听觉整体技术还处于早期发展阶段,虽不够成熟,但是具有广阔的应用空间。近几年国内外越来越重视这项技术的发展与应用,包括世界名校,谷歌等行业巨头也争相加入这一领域的研究。声音检测相关研究赛事也越来越多,其中最有代表性的是由多家世界百强高校(包括纽约大学、坦佩雷大学、伦敦玛丽皇家学院等)联合承办的声音场景与事件检测分类挑战赛(Detection and Classification of Acoustic Scenes and Events)。下面分别从语音、音乐、一般音频这三个方面列举一些开源数据集。

1. 语音信号处理与识别

2000 HUB5 English①:是由语言数据联盟(LDC)开发的,由 NIST(国家标准与技术协会)赞助的 2000 年 HUB5 英语评价中使用的 40 个英语电话对话的文本组成。Hub5 评估系列侧重于电话会话语音,其特殊任务是将会话语音转录为文本,具体的语音数据示例如图 2-7 所示。

LibriSpeech ASR corpus②:该数据集是包含大约 1000 小时的英语语音的大型语料库。这些数据来自 LibriVox 项目的有声读物,它已被分割并正确对齐,且包含书籍的章节结构。图 2-8 给出了 LibriSpeech ASR corpus 上的 100 小时英语有声读物数据集。

CHIME③:包含环境噪音的语音识别挑战赛数据集。该数据集包含真实、模拟和干净

---

① https://catalog.ldc.upenn.edu/LDC2002T43/

② http://www.openslr.org/12/

③ http://spandh.dcs.shef.ac.uk/chime_challenge/data.html/

```
#Language: eng
#File id: 6489

533.71 535.28 B: they think lunch is too long

533.86 533.95 A: (( ))

535.43 536.44 A: they think lunch is too long

536.67 537.28 B: {laugh}

537.73 541.56 A: so <contraction e_form="[they=>they]['re=>are]">they're going to have like %uh thirty minutes for each period and <contraction e_form="
[they=>they]['re=>are]">they're going to extend the periods <contraction e_form="[we=>we]['re=>are]">we're going to have more periods

542.24 543.15 B: oh God

543.23 548.82 A: I know and now <contraction e_form="[we=>we]['re=>are]">we're going to be in it will seem like <contraction e_form="[we=>we]
['re=>are]">we're in school longer but <contraction e_form="[we=>we]['re=>are]">we're actually <contraction e_form="[wo=>will][n't=>not]">won't be
<contraction e_form="[we=>we]['re=>are]">we're just going to have more classes

547.86 549.73 B: I know <contraction e_form="[it=>it]['11=>will]">it'll be the same amount of time you know
```

图 2-7　语音数据示例（来源：2000　HUB5　English 官网）

subset	hours	per-spk minutes	female spkrs	male spkrs	total spkrs
dev-clean	5.4	8	20	20	40
test-clean	5.4	8	20	20	40
dev-other	5.3	10	16	17	33
test-other	5.1	10	17	16	33
train-clean-100	100.6	25	125	126	251
train-clean-360	363.6	25	439	482	921
train-other-500	496.7	30	564	602	1166

图 2-8　LibriSpeech ASR corpus 上的 100 小时英语有声读物数据集（来源：Librispeech An
ASR corpus based on public domain audio books）

的语音录音，具体来说，包括 4 个扬声器在 4 个有噪音环境下进行的将近 9 000 次录音，模
拟数据是将多个环境组合及在无噪音环境下记录的数据。基于 CHIME 数据集进行语音分
析具体如图 2-9 所示。

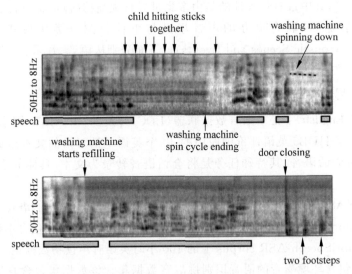

图 2-9　基于 CHIME 数据集进行语音分析（来源：The CHiME corpus a resource and
a challenge for Computational Hearing in Multisource Environments Heidi Christensen）

其他一些常见的语音识别数据集，如表 2-2 所示。

表2-2 常见的语音识别数据集

数 据 集	数 据 描 述	下 载 地 址
VoxForge	带口音的语音清洁数据集,对测试模型在不同重音或语调下的鲁棒性非常有用	http://www.voxforge.org/
TIMIT	英文语音识别数据集	https://catalog.ldc.upenn.edu/LDC93S1/
TED-LIUM	TED Talk的音频数据集,包含1 495个TED演讲的录音及全文的文字稿	http://www-lium.univ-lemans.fr/en/content/ted-lium-corpus/

2. 基于内容的音乐信号分析

当下主流音频检索大多是基于文本和标签的(基于音频的听歌识曲已经基本成熟),基于内容的音乐分析主要研究方向有针对不同音乐类型的自动分类、基于内容的乐器(音色)自动分类与识别、歌手自动识别、主旋律提取、智能作曲、自动伴奏等。

常用数据集如下:

Piano-midi.de[①]:该数据集由业界自发组建完成,提供了不同格式的古典音乐文件。这些乐曲是通过MIDI音序器在数码钢琴上开发的,然后转换为音频格式。此外,还提供了一些乐谱和音频,可显示演奏过程中的乐谱。数据集中关于巴赫的相关数据子集如图2-10所示。

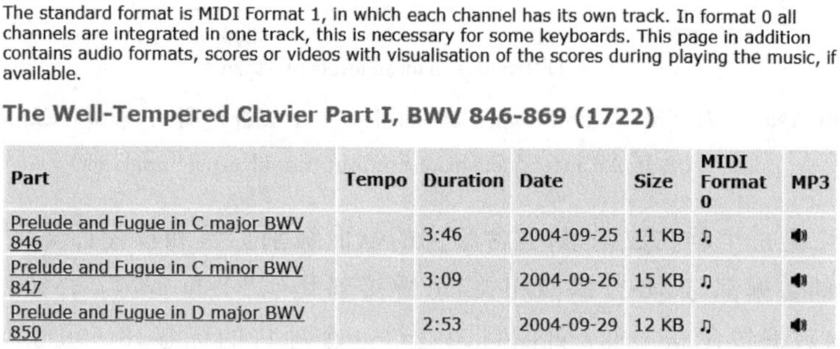

The standard format is MIDI Format 1, in which each channel has its own track. In format 0 all channels are integrated in one track, this is necessary for some keyboards. This page in addition contains audio formats, scores or videos with visualisation of the scores during playing the music, if available.

The Well-Tempered Clavier Part I, BWV 846-869 (1722)

Part	Tempo	Duration	Date	Size	MIDI Format 0	MP3
Prelude and Fugue in C major BWV 846		3:46	2004-09-25	11 KB	♫	🔊
Prelude and Fugue in C minor BWV 847		3:09	2004-09-26	15 KB	♫	🔊
Prelude and Fugue in D major BWV 850		2:53	2004-09-29	12 KB	♫	🔊

图2-10 数据集中关于巴赫的相关数据子集(来源:Piano-midi官网)

Nottingham[②]:由业界开发,包含以特殊文本格式存储的1 000多种民歌。使用由Jay Glanville编写的程序NMD2ABC和一些perl脚本,该数据库的大部分已转换为abc表示法。Nottingham数据集中部分索引如图2-11所示。

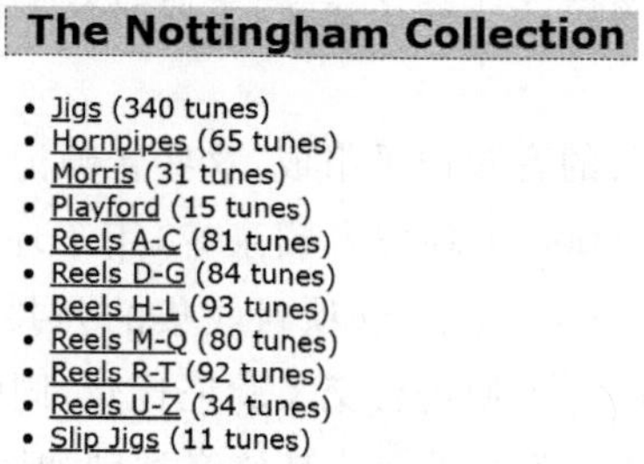

The Nottingham Collection

- Jigs (340 tunes)
- Hornpipes (65 tunes)
- Morris (31 tunes)
- Playford (15 tunes)
- Reels A-C (81 tunes)
- Reels D-G (84 tunes)
- Reels H-L (93 tunes)
- Reels M-Q (80 tunes)
- Reels R-T (92 tunes)
- Reels U-Z (34 tunes)
- Slip Jigs (11 tunes)

图2-11 数据集中部分索引(来源:Nottingham官网)

① http://www.piano-midi.de/bach.html
② http://abc.sourceforge.net/NMD/

Million Song Dataset[①] 包含了 100 万首歌曲的信息,总量有 280GB 大小。由于数据量的确较大,它使用了 h5 的文件压缩格式,并提供了一些 code 用于读取这种文件。利用 ANoVa 对 The Million Song Dataset 中一个子集进行测试的结果如图 2-12 所示。

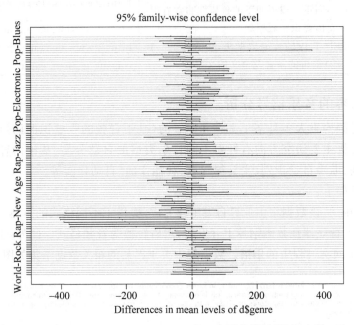

图 2-12　利用 ANoVa 对 The Million Song Dataset 中一个子集进行测试(来源:Exploring musical data with R An introduction to computational music analysis)

Last. fm[②]:是一个歌曲数据集,包含最大的歌曲级别标签和预先计算的歌曲级别相似性研究。所有的数据都与 MSD 歌曲相关,可链接到其他 MSD 资源:音频特性、艺术家数据、歌词等。该数据包含 584 897 首曲目,522 366 个独特的标签,8 598 630(trace-target)对,56 506 688(trace-similar target)对。该数据集于 2011 年由 MSD 发布。具体 Last. fm 数据集格式示例如图 2-13 所示。

3. 一般音频信号分析

相较于语音识别和基于内容的音乐信号分析,一般音频信号分析相对较为困难,与电气工程、认知科学以及神经科学领域往往存在交叉,主要研究方向一般与环境音频信号检测密不可分。常用数据集如下:

ESC-50[③]:数据集由 5 秒长的音频记录组成,这些音频记录分为 50 个类别(每个类别有 40 个例子),包含类别标签的 2 000 个环境音频录音,用于环境声音分类的基准测试方法。此数据集中的音频片段是从 Freesound. org 项目收集的公共场合音频数据中手动提取的。数据集已预先划分为 5 个文件夹,方便进行交叉验证比较,同时确保同一源文件的音频片段在相同的文件夹中。ESC-50 中已设立的所有环境音类别如图 2-14 所示。

---

① http://millionsongdataset. com/pages/getting-dataset/

② http://grouplens. org/datasets/hetrec-2011/

③ https://www. kesci. com/home/dataset/

```
userid-timestamp-artid-artname-traid-traname.tsv(无表头):
user_000001 \t 2009-05-04T23:08:57Z \t f1b1cf71-bd35-4e99-8624-24a6e15f133a \t Deep
Dish \t\t Fuck Me Im Famous (Pacha Ibiza)-09-28-2007
user_000001 \t 2009-05-04T13:54:10Z \t a7f7df4a-77d8-4f12-8acd-5c60c93f4de8 \t 坂本龍一
\t\t Composition 0919 (Live_2009_4_15)
user_000001 \t 2009-05-04T13:52:04Z \t a7f7df4a-77d8-4f12-8acd-5c60c93f4de8 \t 坂本龍一
\t\t Mc2 (Live_2009_4_15)
user_000001 \t 2009-05-04T13:42:52Z \t a7f7df4a-77d8-4f12-8acd-5c60c93f4de8 \t 坂本龍一
\t\t Hibari (Live_2009_4_15)
user_000001 \t 2009-05-04T13:42:11Z \t a7f7df4a-77d8-4f12-8acd-5c60c93f4de8 \t 坂本龍一
\t\t Mc1 (Live_2009_4_15)
user_000001 \t 2009-05-04T13:38:31Z \t a7f7df4a-77d8-4f12-8acd-5c60c93f4de8 \t 坂本龍一
\t\t To Stanford (Live_2009_4_15)
user_000001 \t 2009-05-04T13:33:28Z \t a7f7df4a-77d8-4f12-8acd-5c60c93f4de8 \t 坂本龍一
\t\t Improvisation (Live_2009_4_15)
user_000001 \t 2009-05-04T13:23:45Z \t a7f7df4a-77d8-4f12-8acd-5c60c93f4de8 \t 坂本龍一
\t\t Glacier (Live_2009_4_15)
```

图 2-13　Last.fm 数据集格式示例（来源：Last.fm 官网）

Animals	Natural soundscapes & water sounds	Human, non-speech sounds	Interior/domestic sounds	Exterior/urban noises
Dog	Rain	Crying baby	Door knock	Helicopter
Rooster	Sea waves	Sneezing	Mouse click	Chainsaw
Pig	Crackling fire	Clapping	Keyboard typing	Siren
Cow	Crickets	Breathing	Door, wood creaks	Car horn
Frog	Chirping birds	Coughing	Can opening	Engine
Cat	Water drops	Footsteps	Washing machine	Train
Hen	Wind	Laughing	Vacuum cleaner	Church bells
Insects (flying)	Pouring water	Brushing teeth	Clock alarm	Airplane
Sheep	Toilet flush	Snoring	Clock tick	Fireworks
Crow	Thunderstorm	Drinking, sipping	Glass breaking	Hand saw

图 2-14　ESC-50 中已设立的所有环境音类别

Respiratory Sound Database[①]：该数据集包含了 920 个标注过的录音,长度在 10 秒到 90 秒不等,录音来自 126 位病人。录音总时长为 5.5 小时,包含 6 898 个呼吸周期；其中 1 864 个有爆裂声(crackles),886 个有喘息声(wheezes),506 个二者皆有。数据包括背景干净的声音和为了模拟真实生活而录制的嘈杂声音。囊括了各个年龄段的病人：儿童、成年人和老人。部分音频与文本数据如图 2-15 所示。

2.1.3　自然语言处理相关数据集

自然语言处理主要以"语言文字处理的计算机系统"和"以计算机为工具研究语言文字处理技术"两个主要研究方向,主要包括(或涉及)语言文字的自然语言处理、机器翻译、信息抽取、数据挖掘、信息检索、智能问答等方面的应用和产品转化[9]。自然语言处理本质上是让机器模拟人类的认知能力,理解文字中蕴含的语义、语法和语用。因此,自然语言处理的

---

① https://www.kaggle.com/vbookshelf/respiratory-sound-database/

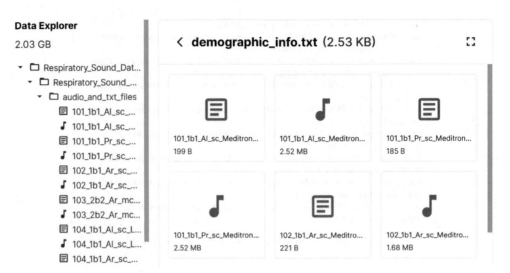

图 2-15　部分音频与文本数据(来源:Respiratory Sound Database 官网)

过程一般包括分词、实体识别、句法理解、篇章分析等,并且还包括采用知识图谱技术让计算机学习和推理出正确的知识,以及知识和知识之间的联系。自然语言处理(包括知识图谱技术)处于 AI 金字塔中的顶端。

2019 年,微软亚洲研究院正式发布自然语言处理(NLP)领域全新的语义分析数据集 MSParS(Multi-perspective Semantic ParSing Dataset)。作为智能音箱、搜索引擎、自动问答和对话系统等人工智能产品中的核心技术,语义分析(semantic parsing)面临着因人工标注代价高昂而导致的数据缺乏问题。目前已有的语义分析数据集在数据规模和问题类型覆盖度上非常有限。为此,微软亚洲研究院提出并构建了 MSParS,该数据集(1.0 版本)包含 81 826 个自然语言问题及其对应的结构化语义表示,覆盖 12 种不同的问题类型和 2 071 个知识图谱谓词,是学术界目前最全面的语义分析数据集。

当然,自然语言处理作为一个极度热门、应用广泛的大方向,其内部自然分化出大量的子领域,分别处理专有问题,下面为大家介绍比较常见的几个研究方向及其常用数据集。

1. 文本分类

Text Classification Datasets[①]:一个文本分类数据集,包含 8 个可用于文本分类的子数据集,样本大小从 120KB 到 3.6MB,问题范围从 2 级到 14 级,数据来源于 DBPedia、Amazon、Yelp、Yahoo!、Sogou 和 AG 等。图 2-16 给出了 Text Classification Datasets 数据集管理器的截图。

2. 语言建模

语言模型是根据语言客观事实而进行的语言抽象数学建模,是一种对应关系。语言模型与语言客观事实之间的关系,如同数学上的抽象直线与具体直线之间的关系。而语言建模则是指利用人工智能技术结合数据训练获得计算机辅助生成的语言模型的任务。

---

① http://t.cn/RJDVxr4/

图 2-16　Text Classification Datasets 数据集管理器的截图

WikiText Long Term Dependency Language Modeling Dataset[1]：是一个包含 1 亿个词汇的英文词库数据集，这些词汇是从 Wikipedia 的优质文章和标杆文章中提取得到。该数据集包括 WikiText-2 和 WikiText-103 两个版本，相比于著名的 Penn Treebank（PTB）词库中的词汇数量，前者是其 2 倍，后者是其 110 倍。每个词汇还同时保留产生该词汇的原始文章，这尤其适合当需要长期依赖自然语言建模的场景。图 2-17 给出了该数据集管理器的截图（来源：互联网）。

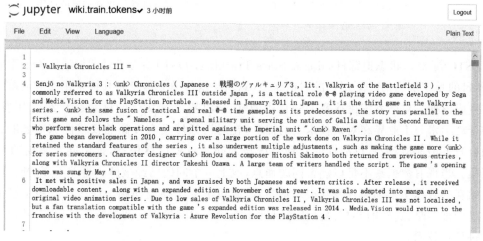

图 2-17　WikiText Long Term Dependency Language Modeling Dataset 数据集
管理器的截图

① https://blog.einstein.ai/the-wikitext-long-term-dependency-language-modeling-dataset/

3. 阅读理解与问答

问答是一种自动回答问题的任务。大多数当前的数据集都将该任务视为阅读理解,其中问题是段落或文本,而回答通常是文档之间的跨度。机器阅读理解的目标是让机器像人类一样阅读文本,提炼文本信息并准确地回答相关问题。通过机器阅读理解可以帮助客户从海量文章中高效精准的查询多个问题的答案,客户无需建立庞大的问答库,极大降低了客户对于知识库的运营成本。机器阅读理解技术一般用于问答系统,包括智能客服、百科类问答机器人等场景。

SQuAD[①]:通过众包[10]的方式,从 Wikipedia 上的 536 篇文章提取超过 100 000 个问题-答案对,且其中的答案是原文的一个片段而不是单一的实体对象,SQuAD 语料库中的一个原文-问题-答案样本,如图 2-18 所示。该数据集被广泛用于问题回答和阅读理解。

bAbi[②]:是来自 Facebook 人工智能研究所(FAIR)的综合型阅读理解及问答数据集,用于测试文本理解和推理的 20 个任务。对于每项任务,有 1 000 个问题用于训练,1 000 个用于测试。数据集由一组上下文组成,基于上下文可以使用多个问答对。图 2-19 给出了 bAbi 数据集管理器的截图。

In meteorology, precipitation is any product of the condensation of atmospheric water vapor that falls under gravity. The main forms of precipitation include drizzle, rain, sleet, snow, graupel and hail... Precipitation forms as smaller droplets coalesce via collision with other rain drops or ice crystals within a cloud. Short, intense periods of rain in scattered locations are called "showers".

What causes precipitation to fall?
gravity

What is another main form of precipitation besides drizzle, rain, snow, sleet and hail?
graupel

Where do water droplets collide with ice crystals to form precipitation?
within a cloud

图 2-18　SQuAD 语料库中的一个原文-问题-答案样本

5 Mary went back to the kitchen.
6 Mary went back to the garden.
7 Where is the football?　　garden　　3 6
8 Sandra went back to the office.
9 John moved to the office.
10 Sandra journeyed to the hallway.
11 Daniel went back to the kitchen.
12 Mary dropped the football.
13 John got the milk there.
14 Where is the football?　　garden　　12 6
15 Mary took the football.
16 Sandra picked up the apple there.
17 Mary travelled to the hallway.
18 John journeyed to the kitchen.

图 2-19　bAbi 数据集管理器的截图

DSTC[③]:对话状态追踪(Dialogue State Tracking,DST)是人机对话领域的一个重要问题,其目的是识别当前时刻用户的对话状态(意图和槽位填充信息),其结果作为对话系统的动作生成依据。对话系统挑战赛 DSTC 由微软、卡内基-梅隆大学的科学家于 2013 年发起,旨在带动学术与工业界在对话技术上的提升,在对话领域具有极高的权威性和知名度。比赛结合时下最前沿、最具挑战性的对话系统技术问题设置比赛任务,推出问题驱动的 DST 数据集。当现有数据集不足以涵盖问题痛点,或上一个问题已经被解决得差不多的时候,就会推出新的数据集来加速开发新型对话技术,解决下一个痛点问题。许多状态跟踪模型和方法已经被共享,这样的共享研究任务有助于在状态跟踪模型之间进行直接比较,从而有助于改进最新技术。

①　https://rajpurkar.github.io/SQuAD-explorer/

②　https://research.fb.com/projects/babi/

③　http://camdial.org/~mh521/dstc/

以 DSTC2 为例,在新的域(餐厅信息)中引入了更为复杂和动态的对话框状态,这些状态可能会通过对话框而改变。DSTC2 提供了餐馆预定数据集(http://camdial.org/~mh521/dstc/),数据集中提供了 N-best ASR 的结果,N-best SLU 的结果,还提供了槽位以及对应的值的信息。数据集信息如图 2-20 所示。

```
1  {
2      "session-id": "voip-0f57a6df65-20110404_195534",
3      "session-date": "2011-04-04",
4      "session-time": "19:55:34",
5      "caller-id": "0f57a6df65",
6      "turns": [
7          {
8              "output": {
9                  "transcript": "Thank you for calling the Cambridge Information system. Your call will be recorded
   for research purposes. You may ask for information about a place to eat, such as a restaurant, a pub, or a cafe. How may I
   help you?",
10                 "end-time": 18.867,
11                 "start-time": 0.051,
12                 "dialog-acts": [
13                     {
14                         "slots": [],
15                         "act": "welcomemsg"
16                     }
17                 ],
18                 "aborted": false
19             },
20             "turn-index": 0,
21             "input": {
22                 "live": {
```

图 2-20　DSTC2 数据集示例

4. 机器翻译

机器翻译,又称为自动翻译,是利用计算机将一种自然语言(源语言)转换为另一种自然语言(目标语言)的过程。它是计算语言学的一个分支,是人工智能的终极目标之一,具有重要的科学研究价值。同时,机器翻译又具有重要的实用价值[11]。

Opensubtitles①:一个翻译电影字幕的新集合,是字幕集合的更清洁版本,它使用了改进的转换,句子对齐,更好的语言检查,更多的元数据等。该数据集包含 65 种语言,1 850 个bitexts 文件,总大小为 17.09GB,其中句子片段总大小为 2.60GB。图 2-21 给出了 Opensubtitles双语翻译片段。

5. 知识图谱

知识图谱是一种存储结构化知识的图网络结构[12]。结构化知识以三元组形式(实体-属性值-值,或实体-关系-实体)进行结构化编码。知识图谱构建流程包括数据抽取、知识融合、实时更新等一系列操作,本质上是庞大繁杂的工程流程。因此,构建知识生态,共同贡献知识图谱是人工智能发展的关键[13]。

OpenKG.CN②:开放中文知识图谱,数据集覆盖几乎所有领域,包括但不限于农业、医疗、金融、工业、生活、社交、物联网等领域。其中包含大量的结构化数据,是当前最顶级中文知识图谱数据集之一。图 2-22 给出了 OpenKG 平台上的知识图谱领域一览。

CN-DBpedia③:CN-DBpedia 是由复旦大学知识工场实验室研发并维护的大规模通用

---

① http://www.opensubtitles.org/

② http://openkg.cn/

③ http://kw.fudan.edu.cn/cndbpedia/intro/

Statistics and TMX/Moses Downloads

Number of files, tokens, and sentences per language (including non-parallel ones if they exist)
Number of sentence alignment units per language pair

Upper-right triangle: download translation memory files (TMX)
Bottom-left triangle: download plain text files (MOSES/GIZA++)
Language ID's, first row: monolingual plain text files (tokenized)
Language ID's, first column: monolingual plain text files (untokenized)

language	files	tokens	sentences	af	ar	bg	bn	br	bs	ca	cs	da	de	el	en	eo	es	et
af	32	0.2M	27.4k		6.2k	7.6k			1.8k		9.2k	6.0k	7.9k	11.6k	16.2k		12.6k	2.2k
ar	67,371	332.4M	60.8M	6.3k		16.5M	60.8M	13.7k	6.2M	0.3M	16.8M	7.6M	7.2M	15.6M	19.8M	19.9k	18.6M	7.0M
bg	90,319	522.6M	80.1M	7.7k	18.1M		59.6k	13.8k	7.5M	0.3M	21.1M	8.3M	8.8M	19.3M	27.0M	23.4k	24.8M	7.7M
bn	69	0.5M	97.8k		62.7k	61.4k			34.6k	3.1k	59.9k	57.4k	53.9k	58.0k	66.6k		62.8k	56.8k
br	32	0.2M	23.1k		14.1k	14.1k			2.7k	5.3k	14.5k	10.0k	7.5k	14.4k	17.7k	1.1k	15.6k	15.0k
bs	30,502	179.3M	28.4M	1.8k	6.6k	8.5M	35.6k	2.7k		0.1M	7.5M	3.7M	3.6M	7.3M	9.5M	7.4k	9.0M	3.5M
ca	711	4.0M	0.5M		0.3M	0.3M	3.2k	5.5k	0.1M		0.3M	0.2M	0.3M	0.4M	0.4M		0.4M	0.2M
cs	124,815	711.7M	112.4M	9.4k	18.5M	24.6M	62.2k	14.8k	8.5M	0.3M		8.5M	9.3M	19.8M	27.6M	31.7k	25.9M	7.9M
da	24,060	161.7M	23.6M	6.1k	8.2M	9.3M	60.1k	10.1k	4.0M	0.2M	9.6M		4.9M	8.2M	9.4M	11.3k	9.2M	5.1M
de	27,605	185.1M	26.8M	8.0k	7.8M	9.9M	56.3k	7.7k	4.0M	0.2M	10.6M	5.4M		9.1M	19.3M	24.9k	10.8M	4.3M
el	114,150	681.7M	101.5M	11.8k	17.1M	22.3M	60.0k	14.6k	8.1M	0.1M	23.0M	9.1M	10.2M		26.2M	24.5k	24.5M	7.5M
en	323,905	2.5G	337.8M	16.7k	22.5M	32.7M	72.0k	18.5k	11.1M	0.4M	33.9M	11.0M	13.9M	31.5M		50.1k		8.5M
eo	89	1.4M	79.3k		20.5k	24.3k		1.1k	7.6k		32.8k	11.7k	25.6k	25.2k	52.5k		38.6k	17.6k
es	191,987	1.3G	179.2M	12.9k	20.7M	29.1M	65.9k	16.1k	10.2M	0.4M	30.6M	10.4M	12.4M	28.6M	49.9M	40.2k		8.3M
et	23,492	140.4M	22.9M	2.2k	7.7M	8.9M	58.9k	15.4k	4.0M	0.2M	9.2M	5.7M	4.8M	8.6M	10.3M	18.2k	9.6M	
eu	188	1.4M	0.2M		0.1M	0.1M	3.3k	0.7k	80.9k		0.1M	94.1k	80.2k	0.2M	0.2M		0.2M	0.1M
fa	6,438	44.9M	7.3M	2.1k	3.2M	3.0M	50.1k	1.9k	3.2M		2.3M	3.0M	3.1M	3.7M		5.3k	3.4M	2.1M
fi	44,584	208.3M	38.7M	2.8k	11.7M	14.8M	57.5k	8.3k	5.7M	0.3M	15.4M	9.0M	7.6M	14.6M	19.1M	19.5k	17.7M	7.4M
fr	104,714	669.6M	90.6M	7.5k	15.9M	21.1M	59.3k	16.3k	7.4M	0.3M	22.6M	8.5M	10.3M	22.1M	33.8M	29.1k	29.9M	7.7M

图 2-21　Opensubtitles 双语翻译片段（来源：http://www.opensubtitles.org/）

图 2-22　OpenKG 平台上的知识图谱领域一览（来源：OpenKG.CN 官网）

领域结构化百科，其前身是复旦 GDM 中文知识图谱，是国内最早推出的也是目前最大规模的开放百科中文知识图谱，涵盖数千万实体和数亿级的关系，相关知识服务 API 累计调用量已达 6 亿次。CN-DBpedia 以通用百科知识沉淀为主线，以垂直纵深领域图谱积累为支线，致力于为机器语义理解提供丰富的背景知识，为实现机器语言认知提供必要支撑。CN-DBpedia 已经从百科领域延伸至法律、工商、金融、文娱、科技、军事、教育、医疗等十多个垂直领域，为各类行业智能化应用提供支撑性知识服务，目前已有近百家单位在使用。CN-DBpedia 具有体量巨大、质量精良、实时更新、丰富的 API 服务等特色。CN-DBpedia 已经成为业界开放中文知识图谱的首选。基于 CN-DBpedia 的知识图谱构建与应用能力已经输出并应用在华为、小 I 机器人、中国电信、中国移动、同花顺等业界领军企业的产品与解决方案中。图 2-23 给出了基于 CN-DBpedia 知识图谱的查询可视化。

图 2-23　基于 CN-DBpedia 知识图谱的查询可视化

DBpedia[①]：它从维基百科的词条里撷取出结构化的资料，并将其他资料集连结至维基百科。DBpedia 同时也是世界上最大的多领域知识本体之一。图 2-24 给出了 DBpedia 数据集管理器的截图。

dbr: Anthropology? dbpv = 2016-04 & nif = context　nif: #Context .

dbr: Anthropology? dbpv = 2016-04 & nif = context nif: isString"人类学是对人类的研究。它的主要册分是社会人类学和文化人类学，它描述了世界各地社会的运作，语言人类学，它研究了人类学的影响。社会生活中的语言，以及与人类的长期发展有关的生物学或自然人类学，通过研究物理证据研究过去人文化的考古学，被认为是美国人类学的一个分支。在欧洲，它本身就是一门学科，或者被归类为历史等相关学科。"，

dbr: 人类学? dbpv = 2016-04 & nif = context nif: beginIndex"0" ^^ <http://www.w3.org/2001/XMLSchema#nonNegativeInteger>，dbr

: 人类学? dbpv = 2016-04 & nif = context nif: endIndex"634" ^^ <http://www.w3.org/2001/XMLSchema#nonNegativeInteger>，dbr

: Anthropology? dbpv = 2016-04 & nif = context nif: sourceUrl <http://en.wikipedia.org/wiki/Anthropology>，dbr

: 人类学? dbpv = 2016-04 & nif = context nif: predLang <http://lexvo.org/id/iso639-3/eng>，

图 2-24　DBpedia 数据集管理器的截图

其他一些常见的自然语言处理数据集如表 2-3 所示。

表 2-3　常见的自然语言处理数据集

数　据　集	数　据　描　述	地　址　下　载
Question Pairs	第一个来源于 Quora 的包含重复语义相似性标签的数据集	https://data.quora.com/First-Quora-Dataset-Release-Question-Pairs/
CMU Q/A Dataset	人工生成的问题/答案对，内容来自维基百科文章	http://www.cs.cmu.edu/~ark/QA-data/
Maluuba Datasets	用于状态性的自然语言理解研究的人工制作的精细数据集	https://datasets.maluuba.com/
Billion Words	一个大型、通用的语言建模数据集，常用于如 word2vec 或 Glove 的分布式词语表征	http://www.statmt.org/lm-benchmark/

① https://wiki.dbpedia.org/

续表

数　据　集	数　据　描　述	地　址　下　载
The Children's Book Test	从古登堡计划的童书中提取的(问题＋上下文,答案)的基线,其主要用途在问题回答、阅读理解等方向的算法测试	https://research.fb.com/projects/babi/
Stanford Sentiment Treebank	一个标准情感数据集,数据集中每个句子解析树的每个节点都有精细的情感注释	http://nlp.stanford.edu/sentiment/code.html/
Newsgroups	文本分类的经典数据集,通常用于纯分类或作为任何 IR/索引算法的基准	http://qwone.com/~jason/20News groups/
Reuters	一个较旧,完全基于分类的新闻文本数据集,常用于教程	http://t.cn/RJDfi7T/
IMDB	一个比较旧,规模也相对较小的二元情感分类数据集	http://ai.stanford.edu/~amaas/data/sentiment/

　　上面提到的数据都是公开的标准数据集。然而,在标准数据集上解决了问题并不等同于开发出的产品就是优秀的。大多数靠机器学习或 AI 算法来驱动的产品都严重依赖非公开的专有数据集。AI 解决方案或开发产品最难的部分不是 AI 本身或者算法,而是数据的收集和标记。数据对人工智能研究和应用的重要性,催生了独立的人工智能数据服务行业,如数据堂、云测、星尘数据等公司。数据服务公司构建了人工智能数据生产服务平台,提供数据定制化服务、人工智能数据集产品或人工智能数据处理平台私有化部署服务。这些人工智能数据公司依托成熟的众包分发模式和数据标注团队,为客户提供原始数据采集服务、数据清洗及数据加工和数据标注服务,为客户降低数据成本,提供业务效率。这些公司以数据作为驱动力,通过收集新的、专有的数据获益,提升竞争力。

2.2　网络数据爬取

　　相较于其他数据获取策略,通过互联网进行开源数据的搜索与采集是学习人工智能应用的便利方案。网络爬虫(Web Crawler)[16],是一种按照一定的规则,自动地抓取万维网信息的程序或者脚本。爬虫的技术流程包括数据采集、处理、储存三个部分,其对应着网络爬虫的系统框架中的控制器、解析器、资源库三部分。控制器的主要工作是负责给多线程中的各个爬虫线程分配工作任务。解析器的主要工作是下载网页,进行页面的处理,主要是将一些 JS 脚本标签、CSS 代码内容、空格字符、HTML 标签等内容处理掉,爬虫的基本工作是由解析器完成。资源库是用来存放下载到的网页资源,一般都采用大型的数据库存储,如 Oracle 数据库,并对其建立索引。

2.2.1　通用爬虫与聚焦爬虫

　　从使用场景上分,网络爬虫可分为通用爬虫和聚焦爬虫两种。通用网络爬虫被广泛用于互联网搜索引擎(Baidu、Google、Bing 等)或其他类似网站,可以自动采集所有其能够访问到的页面内容,下载到本地形成一个互联网内容的镜像备份,以获取或更新这些网站的内容和检索方式。通用爬虫从一个或若干初始网页的 URL 开始,获得初始网页上的 URL,在抓取网页的过程中,不断从当前页面上抽取新的 URL 放入队列,形成网页库,直到满足系统的一定停止条件。通用爬虫的局限性在于其所返回的索引结果都是网页,而最终用户所需要的可能是多模态数据。并且通用爬虫一般基于关键字进行索引,难以支持语义信息提出的查询,无法准确理解用户的具体需求。通用爬虫的功能框架图如图 2-25 所示。

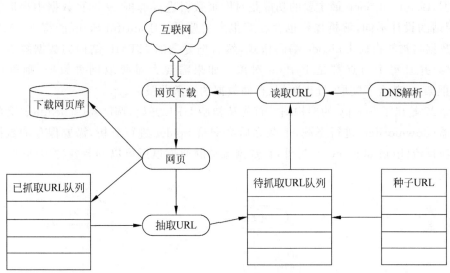

图 2-25　通用爬虫的功能框架图

聚焦爬虫是面向特定主题需求的一种网络爬虫程序,它的工作流程比较复杂,需要根据一定的网页分析算法对网页内容进行处理筛选,尽量保证只抓取与需求相关的网页信息并将其放入等待抓取的 URL 队列。然后,它将根据一定的搜索策略从队列中选择下一步要抓取的网页 URL,并重复上述过程,直到达到系统的某一条件时停止。另外,所有被爬虫抓取的网页将会被系统存储,进行一定的分析、过滤,并建立索引,以便之后的查询和检索。这一过程所得到的分析结果还可能对以后的抓取过程给出反馈和指导。相对于通用网络爬虫,聚焦爬虫需要解决的问题包括对抓取目标的描述或定义;对网页或数据的分析与过滤;对 URL 的搜索策略等。聚焦爬虫的技术流程如图 2-26 所示。

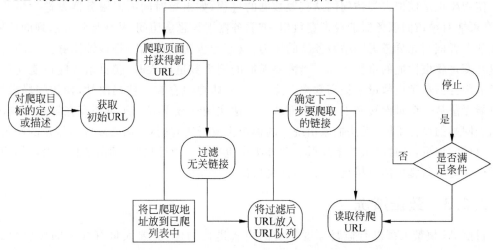

图 2-26　聚焦网络爬虫技术的技术原理及其实现过程

2.2.2 Python 爬虫技术解析

基于 Python 语言开发的爬虫技术,一般使用 Requests 库抓取网站数据,使用 BeautifulSoup 解析网页,采用 Scrapy 框架进行爬虫工作的管理。通过 Requests 库可以抓到网页数据,Beautiful Soup 最主要的功能是对网页数据进行解析,从网页数据中提取需要的内容,网站的设计不同,解析操作也存在着很大的差异。Beautiful Soup 能将 HTML 文档格式的数据将被转换成 Unicode 编码格式,然后把复杂的 HTML 结构的数据解析转换成树形结构,并且每个节点都是 Python 对象。如果需要大量爬取网页数据,则可以采用 Scrapy 框架,它整合了爬取、处理数据、存储数据的一条龙服务。

图 2-27 给出了 Scrapy 的架构图。首先从初始 URL 开始,调度器(scheduler)会将其交给下载器(downloader)进行下载,下载之后会交给 Spider 进行分析,需要保存的数据则会被送到项目流(item pipeline)。另外,在数据流动的通道里还可以安装各种中间件,进行必要的处理。

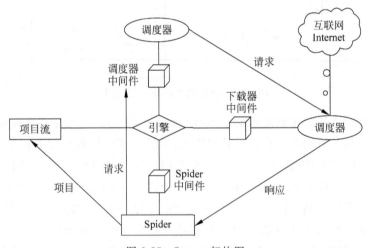

图 2-27　Scrapy 架构图

使用爬虫是模拟人类访问网站获取数据的过程,如果短时间内向服务器发送大量的请求,则可能对被访问服务器造成带宽负担,被服务器视为恶意访问,从而导致一系列的后果。爬虫开发者应当充分考虑网站服务器的压力,友好地去访问网站。每秒钟能够抓取的网页数量是衡量爬虫性能的重要指标。当需要抓取的网页数量巨大时,爬虫系统应该能通过增加抓取服务器和爬虫数量来提高效率。除此之外,爬虫也存在一些局限性,如访问局限性,即可能无法从一个页面转到下一个页面从而无法实现连续下载。爬虫还存在针对性局限,即由于网站的设计不同,无法抽象出统一的模板去解析所有网页,而必须针对特定的网页进行针对性的解析,导致爬虫效率降低。此外爬虫也存在时效性局限,即由于目标网站结构变更需要随时更新爬虫的解析规则,以确保爬虫的正常运行。

2.2.3 数据清洗

目前 AI 模型大都以有监督深度学习的模式进行构建,需要大量有标记的优质数据。数据质量越高则训练出来的模型就越聪明,从而再生产出优质数据进行再学习,这样就可以不断完成自我进化。但假如学习数据中混杂了错误数据，那么易导致学习得出错误的结果。更重要的是，机器学习想要达成，必须建立在数据的一致性和体系化基础上，假如错误数据造成了整个数据链的割裂，那么机器学习过程也将终止，就无从谈什么人工智能了。在这种情况下，数据清洗也有了更重要的价值和愈发丰富的刚性需求[17]。

数据清洗就是将错误或者无效的数据（即所谓的"脏数据"），用各种手段进行标记并清理出来。这些手段包括检查数据一致性、处理无效值、识别数据冲突等，并且整个过程包括多重审查、校验与标注。

数据清洗常常和 ETL 关联起来，因此 ETL 也常被认为数据清洗的代名词。ETL（Extract-Transform-Load）是用来描述数据从来源端经过抽取（extract）、转换（transform）、加载（load）至目的端的过程。ETL 一词较常用在数据仓库，但其对象并不限于数据仓库。ETL 三个部分中，花费时间最长的是 T（清洗、转换）的部分，一般情况下这部分工作量是整个 ETL 的 2/3。数据的加载一般在数据清洗完了之后直接写入数据仓库（DW）中去。数据清洗是整个数据分析过程中不可缺少的一个环节，其结果质量直接关系到模型效果和最终结论。

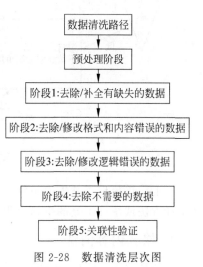

图 2-28 数据清洗层次图

数据清洗主要分为预处理阶段、缺失值清洗、格式内容清洗、逻辑错误清洗、非需求数据清洗、关联性验证等步骤。其技术路径如图 2-28 所示。

1. 预处理阶段

预处理阶段主要做两件事情：①通常来说，建议使用数据库，单机上搭建 MySQL 环境即可。如果数据量大（千万级以上），可以联合使用文本文件存储和 Python 操作的方式。②看数据。这里包含两个部分：一是看元数据，包括字段解释、数据来源、代码表等一切描述数据的信息；二是抽取一部分数据，使用人工查看方式，对数据本身有一个直观的了解，并且初步发现一些问题，为之后的处理做准备。

2. 缺失值清洗

缺失值是最常见的数据问题[21,22]，处理缺失值也有很多方法，具体如下：

（1）确定缺失值范围：对每个字段都计算其缺失值比例，然后按照缺失比例和字段重要性，分别制定策略，可用图 2-29 表示。

（2）去除不需要的字段：即直接删除不需要的字段，本步骤比较简单，但建议每做一步都备份一下，或者在小规模数据上试验成功再处理全量数据，以免删除失误追悔莫及。

（3）填充缺失内容：某些缺失值可以进行填充，方法有三种。①以业务知识或经验推测填充缺失值。②以同一指标的计算结果（均值、中位数、众数等）填充缺失值。③以不同指标的计算结果填充缺失值。前两种方法比较好理解。

（4）重新取数：如果某些指标非常重要又缺失率高，那就需要和取数人员或业务人员了解，是否有其他渠道可以取到相关数据。

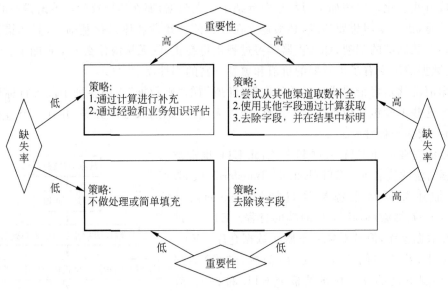

图 2-29　缺失值判定参考图

以上简单梳理了缺失值清洗的步骤,但其中有一些内容非常复杂,比如填充缺失值。很多统计方法或统计工具的书籍会提到相关方法,有兴趣的同学们可以继续深入了解。

3. 格式内容清洗

一般情况下,数据是由用户/访客产生的,也就有很大的可能性存在格式和内容上不一致的情况,所以在进行模型构建之前需要先进行数据的格式内容清洗操作。格式内容问题主要有以下几类:

(1) 时间、日期、数值、半全角等显示格式不一致:直接将数据转换为一类格式即可,该问题一般出现在多个数据源整合的情况下。

(2) 内容中有不该存在的字符:最典型的就是在头部、中间、尾部的空格等问题,这种情况下,需要以半自动校验加半人工方式来找出问题,并去除不需要的字符。

(3) 内容与该字段应有的内容不符:比如姓名写成了性别、身份证号写成手机号等问题。该问题特殊性在于:并不能简单地以删除来处理,因为成因有可能是人工填写错误,也有可能是前端没有校验,还有可能是导入数据时部分或全部的列没有对齐的问题,因此要详细识别问题类型,再具体问题具体分析。

4. 逻辑错误清洗

主要是通过简单的逻辑推理发现数据中的问题数据,防止分析结果走偏,主要包含以下几个步骤:

(1) 数据去重。

(2) 去除/替换不合理的值。

(3) 去除/重构不可靠的字段值(修改矛盾的内容)。

此三点均较为直观,不再展开赘述,感兴趣的同学可以自行寻找现有项目观察研究,一定受益匪浅。

5. 非需求数据清洗

一般情况下，我们会尽可能多地收集数据，但并不是所有的字段数据都可以应用到模型构建过程，也不是说将所有的字段属性都放到构建模型中，最终模型的效果就一定会好，实际上，字段属性越多，模型的构建就会越慢，所以有时候可以考虑将不要的字段进行删除操作。在进行该过程的时候，要注意备份原始数据。

6. 关联性验证

如果数据有多个来源，那么有必要进行关联性验证，该过程常应用到多数据源合并的过程中，通过验证数据之间的关联性来选择比较正确的特征属性，比如：汽车的线下购买信息和电话客服问卷信息，两者之间可以通过姓名和手机号进行关联操作，匹配两者之间的车辆信息是否是同一辆，如果不是，那么就需要进行数据调整。

2.3 基于爬虫的大数据获取案例

问题描述：侨情，对于境外地区而言，是指一个国家或者地区的华侨华人历史和现状，主要包括当地的华侨华人团体、华侨华人为教育华裔子弟创办的学校、华侨华人在各地创办的报刊，还有华侨华人的经济状况，参与当地政治的情况等方面。对于国内一个地区而言，是一个地方在海外的乡亲数量和分布，归侨侨眷的数量和分布。"中国侨网（及其友情链接）"或者文库，网站，百度知道等一系列的侨务相关网站都展示了相关的侨情信息。尝试利用爬虫工具获取侨情大数据。

2.3.1 基于爬虫软件的大数据获取

爬虫软件是一套完整的网页内容抓取、格式化、数据集成、存储管理和搜索解决方案。爬虫软件可以省去代码设计和开发，平台实用性和通用性高，对于代码能力较弱的 AI 初学者是比较适合的入门学习路径。

1. 爬虫软件介绍

后羿采集器是原 Google 技术团队倾力打造的一款网页数据采集软件，具有可视化点选、一键采集和导出、支持 Windows/Mac/Linux 系统使用等优点。后羿采集器在简化操作和可视化方面可谓是下了一番苦功。该采集器基于人工智能算法，只需输入网址就能智能识别列表数据、表格数据和分页按钮，不需要配置任何采集规则，一键采集。同时只需根据软件提示在页面中进行单击操作，完全符合人为浏览网页的思维方式，简单几步即可生成复杂的采集规则，结合智能识别算法，任何网页的数据都能轻松采集。非常适合初学者上手。此外，Google 公司的云端功能与该采集器多平台支持的特性共同作用，使得本采集器相较业界其他产品有着更好的泛用度。

从后羿官网(http://www.houyicaiji.com/)下载软件安装到本地计算机进行运行。下面展示后羿爬虫软件的运行方法：

（1）数据采集步骤。

① 创建新任务：后羿采集器提供了任务的多种创建方式，可以直接在主页上单击相应的按钮新建不同模式的采集任务，也可以单击左上角图标，创建新任务，如图 2-30 所示。

图 2-30　后羿爬虫软件使用说明——创建任务

② 任务设置：右击任务，在弹出的快捷菜单中对其进行设置。具体设置包括：启动任务、编辑任务、查看数据、修改名称、导出规则、修改分组和删除任务，如图 2-31 所示。

图 2-31　后羿爬虫软件使用说明——设置任务

③ 选择合适的采集模式。

智能模式：适合列表类型网页、单页类型网页和列表＋详情页类型网页。智能模式比较适合以上三种类型的网页，复杂的网页类型不宜使用该模式，会降低采集对象的识别准确率。在批量采集多个网址时，建议只输入同一个网站的同一种类型的网页，例如全部都是列表类型或全部都是单页类型，不同网站或不同类型的网页建议创建不同的任务进行采集。

流程图模式：适合所有类型的网页。如果智能模式无法满足需求，那么就需要流程图模式。流程图模式需要用户进行很多自定义操作，尽管后羿采集器团队一直在对流程图模式进行优化设计,从而降低用户的使用难度,但作为初学者,还是建议先行学习使用教程再进行应用。教程链接:http://www.houyicaiji.com/? type=post&pid=1437。

④ 开始采集(智能采集)。在搜索栏右侧单击开始采集后,软件会自动将待采集页面信息进行智能采集。通过界面下方的添加字段按键,可以按特征字段进行采集,获取当前页面所有相关数据。如果需要对后续标签页按同规则采集,可以通过深入采集按键进行操作,如图 2-32 所示。

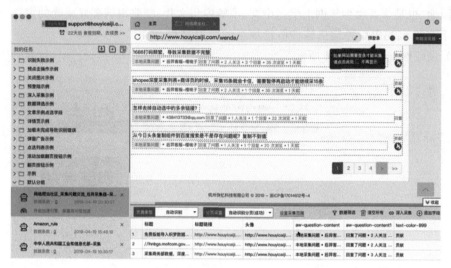

图 2-32　后羿爬虫软件使用说明——启动采集

(2) 导出数据。任务完成后,软件自动弹窗提示数据导出,在此处我们可以设置导出文件类型及导出范围等,如图 2-33 所示。

图 2-33　后羿爬虫软件使用说明——导出数据

2. 使用后羿软件爬取侨情数据

本次实验数据来源于中国华文教育网(http://www.hwjyw.com/)的三常知识栏

目(http://www.hwjyw.com/zhwh/zhwh-sczs/index46.shtml)。中国华文教育网由中华人民共和国国务院侨务办公室主办。中国华文教育网以推广华文教育、弘扬中华文化为己任,下设"华教资讯、华文教材、网上课堂、资源中心、中华文化、青少年活动、华教社区、图片、视频"等九个频道,通过提供华教信息发布、精品课程示范、师资培训课程、华文教材下载、中华传统文化讲座等贴近华文教学需求的资讯,服务海外华文学校教师、学生和其他热心中文学习者,力促海外华文教育工作的普及和发展。中国华文教育网是全球华文学校教师相互交流及分享经验心得的园地,也是华裔青少年网上学习中文、了解中华文化、领略祖国美好风光的窗口。

接下来展示利用后羿爬虫软件侨情数据的爬取过程。

(1) 设置网址,如图 2-34 所示。

图 2-34　侨情数据爬取——设置网页

(2) 编辑字段,如图 2-35 所示。

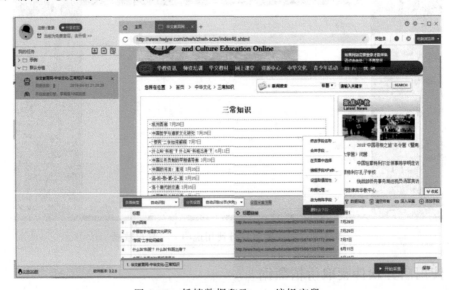

图 2-35　侨情数据爬取——编辑字段

（3）深入采集并添加路径，如图 2-36 所示。

图 2-36　侨情数据爬取——添加采集路径

（4）采集过程信息展示，如图 2-37 所示。

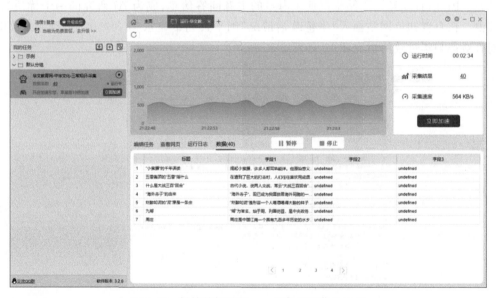

图 2-37　侨情数据爬取——采集过程信息展示

（5）采集数据存储，如图 2-38 所示。

后羿爬虫软件用户界面友好、操作过程零代码，程序运行速度较快，数据准确度高。但是平台仍然存在一些比较明显的缺点，在单个网站采集上，数据字段归类的能力极差，只能自动识别表格化的页面；在多网址的采集上，只能在同一栏目的平级页面中实现跳转，无法自动补充字段，批量生成技术实用性不高，网址主要依赖用户自行输入，因而采集的灵活性不高。但是，反过来说，采集器能较好地采集固定套路的网页。

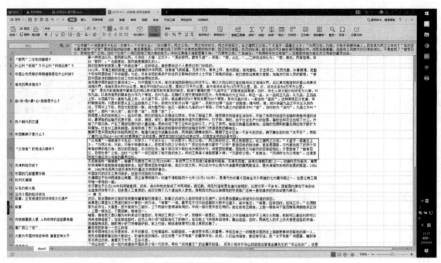

图 2-38   侨情数据爬取——采集数据存储

2.3.2   基于 Python 爬虫技术的侨情数据获取

本次实验数据来源于百度知道(https://zhidao.baidu.com/)。百度知道是全球最大的中文问答互动平台,通过 AI 技术实现智能检索和智能推荐,可以针对每个提问进行快速有效解答。因此,百度知道网站也沉淀了海量的主题问答信息,成为 AI 研究的一个优质数据资源池。在百度知道网站输入"华侨政治情况"则平台列举显示共 907 102 条结果,表明这些问答对都与华侨政治情况相关,如图 2-39 所示。

图 2-39   "百度知道"网站关于"华侨政治情况"的问答对信息示例

在谷歌浏览器查看图 2-39 网页源代码,分析得出问题设置在 class＝ti 的标签中,而回答则在 class＝best-text mb-10 的标签中。通过 request 获取网页,借助 BeautifulSoup 第三方库解析网页,去除不必要内容,提取问答文本,将问答文本存储于表格中。具体代码如下所示。

```python
# - * - coding：UTF - 8 - * -
import requests
import openpyxl
from bs4 import BeautifulSoup


##############配置###################
theme = '华侨政治情况'                          #爬取的内容
need = 10                                       #爬取条目等于 need * 10
###################################
wb = openpyxl.Workbook()
sheet = wb.get_active_sheet()
sheet['A1'] = '问题'
sheet['B1'] = '答案'
count = 2
for i in range(need):
    url = 'https://zhidao.baidu.com/search? lm = 0&rn = 10&pn = {}&fr = search&ie = utf - 8&word = {}'.format(i * 10, theme)
    # url = 'https://zhidao.baidu.com/search? word = {}&ie = gbk&site = - 1&sites = 0&date = 0&pn = {}'.format(theme, i * 10)
    headers = {'content - type': 'application/json'}
    headers = {'Content - Type'：'text/html'}
    res = requests.get(url, headers = headers)
    content = res.content
    # content = content.decode('gbk')
    soup = BeautifulSoup(content, 'html.parser')    #第一次访问
    ti = soup.find_all('', {"class": "ti"})
    print("第{}轮正在进行...".format(i + 1))
    for j in ti:
        question = j.get_text()                     #得到问题
        detail_url = j["href"]
        res = requests.get(detail_url, headers = headers)
        content = res.content
        # content = content.decode('gbk')
        soup = BeautifulSoup(content, 'html.parser')
        answer = soup.find_all('', {"class": "best - text mb - 10"})
        true_answer = ''
        ########################################
        for k in answer:
            text = k.get_text()
            text = text.split()
            text.remove('展开全部')
            text = "".join(text)
            true_answer = text                      #得到回答
    sheet['A{}'.format(count)] = question
```

```
        sheet['B{}'.format(count)] = true_answer
        count = count + 1
wb.save('问题集_政治.xlsx')
print("爬取完毕,共爬取{}个问答".format(count - 2))
```

侨情爬取部分结果如图 2-40 所示。

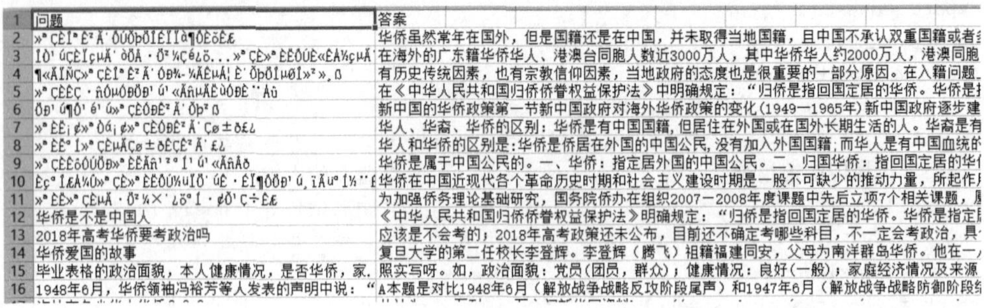

	问题	答案
2	»ª ÇÈÌª Ê² Ä´ ÔÚÔþÖÌÊÌÌà¶ÔÈõÊÆ	华侨虽然常年在国外，但是国籍还是在中国，并未取得当地国籍，且中国不承认双重国籍或者
3	ÌÒ¹ úÇÈÌçµÄ´ òÔÄ · Ö² ¼Çé¿ö...»ª ÇÈ»ª ÈËÔÚÈ«ÊÀ½çµÄ	在海外的广东籍华侨华人、港澳台同胞人数近3000万人，其中华侨华人约2000万人，港澳同胞
4	¶«ÄÏÑÇ»ª ÇÈÌª Ê² Ä´ Óв¼-¼ÃÊµÄ¦ È´ ÔþÕÌµØÌ»² », ß	有历史传统因素，也有宗教信仰因素，当地政府的态度也是很重要的一部分原因。在入籍问题
5	»ª ÇÈÊÇ · ñÔµÓÐÖÐ¹ ú¹ «ÃñµÄÈ¨ÒÕÐÈ¨ Àû	在《中华人民共和国归侨侨眷权益保护法》中明确规定："归侨是指回国定居的华侨。华侨是
6	ÖÐ¹ ú¶Ô¹ é¹ ú»ª ÇÈÓÐÊ² Ä´ Õþ² ß	新中国的华侨政策第一节新中国政府对海外华侨政策的变化(1949—1965年)新中国政府逐步建
7	»ª ÈË¡ ¢»ª Òá¡ ¢»ª ÇÈÓÐÊ² Ä´ Çø±ð£¿	华人、华裔、华侨的区别：华侨是有中国国籍,但居住在外国或在国外长期生活的人。华裔是有
8	»ª ÈËº Í»ª ÇÈµÄÇø±ðÊÇÊ² Ä´ £¿	华人和华侨的区别是:华侨是侨居在外国的中国公民,没有加入外国国籍;而华人是有中国血统的
9	»ª ÇÈÊôÓÚÖÐ»ª ÈËÃñ¹ ²º Í¹ ú¹ «ÃñÂð	华侨是属于中国公民的。一、华侨：指定居外国的中国公民。二、归国华侨：指回国定居的华
10	Èçº ÎÆÀ¼Û»ª ÇÈ»ª ÈËÔÚ¼uÌÖ¹ úÊ · ÉÏ¶ÔÖÐ¹ ú¸ïÃüº Í½¨	华侨在中国近现代各个革命历史时期和社会主义建设时期是一股不可缺少的推动力量，所起作
11	»ª ÈË»ª ÇÈµÄ · Ö² ¼×´¿ö° Î · ¢Õ¹ Ç÷ÊÆ	为加强侨务理论基础研究，国务院侨办在组织2007—2008年度课题中先后立项7个相关课题，
12	华侨是不是中国人	《中华人民共和国归侨侨眷权益保护法》明确规定："归侨是指回国定居的华侨。华侨是指定
13	2018年高考华侨要考政治吗	应该是不会考的；2018年高考政策还未公布，目前还不确定考哪些科目，不一定会考政治，具
14	华侨爱国的故事	复旦大学的第二任校长李登辉。李登辉（腾飞）祖籍福建同安，父母为南洋群岛华侨。他在一
15	毕业表格的政治面貌，本人健康情况，是否华侨，家.	照实写呀。如，政治面貌：党员(团员，群众)；健康情况：良好(一般)；家庭经济情况及来源
16	1948年6月，华侨领袖冯裕芳等人发表的声明中说："	A本题是对比1948年6月（解放战争战略反攻阶段尾声）和1947年6月（解放战争战略防御阶段

图 2-40　侨情爬取结果存储结果展示

结果分析：本次爬虫通过分析网站 URL 的构成,能够自行设置关键字以及爬取数量对侨情知识进行爬取。所采用的技术为 Python 静态网页的爬虫技术。通过 request 库获取网页,借助强大的 BeautifulSoup 库解析网页的内容,最后将数据存储于 xlsl 文件中。其中,数据集中存在一些问题,如编码解码问题。此外,还有一些数据爬取结果只有问题没有回答而导致该条数据无效。

讨论：爬虫可分为文本爬取、图片爬取、视频爬取。最基本的爬虫是爬取静态网页中的内容,主要为文本信息,而对于网页中的图片和视频爬取,则复杂得多。针对不同的需求,爬取不同的内容。对于本实验,由于是侨情问答,所以最佳表现方式是以文本形式呈现。

2.4 实践作业

"大规模数据爬取技术概述(以汉语字词为例)"。请同学们从互联网爬取汉语字和词的相关属性知识,以 Excel 文件来存储数据。同学们可以从以下网站选择：http://xh.5156edu.com/index.php；https://www.zdic.net/；http://cy.5156edu.com/；https://zd.hwxnet.com/；https://hanyu.baidu.com/。报告中包括爬虫技术原理、汉语字词数据来源分析、汉语字词数据爬取过程、结果分析、讨论、参考文献。

参考文献

[1] 刘忆迪,郭方修.大数据研究现状与展望[J].黑龙江科技信息,2017,000(001)：191-192.

[2] Abiteboul S,Dong L,Etzioni O,et al. The elephant in the room：getting value from Big Data[C]. international workshop on the web and databases,2015：1-5.

[3] 张晓强.大数据引起的科学转变研究[D].北京：清华大学,2014.

[4] 熊筱晶.NCBI 高通量测序数据库 SRA 介绍[J].生命的化学,2010,030(006)：959-963.

[5] States U. An overview of computer vision [M]. U. S. Dept. of Commerce, National Bureau of

Standards,1982.

[6] Ballard D H,Brown C M. Computer vision[M]. New York：Prentice-Hall,1982.

[7] Fellbaum C,Miller G. WordNet：an electronic lexical database[M]. WordNet：An Electronic Lexical Database. MIT Press,1998.

[8] Turnbull D,Barrington L,Torres D,et al. Semantic Annotation and Retrieval of Music and Sound Effects[J]. IEEE Transactions on Audio,Speech,and Language Processing,2008,16(2)：467-476.

[9] Morgan D P,Scofield C L. Natural Language Processing[J]. Spring US,1991：245-288.

[10] Doan A,Ramakrishnan R,Halevy A Y. Crowdsourcing systems on the World-Wide Web[J]. Communications of the Acm,2011,54(4)：86-96.

[11] Locke W N,Booth A D. Machine translation[J]. Journal of the Iee,1956,2(2)：109-116.

[12] Yue C,Ze-Yuan L. The rise of mapping knowledge domain[J]. Studies In Science of Science,2005.

[13] 王睿. 基于知识图谱的人工智能可视化研究[J]. 信息技术与信息化,2019(8).

[14] Thelwall M. A Web crawler design for data mining[J]. Journal of Information Science,2001,27(5)：319-325.

[15] 周德懋,李舟军. 高性能网络爬虫：研究综述[J]. 计算机科学,2009(08)：26-29.

[16] 孙立伟,何国辉,吴礼发. 网络爬虫技术的研究[J]. 电脑知识与技术,2010,06(015)：4112-4115.

[17] 郭志懋,周傲英. 数据质量和数据清洗研究综述[J]. 软件学报,2002,13(011)：2076-2082.

[18] Mauricio A. Hernández,Stolfo S J. Real-world Data is Dirty：Data Cleansing and The Merge/Purge Problem[J]. Data Mining and Knowledge Discovery,1998,2(1)：9-37.

[19] 杨辅祥,刘云超,段智华. 数据清理综述[J]. 计算机应用研究,2002,019(003)：3-5.

[20] Lee M L,Ling T W,Lu H,et al. Cleansing Data for Mining and Warehousing[C]. Database and Expert Systems Applications,1999：751-760.

[21] 王清毅,蔡智,邹翔,蔡庆生. 部分数据缺失环境下的知识发现方法[J]. 软件学报(10)：1516-1524.

[22] Koszalinski R S,Tansakul V,Khojandi A,et al. Missing Data,Data Cleansing,and Treatment From a Primary Study：Implications for Predictive Models[J]. Cin-computers Informatics Nursing,2018,36(8)：367-371.

第 **3** 章

零基础开发——人工智能定制化训练服务

本章学习目标

- 了解人工智能的学习模式
- 熟练掌握基于人工智能定制化训练服务平台的应用开发
- 熟练掌握人工智能模型的性能评估
- 了解人工智能产品智商评测

本章首先论述人工智能学习模式,接着介绍目前流行的人工智能定制化训练平台并给出应用指引范例,最后讨论人工智能模型的性能评估和产品智能水平。

随着机器学习,尤其是深度学习在复杂数据上的表现越来越优秀,很多开发者希望能将其应用到自己的服务或产品中。从整体而言,构建我们自己的机器学习应用首先需要收集数据,并执行复杂而烦琐的数据预处理。随后则需要面对如何选择模型与各种层出不穷的修正结构的问题。然后,在训练中,需要有丰富的调参经验与各种训练技巧,还需要根据数据情况选择与修正最优化方法。最后,考虑工程化问题,将机器学习模型部署在应用场景中。目前在 GitHub 上有很多优秀的机器学习开源项目,例如,各种预训练深度卷积网络、高度封装的算法以及大量开放数据集,不过要想复现以及根据实际情况调整这些项目,开发者还是需要一些机器学习领域知识。此外,很多项目的文档说明与技术支持都有待提高,它们需要开发者一点点调试与试错,才能正确搭建。更重要的是,将训练后的模型部署到移动端等平台会遇到非常多的困难,这主要还是由于当前流行的深度学习框架并不能完美支持模型部署。

对于很多不太了解机器学习算法工程的开发者而言,部署机器学习开发环境,完成机器学习算法研发流程还是有非常大的挑战。此外,若机器学习不是产品的核心技术,额外维护机器学习算法团队的成本又非常高。因此,很多时候我们需要一种能快速使用高性能深度学习的方法。所以对于不太了解机器学习的开发者而言,最好将机器学习算法研发,模型部署等过程都自动化。例如我们只需要收集少量和任务相关的数据,并直接在平台上完成标注,然后让系统帮我们选择合适模型与超参数进行训练,最后已训练模型还可以直接部署到云 API 或打包成安装包。零编码、零 AI 基础、轻松几步构建 AI 模型,这种解决方案就是人工智能定制化平台。当然,在进行零代码开发 AI 应用之前,零基础 AI 开发者还是需要了解一些和数据、应用、模型相关的基础知识,如学习模式、模型性能评估指标等。

3.1 人工智能学习模式简介

学习能力是智能的核心,学习对生物生存具有很强的积极意义。学习行为简单地说就是一种条件反射,但人脑作为世界上最复杂的物质系统,其学习能力是其他一切生物无法比拟的。"学"是指人获得直接与间接经验的认识活动,兼有思的含义;"习"是指巩固知识、技能等实践活动,兼有行的意思。我国对学习的研究已有悠久的历史,孔子认为,"学"与"习"不是两个独立的环节过程,"学"是"习"的基础与前提,"习"是"学"的巩固与深化。在学习的过程中可以感受到愉悦的情绪体验,揭示了认知、情绪、行为三者之间的统一关系[1]。现代科学对学习机理形成了更细化的一些观点,如经典条件反射学习理论、行为主义学习理论、联结主义学习理论、操作条件反射理论和社会学习理论等[2]。人工智能旨在模拟人脑,通过教育、训练和学习过程,更新和丰富拥有的知识和技能。因此,人工智能也相应发展出一系列人工智能学习模式,如监督学习、无监督学习、半监督学习、强化学习、迁移学习、联邦学习。人脑学习理论与人工智能学习模式之间的对应关系如表 3-1 所示。

表 3-1 人脑学习理论与人工智能学习模式之间的对应关系

学习科学理论学家	理论	关于学习的主要观点	人工智能学习模式
巴浦洛夫	经典条件反射理论	提出几种基本的学习现象:强化、抑制、恢复、泛化和分化	强化学习
华生	行为主义	学习就是以一种刺激替代另一种刺激建立条件反射的过程	强化学习、迁移学习
桑代克	联结主义	学习的实质在于形成刺激-反应联结,学习的过程是尝试与错误的渐进过程	监督学习、无监督学习、半监督学习、强化学习
斯金纳	操作条件反射理论	反射学习是 S-R 过程,操作学习是(S)-R-S 的过程。刺激加强的不是 S-R 的联结,而是行为发生的频率	强化学习
班拉拉	社会学习理论	社会认知理论,交互决定论,观察学习的过程:注意、保持、复制、动机	监督学习、迁移学习

虽然人类非常善于从事学习,但还不能充分了解这项能力的生理机制。因此,将该功能直接通过编码嵌入机器当中会十分困难。当前,以大数据、算力和算法为支撑的人工智能系统的学习能力主要通过分析数据来完成。这已经能和那种按照明确的指令、以预先定义的方法行事的自动化模式区分开来,实现系统的"智能化"。实际上,识别大量数据中存在的模式,恰是机器学习的核心特长之一。机器学习可以从原始数据中学习,从而赋能于人工智能可见的出色表现,使其变得越来越普遍。无论是进行前瞻判断的预测系统、近乎实时解读语音和文本的自然语言处理系统、以非凡准确度识别视觉内容的机器视觉技术,还是优化搜索和信息检索,都依托于机器学习。相对于其他技术,机器学习的一项关键优势,就是对"脏"数据的容忍度——即数据中包含有重复记录、不良解析的字段,或是不完整、不正确以及过时的信息[3]。机器学习具备灵活性,可随着时间推移获得全新发现并做出改进,这意味着它能够以更高的准确性处理脏数据,并且由此拥有了极佳的可扩展性。在我们当前所处的数据大爆炸时代,后者正变得越来越重要。目前,人工智能系统可以像人一样识别出垃圾邮

件,能在人们每次打开新闻 App 时推荐感兴趣的新闻,让人们看了还想看,能在人们输入信息时推送针对性的表达内容和表达模式。本质上来说,当前的人工智能学习,就是让计算机从数据中自动寻找规律[4]。

3.1.1　机器学习范例

这部分先介绍机器学习的相关概念。

1. 模式识别问题

以旅游景区的安全预警作为模式识别问题的典型应用场景。经专家分析,旅游景区安全预警的影响指标和预警等级汇总如表 3-2 所示。

表 3-2　旅游景区安全预警的影响指标

预警等级	景区入园率	游客平均逗留时间	雇员游客比	景区设施使用饱和度	水文气象灾害发生率	监控覆盖度	景区行政能力	突发事件响应速度	应急预案健全度
符号	x^1	x^2	x^3	x^4	x^5	x^6	x^7	x^8	x^9
优秀级	0.60~0.70	<0.60	0.91~1.00	0.80~0.95	0.00~0.10	0.85~1.00	0.90~1.00	0.95~1.00	0.90~1.00
良好级	0.70~0.80	0.60~0.75	0.76~0.90	0.70~0.80	0.10~0.15	0.70~0.85	0.80~0.90	0.85~0.95	0.80~0.90
合格级	0.80~0.90	0.75~0.90	0.60~0.75	0.60~0.70	0.15~0.20	0.60~0.70	0.75~0.80	0.80~0.85	0.70~0.80
危机级	0.90~1.00	0.90~1.00	<0.60	<0.60 或 >0.95	>0.20	<0.60	<0.75	<0.80	<0.70

由表 3-2 可见,影响旅游景区安全等级的指标可归纳为 9 个指标,分别是:

(1) 景区入园率,指景区实际入园人数与承载力上限的比率,越接近上限,安全性就相对越低。

(2) 游客平均逗留时间,逗留时间越长,对景区安全性的影响就越大,通过分析历史区间内游客平均逗留时间,得出此项指标数值。

(3) 雇员游客比,指预警时间段内景区服务人员数量与入园游客的比例,过大的比例造成资源浪费,过小的比例容易造成服务忽略或不到位,触发安全问题。

(4) 景区设施使用饱和度,指景区内设施使用饱和情况对安全的影响,过度使用或过度闲置的设施都造成安全隐患。

(5) 水文气象灾害情况,诸如洪水、干旱、寒潮霜冻和沙尘暴等气象、水文灾害对旅游活动的开展有很大影响。主要考察气象水文灾害资料,分析历史时期该旅游地爆发灾害气象事件的次数、频率,形成旅游地水文灾害的爆发概率。

(6) 监控覆盖度,通过分析景区摄像头、流动监控设备,形成视频监控区域覆盖比例。

行政指标,包括景区行政能力、突发事件响应速度、应急预案健全度。

(7) 景区行政能力,指景区协调指挥处理事件的能力,通过对景区历史事件处理情况的总体分析,得出此项指标。

(8) 突发事件响应速度,如儿童走失的情况的响应速度,需要对景区历史事件处理情况进行分析。

(9) 应急预案健全度,预案的健全与否直接影响景区的安全级别。

上述 9 个指标构成了训练数据的特征集,即每一条数据由 9 个特征组成。我们把每条数据记为 $X=(x^1,x^2,\cdots,x^9)$。显然,每个景区在特征集上的取值是不同的。根据 9 个影

响指标的不同取值范围,专家将预警等级分为四个级别。根据表 3-2 的等级规定,可以看出:

(1) 优秀级,表明旅游景区安全性高、无安全隐患,游客活动无需担心突发事件。

(2) 良好级,表明旅游景区有爆发安全事件的可能性,但几率很小,并且有健全的安全事件处理预案,在此等级内,游客也无需过分担心安全问题。

(3) 合格级,此级别旅游景区一般具体良好的处理预案,能够有效控制,在此预警等级内,对游客的安全知识有一定要求,在安全知识欠缺的情况下,不鼓励游客开展旅游活动。

(4) 危机级,旅游景区爆发安全问题的可能性极大,一旦事故发生,由于缺乏足够的应对措施和预案,将对游客与景区造成灾难性的后果。在此等级内,应杜绝游客前往,并及时疏散本地游客。

因此,旅游景区安全预警是一个四分类问题,每条数据将获得类别集 $Y=\{1,2,3,4\}$ 的某一个类别。一条完整的训练样本为 $(\boldsymbol{x},y)$,其中 $\boldsymbol{x}$ 是维度为 9 的向量,y 是单点值。

2. 训练样本集

机器学习(Machine Learning,ML)致力于让计算机模仿人类从实例中学习的能力进行数据分析和建模,以估计某系统隐藏的复杂的输入输出映射关系(也称为模型),使模型能够对未知输出做出尽可能准确的预测。首先需要收集人类的经验数据进行学习,以获得判决模型。当采集一条新景区的数据 $\boldsymbol{x}$,就能使用模型自动判断安全预警等级 y。经过样本采集,我们获取了 12 个样本,展示如表 3-3 所示。这个表就构成了训练样本集,每个样本由 9 个指标和 1 个类别标记组成。

表 3-3　训练样本集

x^1	x^2	x^3	x^4	x^5	x^6	x^7	x^8	x^9	y
0.70	0.55	0.91	0.82	0.02	0.92	0.92	0.97	0.97	1
0.64	0.42	0.92	0.90	0.01	0.97	0.94	0.99	0.94	1
0.68	0.44	0.94	0.88	0.04	0.93	0.97	0.96	0.91	1
0.73	0.68	0.78	0.75	0.12	0.82	0.85	0.91	0.84	2
0.77	0.71	0.82	0.76	0.14	0.81	0.84	0.92	0.86	2
0.71	0.73	0.88	0.79	0.13	0.84	0.87	0.87	0.89	2
0.84	0.81	0.67	0.62	0.17	0.77	0.77	0.91	0.79	3
0.89	0.87	0.72	0.67	0.15	0.75	0.76	0.83	0.77	3
0.85	0.77	0.62	0.65	0.16	0.78	0.79	0.84	0.72	3
0.95	0.92	0.54	0.51	0.27	0.62	0.72	0.75	0.64	4
0.97	0.93	0.42	0.97	0.43	0.51	0.64	0.79	0.67	4
0.98	0.99	0.31	0.32	0.34	0.47	0.71	0.78	0.69	4

3. 分类问题定义

下面对分类问题采用通用数学语言进行描述。实际问题的具体对象一般有很多属性,可用高维向量 $\boldsymbol{x}=(x^1,x^2,\cdots,x^d)^{\mathrm{T}}\in X$ 表示,其中数据 $\boldsymbol{x}$ 的上标 $1,2,\cdots,d$ 是向量的维数序号,也就是对象的属性序号;$\boldsymbol{X}=\mathbb{R}^d$ 表示 d 维实数空间。假设实际问题对应有 c 个可选类别,用标识变量 $y\in Y=\{1,2,\cdots,c\}$ 表示对象的类别,其中 Y 叫作类别空间。对象及其类

别构成数据对 $z=(x,y)\in Z$，Z 叫作样本空间，z_i，$i=1,2,\cdots,n,\cdots$ 是样本空间中的样本（点），其下标"i"表示样本编号。则其模式分类可以定义为：

定义 3.1（分类问题 F）　根据给定的训练样本集 $z^{(n)}=\{z_1,z_2,\cdots,z_n\}$，其中 $z^{(n)}$ 表示含有 n 个样本的样本集，$z_i\in Z$，$i=1,\cdots,n$ 表示样本，产生一个分类器：

$$\varphi:\mathbb{R}^d\to(1,2,\cdots,c)$$

使得它对新的待测试数据 $x_{n+1},x_{n+2},\cdots,x_{n+k}$ 的实际类别值产生相应的预测值 $\hat{y}_{n+1}$，$\hat{y}_{n+2},\cdots,\hat{y}_{n+k}$。我们要求该分类器要能对整个样本空间可能的分布有一个尽可能小的期望判别误差。

4. 分类模型调优

那么，分类器模型是如何通过训练样本学习得到的呢？分类器通过持续对训练样本集进行学习，以预测类别与真实类别的一致性作为评价准则对学习过程进行指导和监督。以人工神经网络模型作为分类器为例，图 3-1 是人工神经网络模型的学习过程流程图。

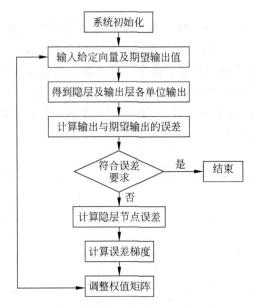

图 3-1　人工神经网络模型的调优技术流程

一开始我们对分类器进行初始化，然后输入训练样本集的一条数据和它的真实类别。训练数据经过神经网络模型的隐藏层和输出层得到模型预测类别值。接下来，对模型预测类别值与真实类别值进行误差计算。该误差称为预测误差。若预测误差小于指定误差，则模型已经学习好了，完成学习任务，可进入下一阶段，即投入使用阶段，为将来出现的数据进行预测工作。如果预测误差不符合指定要求，则需要修改模型的设计，具体来说，就是计算出预测误差导致的各个隐藏层节点误差，并计算出隐藏层节点的误差梯度，最终修改模型的权重来完成模型的一次调优。显然，经过不断将训练样本送入模型，一次次调优，最终将学习出对训练样本集拟合度非常高的模型，并对未来新出现的数据有足够的泛化性。

上面给出的范例只是基于一种学习问题（模式分类）进行展示，但现实场景还有回归、聚类、决策等需求。不同的需求将采用不同的机器学习模式来解决。下面从机器学习模式角度阐述人工智能的学习机制。

3.1.2　监督学习

类比我们认识动物的过程,父母告诉我们这是狮子,这是老虎,这是大象,我们就去寻找区分这三者的规律,如长鼻子大耳朵的是大象,身上有斑纹的是老虎,有鬃毛的是狮子等。如果我们想让一台机器学会辨别苹果和香蕉,那就需要拿一大堆水果过来,里面有各种各样的水果,如苹果、西瓜、香蕉等,然后给每个苹果和香蕉都写上一个标签,每个苹果的标签都写上红色的、圆的,每个香蕉的标签都写上黄色的、长条的、弯的,一个个的告诉机器,这个红色的、圆的就是苹果,黄色的、长条的、弯的就是香蕉,这种学习方法叫作监督学习。用专业术语来说,这里的每个苹果和香蕉都是一个一个的样本,我们添加的每一个标签就是每个样本所对应的详细信息。监督学习模式下,训练样本集中每个样本形式为(数据,标签)对,数据是学习对象的属性信息集合,标签是学习对象的标记。如果标记是离散型的指示值,如水果的种类(香蕉、苹果等有限集合),则监督学习可以完成分类任务。如果标记是连续型数值(如股票价格、温度值等),则监督学习可以完成回归问题。监督学习算法使用带有标记的数据集,推导出每个标记代表的显著特征,并学习识别新数据中的这些特征[5]。例如,向算法展示大量标记为"猫"的图像,然后它将学习如何识别猫的形象,并在其他任意数量、且完全不同的图片中发现猫。

3.1.3　无监督学习

无监督学习更像是最早的人类在野外见到不同的动物,没有人告诉我们这是大象,这是老虎,这是狮子,那时甚至没有大象、老虎、狮子的概念,但慢慢动物见多了,我们就开始发现这些动物之间的一些相同点和不同点,并根据这些特点,将它们分成不同的类别,并给这些类别起名字,大象、老虎、狮子。实际上,生物学家从各个角度研究动物的特点,对动物进行分类,确定不同物种,并得到这种动物分类,就是一个无监督学习的过程。我们日常生活中也在不自觉地对人、对事情、对信息进行归类。比如,来到新学校,你会根据同学的穿着、爱好、交流频率等分析出谁和谁玩得比较好,谁和谁是一个小团体。俗话说,物以类聚,人以群分,这种根据事物间的相似程度,将它们合并归纳成一个类别的操作,称作聚类。

我们同样拿一大堆水果过来,但不告诉机器哪个是苹果,哪个是香蕉,它们都有什么特征,而是让机器自己去比对,自己去发现不同水果之间区别。虽然机器不知道哪个是苹果,哪个是香蕉,但是通过分析能够把红色的、圆苹果和黄色的、长条的、弯的香蕉区分开来。无监督学习的目的主要是在于可以更好地挖掘或者说寻找数据里面的规律[6]。比如说,我们现在正在看关于人工智能、机器学习的视频,可能在视频的下面就给我们推荐了一堆关于人工智能、机器学习相关的视频。聚类是无监督学习中的一种典型任务,在计算机里面,只要你给出数据间相似程度的衡量标准,计算机就能使用一些算法对数据进行聚类和划分,相似的分到一个类别里,而不同的分到不同的类别中[7]。非监督学习在现实生活中有什么具体的应用呢? 商家可以对潜在顾客的所处的地理位置进行聚类,从而决定店铺的选址;一些购物应用根据人们的购物历史将人聚类,然后根据你所属的类别里其他人的购物清单,来推测你可能会感兴趣的物品,从而进行推荐。再比如一些新闻的应用,会根据文章的相似程度进行主题归类,类似的还有相册的照片自动归类功能,搜索引擎的寻找相似图片的功能等。

无监督学习,还有另一类典型任务——降维,通俗讲就是划重点、提精华。迪士尼动画《头脑特工队》里三个主角进入大脑的抽象思维空间,把三维实体降维为平面,最后被抽象成没有实体的概念,但在最后一幅图里虽然没有了实体,但依然保留了三个主角最突出的特点,使我们依然能够区分出他们。还有上学时相信学生被要求归纳文章的中心思想,就是用更短的篇幅更精炼的语言复述文章的信息。对训练数据的划重点、提精华也是一样的,意思就是将数据换一种比原来更短的方式展现,保留最具代表性的信息,去掉多余的和不重要的部分。那么,哪些是多余的信息呢?假如我们有一个关于学校里学生的数据集,它里面记录了1 000个学生的五个方面的信息,共5 000个数字,显然年龄和年级这两项有很固定的对应关系,知道年龄就可以推算出年级,这时年级这一项就是多余的信息,去掉这项后就一下子去掉了1 000个数字的数据量。又如,假设有某个地区的健身房教练的信息,由于健身房教练的身材胖瘦都差不多,所以他的身高和体重也有潜在的相关性,可以通过一个固定的公式,大体不差地根据其中一项算出另一项,这时候我们就可以将这两个数字用一个数字来表示,通过体重除以身高达到去除多余信息,缩小数据体积的目的。这种“划重点”的能力有什么用途呢?一般来说,训练数据越多、体积越大,训练模型所需要的时间就越长,就更加难以训练出效果好的模型,这就像学习一样,学习资料越多、课本越厚,学习时间就要越长,还不一定都能记得住,考试时也不容易考好。这时候如果出现一个学霸给你画重点,是不是就可以大大缩短学习时间、还更有信心考好呢?一样的道理,给训练数据“划重点”的能力一般是用在训练进行学习模型前,把训练数据的体积减小,能缩短训练所需要的时间,也更容易得到效果好的模型。

总结一下,无监督学习不需要我们提供训练数据对应的正确输出结果,就能够自动从数据中寻找规律,无监督学习主要可以做两类任务——聚类和降维。聚类是根据数据间的相似程度,将它们划分为一个个类别[11];降维是指给数据瘦身、划重点,提取数据中的精华,消除冗余的部分。

3.1.4　半监督学习

半监督学习是介于监督学习和无监督学习之间的一种方式[12][13]。在许多情况下,尽管我们每天都产生海量的数据,而这些数据往往是很初级的原始形态,很少有数据被加以正确的人工标注。比如我们经常接触的语音输入法、手写输入法,自然是需要大量的数据作为基础的,需要我们说的话,写的字,才能很好地识别出来。而数据的标注是一个极其耗时且昂贵的操作,半监督学习可以通过放宽对大量标记数据的需求来部分解决此问题。一大堆水果就相当于数据,但是这么多的水果,我们很难每一个都加上相应的标签,告诉机器这是什么、那是什么。所以我们就只给一部分加上标签,剩下来就让机器自己去识别、分类。半监督方法仅需要有限数量的标记数据,核心是如何利用大量未标记数据来提高学习准确性。

3.1.5　强化学习

在现实生活中,人们做出的选择一般会从获取最大收益的角度出发,这是决策问题。人们会思考怎样获取最大的收益,通过做出怎样合理正确的选择从而达到目的,这好比两个人下象棋,博弈的目的是为了获取最后的胜利。决策博弈问题与机器学习的交叉综合促进了强化学习——又称作增强学习或再励学习(Reinforce Learning,RL),理论与算法的产生和发展[14]。所谓强化学习是一种以环境反馈作为输入的、特殊的、适应环境的机器学习方法。其学习原理示意如图 3-2 所示。智能体(agent)通过执行动作 a 作用于环境,而后环境产生奖励 r 反馈给智能体,并且更新状态 s。智能体通过反复试验,学习出一种策略,以使得回报最大化或实现特定目标。它的主要思想是智能体与环境交互和试错,利用评价性的反馈信号实现决策的优化[15]。这也是自然界中人类或动物学习的基本途径。

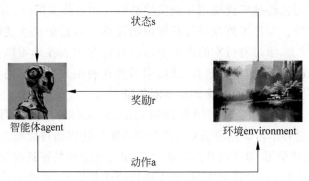

状态s

奖励r

智能体agent　　　　　　　　　　　　　环境environment

动作a

图 3-2　强化学习示意图

强化学习利用反复试错,形成"奖励"和"惩罚"的反馈循环。当算法得到数据集时,它将所处环境视为一场比赛,每次执行动作都会被告知是赢还是输。通过这种方式,它可以创建出一套方案——哪些"动作"能够带来成功,而哪些会造成反效果。DeepMind 的 AlphaGo 和 AlphaZero 都极好地展示了强化学习的威力。只需要把计算机或者机器放到一个环境当中,让它自由探索发挥就可以了。比如让计算机玩赛车游戏,告诉计算机撞到东西就减一分。然后我们就可以看到,智能体在玩赛车游戏时,一开始都是很快就死掉了,但随着失败次数的增多,智能体也能像人一样去总结经验,游戏再次开始的时候做出些调整,经过一次又一次试错,就像我们小时候学走路一样,一次又一次跌倒、爬起,最终学会了走路,智能体学会了控制赛车不会撞到墙。

强化学习是环境对动作的映射学习。判定标准不是现实动作与"理想动作"的差距,而是动作完成后一段时间的累积奖励。优化目标是总体奖励最大。强化学习预先没有给出训练数据,而是通过与环境的时序交互进行不断优化。第一个状态下动作是随机的,动作效果需交互一段时间通过累积奖励来判定。比如下棋需要多次决策直到分出胜负才收到总体的反馈,并从最终的胜负来调整参数。强化学习没有监督者,只有量化奖励信号。强化学习的反馈一般是延迟的,只有进行到最后才知道当下的动作好坏。强化学习属于顺序决策,根据时间一步步决策行为,训练数据不符合独立同分布条件。每一步行动影响下一步状态以及奖励。

近年来,强化学习技术在人工智能、机器学习和自动控制等领域中得到了广泛的研究和应用,并被认为是设计智能系统的核心技术之一。随着强化学习算法和理论的深入,特别是强化学习的数学基础研究取得突破性进展之后,应用强化学习方法实现移动机器人行为对环境的自适应和控制器的优化成为机器人学领域研究和应用的热点之一。

3.1.6　迁移学习

机器学习的理想方案是拥有大量标记的训练集,而大量的数据就意味着要进行大量的计算,这对计算机的配置要求也很高。对大公司而言(如谷歌、微软、脸书等),他们有着巨大的计算能力去训练这些大数据模型,而目前对于个人而言,这还是一个难题,花费的成本较大。另外,机器学习的目标是构建一个尽可能通用的模型,使得这个模型对于不同用户、不同设备、不同环境、不同需求,都可以很好地满足。这就需要尽可能地提高机器学习模型的泛化能力,使之适应不同的数据情形。而目前我们所设计的模型大多数是针对于具体的任务。当出现一个新任务时就需要重新设计一个网络并重新进行训练,这将花费大量的财力物力。此外,机器学习已经被广泛应用于现实生活中。在这些应用中,也存在着一些特定的环节,如冷启动问题等。专注于跨领域迁移知识的迁移学习是解决上述问题的一种有效的机器学习方法。实际上,学过自行车的人比未学过自行车的人在学习摩托车上的速度会更快。受人类跨领域迁移知识的能力启发,迁移学习旨在利用来自源域的知识来提高目标域中学习性能或最小化需要标记的训练集样本的数量[16]。

在迁移学习中,把已有的知识叫作源域(source domain),要学习的新知识叫目标域(target domain)。迁移学习研究的是如何把源域的知识迁移到目标域上。迁移学习还可以细分为基于实例的迁移学习、基于特征的迁移学习、基于关系的特征迁移学习以及基于模型的迁移学习[17]。其中基于实例的迁移学习、基于特征的迁移学习、基于关系的特征迁移学习属于数据层面,而基于模型的迁移学习属于模型层面。从特征空间的迁移情况看,如果特征语义相同,那么就是同构迁移;反之,如果特征完全不相同,那么就是异构迁移。举个例子来说,不同图片数据集之间的迁移学习,可以认为是同构;而图片到文本的迁移学习,则是异构的。

迁移学习让我们在解决问题的时候,不用从零开始训练一个新模型,而可以从类似问题中选择训练过的模型,即基于源域数据构建的预训练模型,来进一步微调优化,最终形成问题解决模型。举例来说,目前需要搭建一个自动驾驶汽车项目,对于图像识别的算法,可能需要花费大量时间从零开始构建一个性能优良的图像识别算法。此时,则可以选择在ImageNet数据集上训练得到的模型应用于目前的任务上来识别图像。虽然不是100%符合的,但是可以大大减少从零开始搭建的时间,且精度也有所保证。如果原本的模型用于十分类的任务,而我们需要做的是二分类任务,那么只需要简单修改模型的输出模块即可解决。这样就大大缩短了训练时间,且是目前比较有效的方法。

3.2　人工智能定制化训练服务平台

目前AI头部企业,如百度、图灵机器人、小i机器人等,将AI开发技术开放给全社会使用,纷纷推出自己的人工智能定制化平台,帮助非计算机行业的从业人员快速部署行业专用的人工智能应用模型,从而实现AI+的普及推广,吸引流量,实现AI技术和应用场景的深度绑定。各大AI开放平台包括百度AI、腾讯AI开放平台、阿里人工智能、网易人工智能、亚马逊人工智能服务、英特尔人工智能服务、京东AI、海康威视AI、Face++AI、小米小爱AI、搜狗AI、OLAMI、讯飞AI、思必驰DUI开放平台、图灵机器人平台Turing OS、小i机器人Bot开放平台等。下面列举一些零代码一站式开发的平台服务。

3.2.1　百度人工智能定制平台

进入百度开发者平台http://ai.baidu.com/,即可看到百度提供的人工智能定制化训练平台,包括EasyDL定制化训练平台、iOCR自定义模板文字识别、语音自训练平台、智能对话定制平台 UNIT。这些平台实现零算法门槛实现业务定制,为上下游合作伙伴搭建了展示与交易平台——AI 市场,全力帮助各行业高效地实现 AI 升级。百度 AI 平台提供全线产品免费开放,提供最易用的 API、SDK 等开发组件,能帮助用户快速高效地实现产品升级。

EasyDL 是 2017 年 11 月正式上线推出的定制化训练和服务平台,通过可视化的便捷操作,并通过少量数据进行训练,即使零算法基础也可定制高精度的 AI 能力。通过 EasyDL 训练模型,最快 15 分钟即可获得一个高精度模型,可基于不同的定制需求,自动匹配最优的模型算法,少量数据也能获得出色的性能及模型效果。与此同时,在企业实际应用中,存在着网络环境不佳、数据高度保密、需要在设备端实时检测等现实问题。针对以上问题,百度 EasyDL 定制化训练和服务平台率先上线了离线 SDK 服务,用户可以将模型下载,通过离线 SDK 的形式嵌入终端使用。开发者使用 EasyDL 进行模型训练时,可以选择下载 SDK 并集成到本地硬件中(如手机、摄像头等终端设备),从此无论使用环境中有无网络连接,用户都能随时调用自己的 EasyDL 定制化模型。经测试,EasyDL 离线 SDK 在无网络环境下运行,几百毫秒即可完成一次识别,在 NPU 及高通芯片上运行,更可将延时压缩在几十毫秒内。训练完成的模型支持发布为 API 或离线 SDK,灵活适配各种使用场景及运行环境。EasyDL 定制化训练服务平台使得没有 AI 算法研发能力的企业,也可以基于自身业务需求和数据,快速训练专属的定制化 AI 模型,低成本获得高精度的模型服务效果。目前已经在金融、零售、医疗、旅游等众多领域落地应用。

自定义 OCR 依托于业界领先的文字识别技术,结合多项图像处理技术,自定义模板文字识别实现各类票据卡证的自动分类,并通过快至 5 分钟的模板制作实现键值的对应,一步完成分类与结构化。传统 OCR 对于没有制作对应模板的票据、卡证只能按行返回识别结果,自定义模板文字识别可以通过自助的模板制作,建立起键值的对应关系,配合自动分类功能一步完成非结构化到结构化的转换,实现自动化的数据录入。定制好的 iOCR 模板文字可以通过直接调用 API 或使用 SDK 进行私有化部署,部署至客户本地服务器,在客户内网中实现文字识别功能,保障数据私密性。其技术优势有为:多场景,能针对各类票据、卡证制作模板、真正实现全场景适配;启动快,仅需 1 张样板,5 分钟即可完成模板自助定制,达到 90% 准确率;自动分类,支持各类文档自动分类匹配模板,无需前置人工分类。

语音自训练平台是百度 2019 年 4 月推出的零代码语音识别自助训练平台。用户可上传业务场景音频+标注文件,由系统自动评估多种语音识别基础模型得到基线准确率并进行模型推荐。支持词汇、长文本等多种训练方式。通过上传的语音标注文件科学评估训练前后准确率对比,直观展示训练提升效果,提供字准、句准、核心词准等多维度评估结果报告。用户可以上传数据多次迭代训练,直至达到预期效果。可以通过自助流程申请模型上线,审批通过后模型自动化上线,目前支持 Android、iOS、Linux SDK 三种方式调用。全流程平台化零代码自助操作,生成业务专属模型。语音自训练平台训练出来的模型,应用场景广泛。比如语音助手,在会议室预订、功能指令等短句语音交互场景中,可通过手机 App 实现智能语音交互,通过训练业务场景所需识别的词汇和句子,提升识别效果,提高流程效率。比如语音输入,及时通讯、订单录入等长句语音识别场景中,可以上传业务场景句子或长段文本语料训练优化识别模型,使长语音录入识别更加精准,服务更流畅。比如智能客服,通过使用特定业务领域语料如运营商业务、金融业务等,训练出更适配业务场景的识别模型,解决客服对话中的专有名词、人名等识别不准确的问题,提升通话识别准确率。

智能对话定制平台 UNIT 是百度 2017 年 7 月上线的零代码自主对话系统训练平台。实际应用中,从对话核心技术到一个场景化的真实对话系统落地,企业或个人开发者仍然面临着数据标注、知识整理、系统集成的高成本投入。经过不断升级,2020 年 5 月升级的 UNIT3.0 提供了对话核心技术、产品平台,以及生态与服务的全方位的智能对话能力与建设服务,在搭建技能、构建知识和整合技能与知识三方面能力有所提升。企业只需要上传垂直领域场景的业务问题咨询文档,则百度 UNIT 能自动抽取 FAQ,使得用户的问题可以自动找到文档中的对应答案片段。使用端到端的多文档阅读理解模型 V-NET 和自然语言生成技术,技能得以返回更为精准的答案。百度 UNIT 可以部署语音对话模式,更强理解与容错、更低集成成本、更短响应时延,且能智能解析用户沉默、打断和噪声混入等情况。此外还支持 Taskflow 配置管理能力,开发者可在梳理业务流程后,零代码在 UNIT 平台上进行拖曳式配置快速配置对应的对话流程。百度 UNIT 可将平台产生的业务日志转化为新的训练数据,让对话系统效果保持增强学习持续提升性能。百度 UNIT 提供行业知识图谱托管和构建技术,帮助对话机器人提升行业工作的认知能力和理解能力。

3.2.2　图灵机器人平台 Turing OS

图灵机器人 AI 开放平台,是为广大方案商/IP 方/硬件厂商等客户提供的、专为儿童场景设计的、集智能聊天/百科问答/场景对话等服务于一体的机器人管理平台。图灵机器人号称是中文语境下智能度最高的机器人大脑。设置了机器人名称和选择接入方式即可创建机器人。进入该机器人的详情页面,进行各种功能设置,包括能力获取、机器人属性设置、知识库设置、主题对话编写等。然后将自定义的图灵机器人零代码赋予实体设备或微信公众号等虚拟设备智能对话功能。说到操作系统,通常我们会与手机、计算机、游戏机等产品相联系。可以说,操作系统的独立是某一品类的设备开始成型的标志之一。同时也对该品类产品的迅速扩张具有十分重要的意义。2015 年 11 月,人工智能机器人操作系统 Turing OS 正式发布。Turing OS 是一款机器人操作系统,Turing OS 可以全面支持多模态交互,让机器人具备最自然的人机交互方式,让机器人具备人类思维能力、情感能力以及学习能力等。Turing OS 有三大引擎:情感计算、思维强化、自学习。情感计算,就是让机器人具备人类的情感,Turing OS 能够支持 25 种语言类情感的理解和识别,识别准确率高达 95.1%。同时,情感计算引擎可以支持 468 种情感语言,120 种声音语调,88 套表情动作,基本上可以做到一个 7 岁小孩的肢体动作。全新研发的情感 TTS 引擎,机器人说话的方式更自然。图灵机器人团队一次性发布了数十款机器人应用,均基于在 Turing OS 1.5 上进行的开发,覆盖教育、娱乐、社交、工具以及远程五大类。其中智能聊天、智能音乐、智能拍照、智能英语四款应用,搭载了这四款应用的机器人可化身小伙伴、音乐舞蹈家、摄影师及英语外教,颠覆了现场观众对传统聊天、音乐、拍照及英语应用的一贯认知。除此之外,金山英语、贝瓦儿歌、墨迹天气等知名互联网也联合发布了旗下产品的机器人版本。

3.2.3　小 i 机器人 Bot 开放平台

小 i 机器人 Bot 开放平台帮助企业和开发者轻松、零代码快速搭建自己的对话机器人系统,自主开发具有自然交互能力的智能服务系统。Bot 开放平台为开发者量身定制的免费 AI 工具平台,集成 Chatting Bot、FAQ Bot、Discovery Bot 三大核心能力以及自然语言处理、深度学习、语音识别与合成、图像识别、大数据分析等基础技术。其中 Chatting Bot 以庞大通用聊天库为支持,实现天气、百科、地图、餐饮、汇率、文字游戏、车票等数十项常用的百科式应答信息服务。FAQ Bot 允许用户配置常见问答库,多种问法自动泛化,带来更强泛化能力和更高准确率,并可通过实时干预方式达到监督式问答。同时,结合对问答、文档等数据的智能学习机制形成完整闭环,达到能力的快速迭代、不断提升。Discovery Bot 实现基于文档的知识抽取应答,能让机器对线下文章、线上信息等不同形式的非结构化数据进行理解并能够回答相关问题。对于企业需求最为迫切的智能客服,平台支持该场景的直接使用。用户在建设完知识后只需激活在线客服功能并做一些简单配置,即可让智能客服能力运转起来。开发者可以通过 API 快速扩展应用渠道(支持从微信、网页向短信、App 等所有电子渠道及实体终端的扩展),同时支持多种应用扩展,开发者可以将自己独立开发的应用集成到开放平台中进行整合使用,丰富自身功能。一个强大的地方在于,在智能客服场景中,机器人覆盖大量的常规问题,当机器人无法应答时,则可以无缝转人工,实现机器人与人工自由转换和协作。同时平台提供的智能学习能力可以从日常对话、文档阅读中自动挖掘构建知识库,在机器人、人工、知识构建之间形成完整使用闭环,这种持续正向循环的自学习能力能够保证智能系统在商业应用中越来越聪慧。

3.2.4 思必驰 DUI 开放平台

2017 年 7 月思必驰 DUI 开放平台首次亮相,是国内第一个真正意义上的超高度定制平台,每个模块均可自定义,例如,GUI 自定义、唤醒词定制、技能深度定制。既提供通用的场景对话和内容技能,也支持开发者完整自定义对话逻辑和内容,接入第三方服务,提供细致到每一轮交互的个性化定制,让开发者能够依据产品特性,定制最适合的语音功能。在语音合成方面,思必驰 DUI 开放十余种个性化合成音,支持快速定制合成等,以此增强产品的个性化特征。思必驰 DUI 让非专业的开发者也能迅速上手,帮助厂商自定义产品功能、系统迭代、内容升级等方面的开发,更好地将智能语音赋能给开发者和企业。思必驰将通过 DUI 开放平台把核心技术能力开放给开发者们,打造一站式的对话系统定制开发平台,覆盖了语音识别、语音合成、语义理解、智能对话、多轮交互、纠正打断、回声消噪等,既提供单项技术服务,也提供完整的智能对话交互解决方案。思必驰 DUI 开放平台既提供云端 API 也提供本地 SDK,开发者通过 DUI 开放平台,可在云端对内容、引擎、对话逻辑、热词等进行实时更新,同时本地的语音唤醒、离线识别、离线技能等则支持在网络不佳甚至是无网络的情况下,保证产品的基本使用。思必驰 DUI 开放平台专业而庞大的"技能商店"则能够覆盖不同场景的多样需求,既支持拨打电话、闹铃设置等本地技能,也支持第三方服务资源接入,并不断进行丰富与完善。

3.2.5 华为 AI 开发平台 ModelArts

ModelArts(https://www.huaweicloud.com/)是面向开发者的一站式 AI 开发平台,为机器学习与深度学习提供海量数据预处理及半自动化标注、大规模分布式 Training、自动化模型生成,及端-边-云模型按需部署能力,帮助用户快速创建和部署模型,管理全周期 AI 工作流。ModelArts 提供从数据、算法、训练、模型、服务全流程可视化管理,无须人工干预。

模型训练完成后,ModelArts 在常规的评价指标展示外,还提供可视化的模型评估功能,可通过混淆矩阵和热力图形象地了解模型,进行评估模型或模型优化。ModelArts 具有自动学习能力,可根据用户标注数据全自动进行模型设计、参数调优、模型训练、模型压缩和模型部署全流程。无须任何代码编写和模型开发经验,即可利用 ModelArts 构建 AI 模型应用在实际业务中。ModelArts 将自动进行模型超参数的最优化分析和搜索,跳过耗时的手动调整模型参数过程,取代多次模型训练,节省数日甚至数周的时间,从而最大限度提升模型的质量。ModelArts 自动学习大幅降低 AI 使用门槛与成本,较之传统 AI 模型训练部署,使用自动学习构建将降低成本 90% 以上。目前,ModelArts 支持图片分类、物体检测、预测分析、声音分类 4 大特定应用场景,可以应用于电商图片检测、流水线物体检测等场景。

3.2.6 腾讯云 AI 平台服务

面对非算法人员,腾讯打造了智能钛一站式机器学习(TI-ONE)、智能对话平台 TBP 等一站式服务平台,为用户提供从数据预处理、模型构建、模型训练、模型评估到模型服务的全流程开发及部署支持。智能钛机器学习平台内置丰富的算法组件,支持多种算法框架,满足多种 AI 应用场景的需求。

智能钛一站式机器学习平台 TI-ONE 使用图形化操作,支持拖拽式任务流设计让 AI 初学者也能轻松上手。使用方便,帮助 AI 初学者和希望借助 AI 解决业务问题的非专业用户零代码一键部署。只需要经过数据上传、数据预处理、选择算法、评估模型等简单几步就可以完成机器学习模型构建。基于学习框架,小到 Python,大到当红的 Spark、TensorFlow、xgBoost(DMLC),以及自研 Mariana 和 Angel,智能钛一站式机器学习平台支持 10 多种机器学习框架,同时自身带有 100＋的机器学习算法,能够随时满足用户所需。借助强大的 Python/Spark,集结流行的可视化效果,数据可以直接悬浮呈现,用户可以免单击,对于模型优劣一眼立断。TI-ONE 使业务专家无需具备编程或深度学习的专业知识就可以创建出业务模型,降低 AI 应用开发成本。目前平台已接入人脸识别、行为识别、车辆识别、工业质量检测等 20＋AI 算法,更多算法服务持续上架中。

腾讯智能对话平台 TBP 专注于"对话即服务"的愿景,全面开放腾讯对话系统核心技术,为开发者和生态合作伙伴提供开发平台和机器人中间件能力,实现开发者便捷、高效、低成本构建人机对话体验。平台提供对话应用平台化开发工具,满足不同类型开发者需求。TBP 提供强大的机器人中间件能力。开发者可自行在平台上定义 Task-based Bot(任务型机器人)语义模型和 QnA Bot(问答型机器人)问答集合,或直接调用平台内建机器人能力。提供多样化服务配置能力。开发者灵活配置后端业务逻辑;后续平台提供云函数能力,为机器人开发降低门槛。开发者可通过网页模拟器来对机器人进行自然语言理解和业务逻辑测试。提供多渠道应用集成能力,可使开发者大幅度减少多平台开发的工作量,实现开发者轻松将其开发完成后的机器人集成到移动 App、网站、IoT 设备等多终端;并与微信公众号运营平台进行打通,支持零代码接入微信公众号。

3.3　百度人工智能定制平台应用开发实例

3.3.1　基于 EasyDL 平台的图像分类

一般来说,机器学习是一种流水线工作,其完整流程包含的环节有 5 个。①数据获取:从数据源接入数据,用于后续的算法训练。②数据预处理:如缺失值处理、数据格式处理。③特征提取:在原始数据的基础上提取出会对训练结果有帮助的值的过程,这个过程很大程度上依赖建模人员的经验,尤其是对业务的理解。④特征选择:选择好的特征,加入到模型训练过程中。⑤选择算法:模型的搭建可以选择不同的方法,如随机森林算法、决策树算法、支持向量机算法等。而在深度学习(Deep Learning,DL)框架下,特征选择过程可以通过神经网络来完成。EasyDL 是深度学习框架一站式平台服务,其核心技术包括 AI Workflow 分布式引擎、百度自创 PaddlePaddle 深度学习框架、迁移学习、Auto Model Search 机制、Early Stoopping 机制、模型效果评估机制等[18]。

1. 问题描述

手写识别是常见的图像分类任务。不同人的手写体风格迥异、大小不一、造成了计算机对手写识别任务的一些困难。计算机通过处理手写数字图片,识别出该图片对应的数字。由于共有 0~9 共 10 个数字,因此手写识别数字是 10 分类问题。

2. 实现步骤

只需四步即可使用 EasyDL 专业版完成 AI 模型的训练,以及将模型以云端 API 形式发布并集成在自有网站中使用。

Step1:成为百度 AI 开放平台的开发者

要调用百度 EasyDL 定制化图像分类能力,先要成为百度 AI 开放平台的开发者。注册百度账户进入如图 3-3 所示的页面快速建立一个百度账号。

图 3-3　快速建立一个百度账号

Step2：提前准备训练数据

采用手写体图片开源数据集 MNIST(http：//yann. lecun. com/exdb/mnist/)，包含数字 0～9 的手写图片。MNIST 由训练集与测试集两个部分组成，其中训练集包含 60 000 幅手写体图片及对应标签；测试集包含 10 000 幅手写体图片及对应标签。其中，每一张图片已归一化为以手写数字为中心的 28×28 规格的图片。每个像素点的值区间为 0～255，0 表示白色，255 表示黑色。MNIST 手写体数字图片如图 3-4 所示。

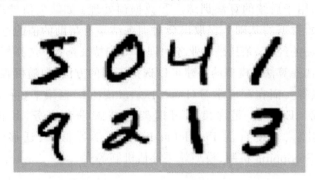

图 3-4　MNIST 手写体数字图片示例

理论上训练数据越多，训练出来的模型效果就越好。EasyDL 建议图像分类的每一类图片数据理不低于 20 张。

Step3：使用 EasyDL 专业版训练图像分类模型

使用百度开发者账号在 EasyDL 官网登录，并且进入专业版模型定制操作页面，创建项目模型，填写项目模型信息，并且选择图像分类服务，如图 3-5 所示。

创建模型

模型类型：	图像分类 ∨	了解物体检测和图像分类模型的区别
*模型名称：	手写数字分类	
*联系方式：	1762*******	
*功能描述：	手写数字分类	

下一步

图 3-5　创建 EasyDL 项目模型

接下来准备上传用于训练的图片，单击菜单"创建数据集"创建一个数据集，命名为"手写数字分类"，接下来针对刚创建完的数据集上传训练图片，如图 3-6 所示。可以分别提交每一张图片，也可以提交压缩包，压缩包中每个类别的图片放在独立文件夹里面。

本项目以 3 分类为例作为展示，每个类别选择 45 张图片。上传后的训练集如图 3-7 所示。

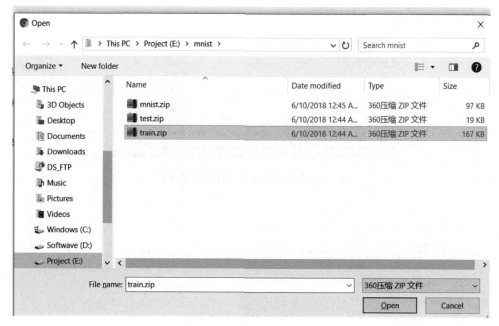

图 3-6　上传训练图片集

No.	名称	图片数
1	2	45
2	1	45
3	0	45

当前数据累计成功上传135张图片，共计3个分类

图 3-7　训练图片上传完成示意图

上传完成后对每一张进行图片的标注，分别指定属于哪个数字。接下来，使用标注好的训练图片集来开始训练。单击左上角的"新建任务"任务新建一个高级版任务，如图 3-8 所示。然后选择高级版特有的模型网络，这里可以选择不同的深度学习架构进行训练。深度学习架构主要是当前流行的深度人工神经网络模型[19]，如 Alexnet 和 Resnet。EasyDL 具有深度学习网络结构的自动搜索和设计。第一步从头开始搜索神经网络架构，即神经架构搜索。第二步进行神经网络的自动适配，也就是说根据不同的任务目标与需要进行适配，比如说目标是部署模型到移动端，那么系统就需要考虑正确率、参数量和计算量等条件来适配网络。第三步是设计网络的迁移能力，使得搜索出的神经网络架构具有强大迁移能力，这样训练出来的模型不仅针对特定数据有强大能力，又可迁移其他更多的数据。

可以尝试选择多个不同的深度学习架构，每次都会生成一份专属的 Python 格式的配置代码，如图 3-9 所示。这些代码可以在网页编辑器中直接编辑。为了确保训练成功，我们必须遵循页头注释代码的注意事项。

在模型架构设计完成后，就可以开始执行训练任务。需要等待一段时间才能完成模型的训练，如图 3-10 所示。

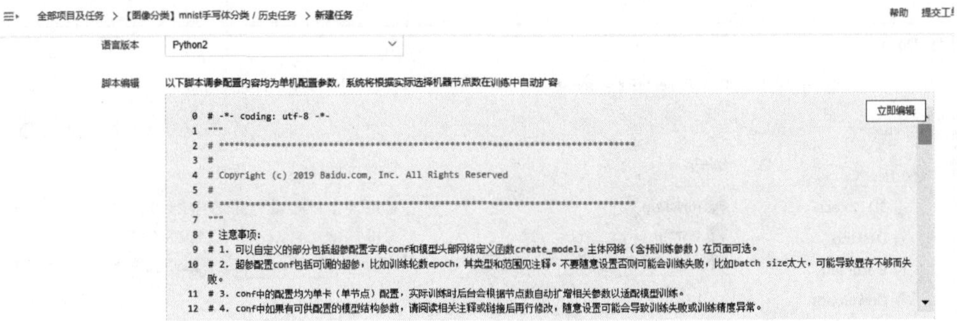

图 3-8 选择训练数据的深度学习架构

图 3-9 训练模型的 Python 配置代码

数据集	分类数量	操作
手写数字分类	3	查看详情 清空分类

继续添加　全部清空

你已经选择1个数据集的3个分类
☐ 增加识别结果为"其他"的默认分类，勾选后，与训练数据内容不相关的图片将自动识别为"其他" ?

开始训练

图 3-10 执行模型训练任务

训练完成后校验模型，如图 3-11 所示，即检验一下所训练出来的模型对新数据的识别能力。

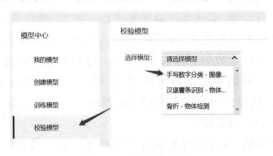

图 3-11 执行模型校验

直接把 MNIST 测试集中的图片拖动上传到校验窗口,如图 3-12 所示。

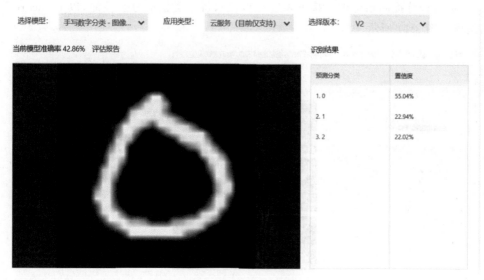

图 3-12 EasyDL 模型校验

在校验界面中,右侧显示置信度,也就是模型认为图像所属类别的可能性。图 3-12 中被测图像为 0,而右侧 0 的置信度最高,表示训练出来的模型对该测试图片识别成功。

也可以单击训练好的模型,查看详细的模型效果指标,如图 3-13 所示。

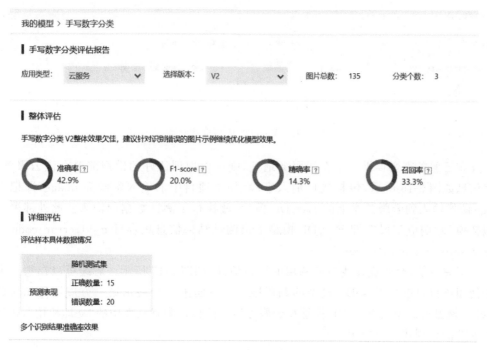

图 3-13 EasyDL 模型效果指标展示

可以看到,对于数量为 35 的测试集,模型预测正确 15 个,预测错误 20 个,模型准确率为 42.9%,F1-score 为 20.0%,精确率为 14.3%,召回率为 33.3%。模型的整体评估质量不高，其原因主要是因为本项目提供的训练样本太少，模型欠拟合导致[20]。后续可以增加大量样本进行训练提高精确度。接下来进一步展示每个类别的分类性能，以 F1-score 为指标值，结果如图 3-14 所示。

不同分类的F1-score及对应的识别错误的图片（不包含训练时可能勾选的"其他"类识别错误的图片）
2 0%
1 0%
0 60%
2的错误结果示例（点击查看识别错误详情）
正确结果：2
预测结果：0

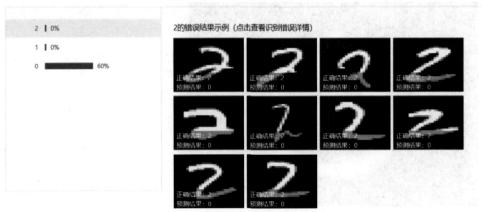

图 3-14 EasyDL 模型类 F1 值分布

我们可以先选择发布云服务或离线服务将训练好的模型进行发布。这里我们选择发布云服务。图 3-15 给出了 EasyDL 模型训练完成的截图。

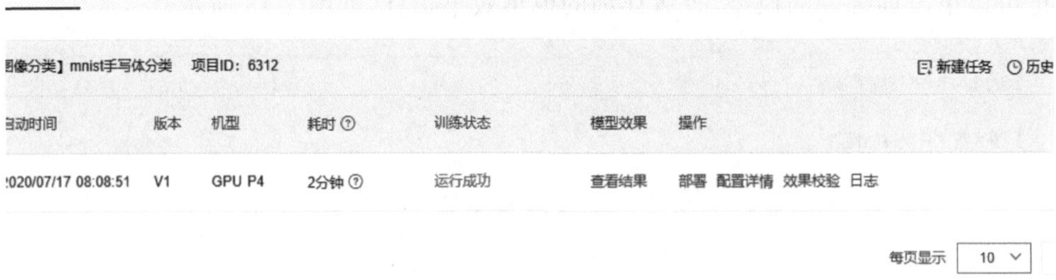

图像分类】mnist手写体分类 项目ID：6312
新建任务 历史
启动时间 版本 机型 耗时 训练状态 模型效果 操作
2020/07/17 08:08:51 V1 GPU P4 2分钟 运行成功 查看结果 部署 配置详情 效果校验 日志
每页显示 10

图 3-15 EasyDL 模型训练完成

发布云服务需要提供一个在线服务地址，则可以把训练好的模型部署在该云服务上。部署信息如图 3-16 所示，包括接口输入字段，如本项目中的输入字段为 image，即把一张 image 图像输入到云服务器上的 EasyDL 模型，就执行了测试数据的输入。此外部署信息还包括模型“响应字段”，即 EasyDL 模型输出测试结果信息集合{log_id，error_code，err_msg，results，+name，+score}。

部署完成值，会生成在线服务调用的接口地址，如图 3-17 所示。后续可以在第三方应用中使用该接口进行 EasyDL 模型的调用服务。下面进一步展示第三方应用是如何调用 EasyDL 模型的。单击 EasyDL 模型在云服务器上的接口配置页面中的“立即使用”，跳转到百度云控制台创建一个应用。

填写信息创建应用完成后，我们需要查看 API KEY 以及 Secret KEY。这些信息需要在第三方应用中进行配置，以便能通过接口调用 EasyDL 模型。至此，完成了模型的创建训练工作。

图 3-16　EasyDL 模型在云服务器的部署设置和信息

图 3-17　百度开发者平台的应用创建主页

3.3.2　基于 UNIT 平台的智能客服机器人构建

本项目使用百度 UNIT(https://ai.baidu.com/unit/home)构建对话机器人,能为客户完成天气查询的服务。构建流程图,如图 3-18 所示。

图 3-18　流程图

1. 新建 BOT

BOT 是英文 ROBOT(机器人)的简写。在 UNIT 主页新建一个 BOT,名称设置为"查天气",如图 3-19 所示。

图 3-19   新建 UNIT 机器人 BOT

2. 定义技能

单击进入刚刚创建的 BOT,在"技能"→"自定义技能"模块下"新建对话意图"设置意图名称为 WEATHER,意图别名为"查天气",如图 3-20 所示。

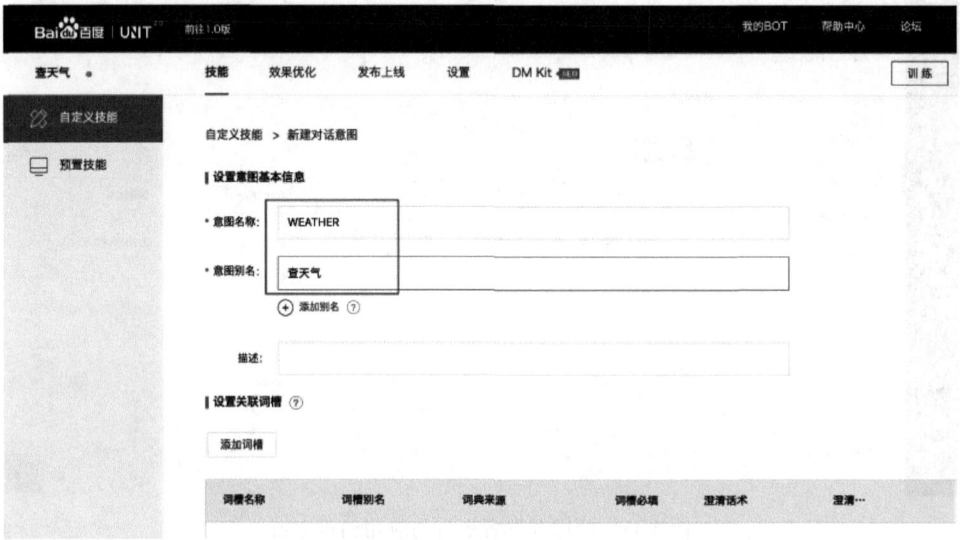

图 3-20   设置 UNIT 机器人的技能

想让机器人反馈天气信息,需要输入时间和地点两个信息给机器人。因此需要添加"时间"和"地点"两个词槽。在技能设置画面单击"添加词槽"则可以逐个进行词槽的配置,如图 3-21 所示。

添加时间词槽:user_time,别名:时间,如图 3-22 所示。

接下来需要给时间词槽选择自然语言表达集合,即含有时间语义的自然语言表达模式词典。该词典可以由百度 UNIT 系统提供,也可以由用户自建。打开词典配置页的"系统词槽词典"开关,选择 sys_time(时间)词典,则配置了 UNIT 系统预置的时间词槽词典,如图 3-23 所示。

图 3-21　UNIT 机器人的词槽配置

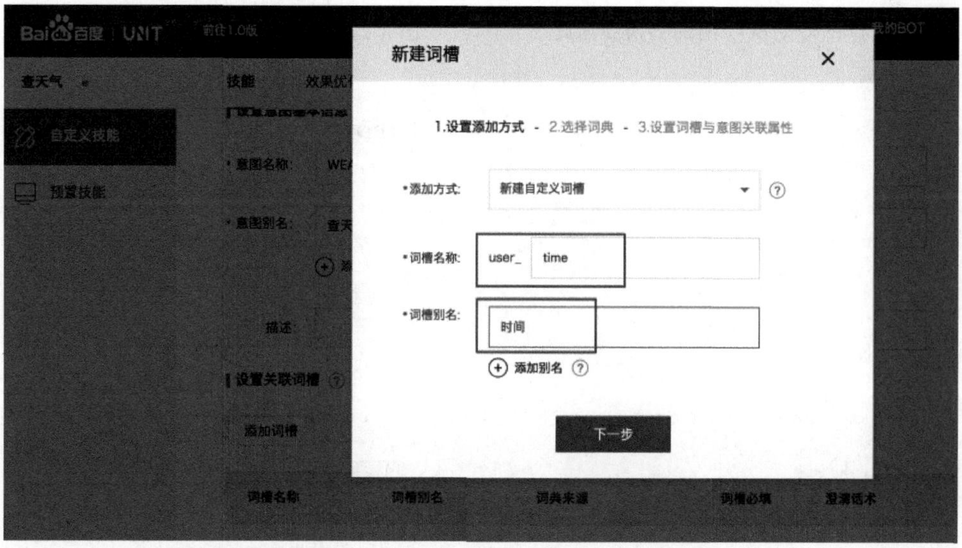

图 3-22　为查天气 BOT 添加"时间"词槽

　　当用户向机器人查询天气时,必须输入时间信息,这就需要把时间词槽与查天气意图绑定起来,即时间词槽设为必填。并且预置当机器人向用户索取时间信息时,机器人的表达模式,即话术。话术是用户自定义的,可以设计符合应用场景和人机交流的表达模式。在"澄清话术"项目中输入机器人话术"请澄清一下:时间",如图 3-24 所示。

　　接下来继续添加词槽:user_loc,别名:哪里,如图 3-25 所示。

　　接下来需要给"地点"词槽选择自然语言表达模式词典。选择 UNIT 系统预置的地点词槽词典,sys_loc(地点),如图 3-26 所示。

　　将地点词槽和查天气意图进行绑定,并设置机器人向用户索要地点信息时的话术,设计为"请澄清一下:哪里",如图 3-27 所示。

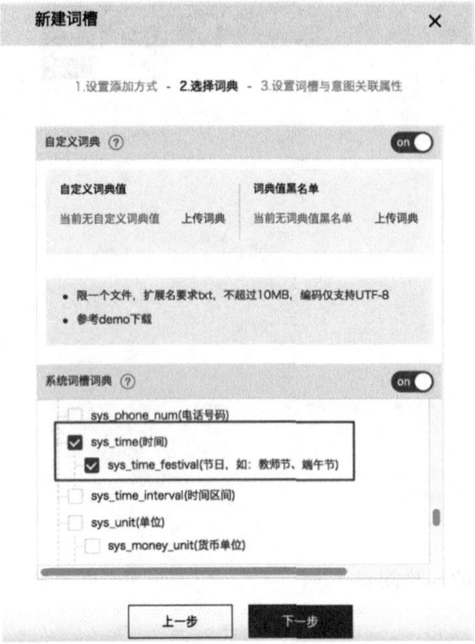

图 3-23　选择查天气 BOT 时间词槽的词典

图 3-24　绑定查天气意图和时间词槽的关联

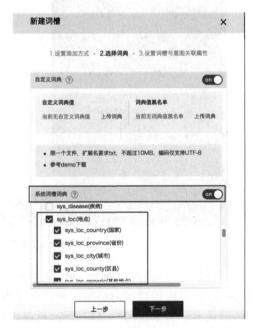

图 3-25　设置查天气 BOT 的"地点"词槽

图 3-26　选择 UNIT 系统预置的地点词槽词典

　　至此,查天气 BOT 的两个词槽,即天气和地点,配置完毕。接下来需要设置查天气 BOT 的服务反馈,即当查天气 BOT 向用户提供查天气服务时输出的服务形式。服务形式可以是输出反馈文本信息,或执行某个功能。本项目设置查天气 BOT 服务反馈形式为文本"正在为您查询天气……",即当用户询问天气,BOT 向用户索取到时间和地点两个信息

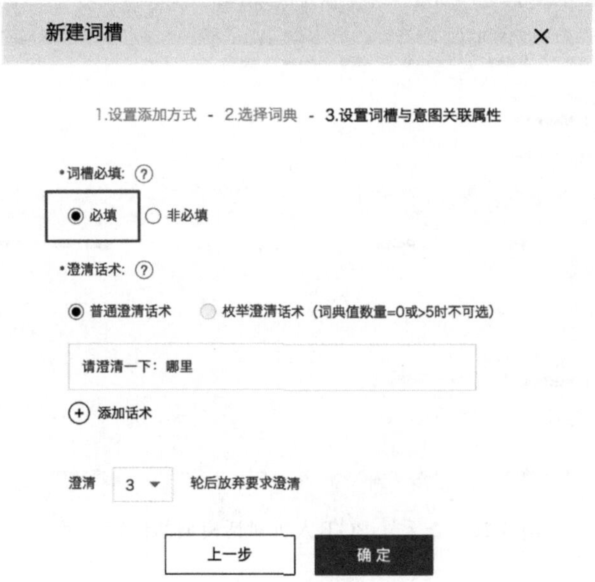

图 3-27　绑定查天气 BOT 地点词槽和查天气意图

后，机器人反馈给用户的结果是"正在为您查询天气……"，如图 3-28 所示。

图 3-28　设置查天气 BOT 的服务反馈形式

至此，查天气 BOT 的查天气技能设计完毕。

3. 标注训练数据

在查天气技能设计完毕后，需要把该技能赋能为查天气 BOT。对于查天气 BOT，它可能具有多项技能，并且在人机交流过程可能有多种情境。因此，在百度 UNIT 中，把某项技能赋能称为模型训练。赋能过程的相关设置，则为标注训练数据。在查天气 BOT 主页中进入"效果优化"→"训练数据"→"对话模块"页面，如图 3-29 所示。

图 3-29 查天气 BOT 人机对话模型的设置主页

设置人机对话模型的模板,即添加对话模板,如图 3-30 所示。

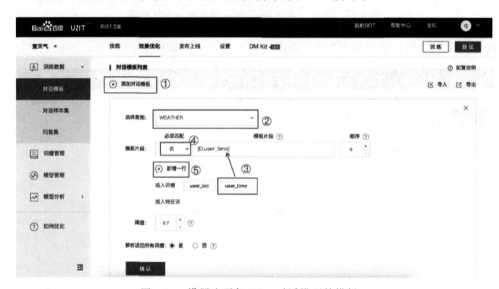

图 3-30 设置查天气 BOT 对话模型的模板 1

具体步骤如下。①添加对话模板→②选择意图:WEATHER→③在第一个模板片段中插入词槽:user_time→④把该片段"必须匹配"设为"否"(因为问天气不一定一开始就会说"时间")→⑤新增一行。

⑥ 在第 2 个模板片段插入词槽:user_loc→⑦把"必须匹配"设为"否"(因为问天气也不一定一开始就会说"地点")→⑧新增一行,如图 3-31 所示。

⑨ 在第三个模板片段中写入:天气,因为不论怎么问天气,第一句话里必须包含"天气"二字才能确定是问天气的意图,所以"必须匹配"默认"是"就可以。⑩把阈值从 0.7 调成 0.4,则完成查天气 BOT 对话模型的模板配置,如图 3-32 所示。

图 3-31　设置查天气 BOT 对话模型的模板 2

图 3-32　设置查天气 BOT 对话模型的模板 3

4. 训练 BOT,对话体验

查天气 BOT 人机对话模型需要进行训练才能投入使用。训练查天气 BOT 的人机对话模型的目标是让 BOT 能正确地识别出人机对话中的查天气意图,填充"时间"和"地点"词槽。词槽填充指的是从用户的自然语言文本中抽取时间信息和地点信息,以实现查天气的前提信息。单击查天气 BOT 主页右上角的【训练】按钮,进入【模型管理】页面,单击【训练模型并生效到沙盒】,如图 3-33 所示。

在图 3-33 的弹框中,直接单击"训练模型并生效到沙盒",则开始进行训练,并逐步展示训练进度:初始化→训练中→训练完成。查天气 BOT 沙盒的状态也会相应进行变化:空→运行中→模型生效中。模型版本 v1,如图 3-34 所示。

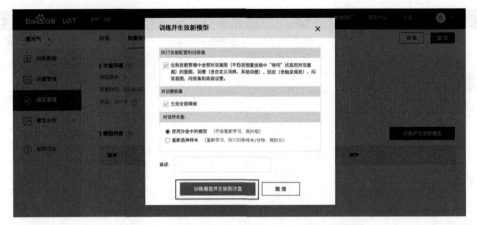

图 3-33　启动查天气 BOT 人机对话模型的训练

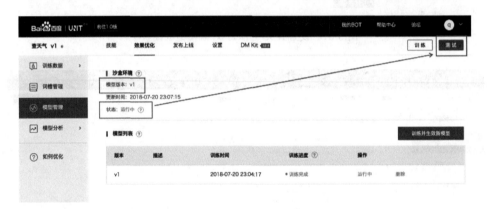

图 3-34　完成查天气 BOT 人机对话模型的训练

这时查天气的 BOT 就已经创建并训练完成了，单击右上角的【测试】可以在网页端开展查天气 BOT 的对话理解效果，如图 3-35 所示。

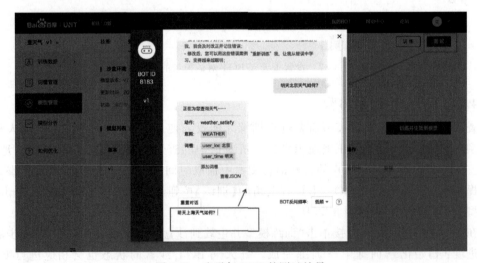

图 3-35　查天气 BOT 的测试效果

如图 3-35 所示,当用户发言"明天北京天气如何?",查天气 BOT 从发文文本中识别出查天气意图,并且获取到"时间"词槽的值是"明天","地点"词槽的值是"北京"。在意图识别前提下填满所有词槽("时间"和"地点"两个词槽)之后,查天气 BOT 进行反馈服务,即输出文本"正在为您查询天气"。如果想让查天气 BOT 机器人播报出天气信息,则可以把查天气 BOT 打包部署,以 API 形式在第三方应用中进行调用。

3.4 人工智能模型性能评估

评估是模型开发过程中不可或缺的一部分,它有助于发现表达数据的最佳模型和所选模型将来工作的性能如何。以大数据为支撑的人工智能模型原理是机器学习,即对于给定的训练样本构建出一个预测模型。训练数据不仅有属性信息还有标签信息。在测试环节,模型的输出与真实标签信息之间的误差就非常自然成为模型评估的指标。虽然机器学习模式具有多样性,如监督学习、无监督学习、半监督学习、强化学习、迁移学习等,但在训练环节中数据都是有标签信息的。也就是说,即使是无监督信息,训练数据也需要附带标签信息。无监督模型训练时不使用标签信息,但测试环节需要标签信息进行评估。基于机器学习的人工智能模型评价目标是最小化泛化误差,即模型在新数据上的预测误差最小[4]。

根据数据标签值域(离散取值或连续取值)的不同,机器学习模型可分为分类模型(对应离散型数据标签)和回归模型(对应连续型数据标签)。分类模型和回归模型会提出各自特定的评估指标。另外,不同应用场景也可能需要一些特定的评估指标,比如自然语言处理任务中的 BLEU 指标。下面先介绍通用泛化误差(准确率)指标的定义和计算方法,然后分别从学习模式和学习任务两个视角列举对应的特定评估指标。

3.4.1 通用泛化误差指标的计算

机器学习理论指出,训练数据由高维向量 $\boldsymbol{x} = (x^1, x^2, \cdots, x^d)^{\mathrm{T}} \in \boldsymbol{X}$ 表示,其中数据 x 的上标 $1, 2, \cdots, d$ 是向量的维数序号,也就是对象的属性序号;$\boldsymbol{X} = \mathbb{R}^d$ 表示 d 维实数空间。以监督学习模式分类问题为例,假设实际问题对应有限 c 个可选类别,用标识变量 $y \in \boldsymbol{Y} = \{1, 2, \cdots, c\}$ 表示对象的类别,其中 $\boldsymbol{Y}$ 叫作类别空间。对象及其类别构成数据对,$z = (\boldsymbol{x}, y) \in \boldsymbol{Z}$,$\boldsymbol{Z}$ 叫作样本空间,$z_i (i = 1, 2, \cdots, n)$ 是样本空间中的样本(点),其下标"i"表示样本编号。根据给定的训练样本集 $Z^{(n)} = \{z_1, z_2, \cdots, z_n\}$,其中 $Z^{(n)}$ 表示含有 n 个样本的样本集,$z_i \in \boldsymbol{Z}, i = 1, \cdots, n$ 表示样本,则监督学习模式下的训练模型将产生一个分类器 $\varphi : \mathbb{E}^d \rightarrow \{1, 2, \cdots, c\}$,使得它对新的待测试数据 $x_{n+1}, x_{n+2}, \cdots, x_{n+k}$ 的实际类别值产生相应的预测值 $\hat{y}_{n+1}, \hat{y}_{n+2}, \cdots, \hat{y}_{n+k}$。我们要求该分类器要能对整个样本空间可能的分布有一个尽可能小的期望判别误差,这就是泛化误差[3]。机器学习一般采用测试错误率估计模型的泛化误差。测试错误率是基于特定的数据集计算出来,本质上是条件泛化误差。条件泛化误差(测试错误率)缺少理论支持,但是在实践中是直观有效的。下面介绍几种在实践中广泛采用的测试错误率计算方法。

(1) 再代入估计(resubstitution):它假设训练数据集可以很好地代表整体数据,因而,可以使用训练误差(又称为再代入误差)提供对泛化误差的乐观估计。

$$\hat{\varepsilon}_n^R = \frac{1}{n} \sum_{i=1}^{n} |y_i - \varphi_n(x_i)|$$

(2) 保持估计(holdout estimation)：它将有类别的原始数据集划分成两个不相交的子集，分别称为训练集和检验集。在训练数据集上归纳分类模型，在检验集上评估模型的性能。训练集和检验集的划分比例通常根据研究者的判断。分类器的泛化性能由检验集上错误率来估计。记保持误差估计为 $\hat{\varepsilon}_{n,m}^{H}$，其中 m 表示检验样本集的大小。

　　(3) 随机二次抽样(random sub-sampling)：它采用多次重复使用保持估计方法来改进对分类器性能的估计。设 $\hat{\varepsilon}_{n_i,m_i}^{RS}$ 是第 i 次迭代的模型误差估计量，则模型的总的误差估计量为 $\hat{\varepsilon}_{n+m}^{RS} = \sum_{i=1}^{k} \hat{\varepsilon}_{n_i,m_i}^{RS} / k$。

　　(4) 交叉验证(cross-validation)：它是一种替代随机二次抽样的方法，这个技术保证每个样本用于训练的次数相同，并且用于检验恰好一次。对于流行的 K 折交叉验证，首先将原始样本分为大小相同的 K 份。在每次运行时，选择其中一份作为检验集，而其余的全部作为训练集。该过程重复 K 次，使得每份样本子集都用作检验集恰好一次。总误差是所有 K 次运行的误差之和，取平均误差作为泛化误差的估计量。

$$\hat{\varepsilon}_{n,k}^{CV} = \frac{1}{n} \sum_{i=1}^{k} \sum_{j=1}^{n/k} | y_j^{(i)} - \varphi_{n,i}(x_j^{(i)}) |$$

其中，$\varphi_{n,i}(\cdot)$ 是第 i 次迭代时由训练集构建的分类器。

　　K 折交叉验证方法的一种特殊情况是令 $k=n$，其中 n 是原始样本集的大小，这种情况叫作留一法(leave-one-out)。这种方法使得每一个检验集只有一个样本，因此能使用尽可能多的样本用于训练。

　　(5) 自助法(bootstrap)：它是一种一般化的重采样技术，它采用一个经验采样分布 F^* 来取代原始样本集中样本的原始分布 F。经验分布一般是离散分布，针对每一个样本有一个采样概率。常用的自助方法是，对原始样本集 $Z^{(n)}$ 采用有放回抽样，即已经选做训练的样本将放回到原始的样本集中，使得它等可能地被重新抽取，即每一个样本的采样概率为 $\frac{1}{n}$。由于原始样本集的大小为 n，自助集的样本个数一般与之相同，也为 n，自助样本集记为 $Z^{(n)*}$。可以证明，平均来说，大小为 n 的自助样本集(训练样本集)大约包含原始样本集中 63.2% 的样本。这是因为一个样本被自助抽样抽取的概率是 $1 - \left(1 - \frac{1}{n}\right)^n$。当 n 充分大的时候，该概率逐渐逼近 $1 - e^{-1} = 0.632$。没有抽中的样本就称为检验集的一部分，将训练集建立的模型 φ_n^* 应用在检验集上，得到基于自助样本构建的分类器性能的一个估计。这个误差估计称为基本自助误差估计，记为：

$$\hat{\varepsilon}_n^{BOO} = E_{F^*} \left[| y - \varphi_n^*(\boldsymbol{x}) | : (\boldsymbol{x}, y) \in Z^{(n)} - Z^{(n)*} \right]$$

　　如果抽样过程重复 B 次，则实验产生 B 个自助样本集(训练集)，如何估计由这些训练集构建的分类器的泛化误差，有两个不同的方法。第一种方法称为全局法，它融合 B 次检验结果，计算出总的误差率用做泛化误差的估计量。这时，自助误差估计量为：

$$\hat{\varepsilon}_n^{BOO1} = \frac{\sum_{b=1}^{B} \sum_{i=1}^{n} | y_i - \varphi_{n,b}^*(x_i) | I_{(x_i,y_i) \in z^{(n)} - z_b^{(n)*}}}{\sum_{b=1}^{B} \sum_{i=1}^{n} I_{(x_i,y_i) \in z^{(n)} - z_b^{(n)*}}}$$

其中 $I_{(\,.\,)}$ 为指示函数。第二种方法称为样本法,它单独考虑每个样本的预测情况,然后将所有样本的预测错误率相加得到泛化误差的估计量。这时,自助误差估计量为:

$$\hat{\varepsilon}_n^{BOO2} = \frac{\sum_{i=1}^{n}\sum_{b=1}^{B}|y_i - \varphi_{n,b}^{*}(x_i)| I_{(x_i,y_i)\in Z^{(n)}-Z_b^{(n)*}}}{n\sum_{b=1}^{B}I_{(x_i,y_i)\in Z^{(n)}-Z_b^{(n)*}}}$$

尽管采取了多次重复自助抽样,但是每次用于构建分类器模型的训练样本仅为原始样本中的 63.2%。为了克服上述缺点,一种改进的方法是加权组合自助法和再代入法的误差估计量,这种方法称为 0.632 自助法(0.632 bootstrap),其估计量为:

$$\hat{\varepsilon}_n^{B632} = (1-0.632)\hat{\varepsilon}_n^{R} + 0.632\hat{\varepsilon}_n^{BOO}$$

另外还有一种改进的方法,叫作偏差矫正自助法误差估计,强调对再带入估计的矫正,这种估计量定义为:

$$\hat{\varepsilon}_n^{BOOC} = \hat{\varepsilon}_n^{R} + \frac{1}{B}\sum_{b=1}^{B}\sum_{i=1}^{n}\left(\frac{1}{n} - P_{i,b}^{*}\right)|y_i - \varphi_{n,b}^{*}(x_i)|$$

上述总结的各种误差率都是基于特定的数据集计算出来的,它与该数据集的规模和数据质量有关。不同的数据集上计算出来的误差率可能存在差异,也就是对未来新出现的待测数据判断错误的概率估计是不稳定的。基于特定数据集的误差率,是一种计算方法,存在着有偏性的困扰。

3.4.2 分类模型的评估指标

以两分类问题为例,实际问题有 2 个可选类别,即标识变量 $y \in Y = \{1,2\}$。假设标识变量 $y=1$ 称为真或阳性标签,标记为 P(positive),标识变量 $y=2$ 称为假或阴性标签,标记为 N(negative)。下面列举分类模型相关的评估指标。

1. 混淆矩阵

混淆矩阵(confusion matrix)显示了分类模型相对数据的真实输出(目标值)的正确预测和不正确预测数目,可以帮助人们更好地了解分类中的错误[21]。混淆矩阵是一个方阵,$c \times c$,其中 c 为标签类别数。表 3-4 为两个类别(阳性和阴性)的 2×2 混淆矩阵。

表 3-4 混淆矩阵和指标计算

实际预测		"金标准"结果		合计	PPV	FDR
		阳性	阴性			
诊断结果	阴性	真阳性(TP)	假阴性(FP)	prediction positive = (TP+FP)	PPV=TP/ prediction positive 又被称为正确率 (precision)	FDR=FP/ prediction positive
	阳性	假阳性(FN)	真阴性(TN)	prediction negative = (FN+TN)	FOR = FN/ prediction positive	NPV=TN/ prediction positive
合计		condition positive = (TP+FN)	condition negative = (FP+TN)	N = TP + FN + FP+TN	FOR	NPV

续表

实际预测	"金标准"结果		合计	PPV	FDR
	阳性	阴性			
合计	真阳性率 TPR = TP/ condition positive 又被称为灵敏度(sensitivity),召回率(recall)	假阳性率 FPR = FP/condition negative 又被称为误诊率=1-特异度			
	假阴性率 FNR = FN/ condition positive 又被称为漏诊率=1-灵敏度	真阴性率 TNR = TN/condition negative 又被称为特异度(specificity)			

表 3-4 中的相关术语和评估指标解释如下:

(1) TP(true positive)指的是真阳性,正确的肯定,又称:命中(hit)。

(2) TN(true negative)指的是真阴性,正确的否定,又称:正确拒绝。

(3) FP(false positive)指的是伪阳性,错误的肯定,又称:假警报(false alarm)、第二型错误。

(4) FN(false negative)指的是伪阴性,错误的否定,又称:未命中(miss)、第一型错误。

(5) 灵敏度(sensitivity)或真阳性率(true positive rate,TPR):又称:召回率(recall)、命中率(hit rate),在阳性值中实际被正确预测所占的比例。

(6) $TPR=TP/P=TP/(TP+FN)$指的是伪阳性率(false positive rate,FPR):又称错误命中率,假警报率(false alarm rate)。$FDR=FP/(FP+TP)=1-TPR$。

(7) $SPC=TN/N=TN/(FP+TN)$指的是特异度(specificity,SPC)或真阴性率(true negative rate,TNR):在阴性值中实际被正确预测所占的比例。

(8) $FPR=FP/N=FP/(FP+TN)=1-SPC$指的是假发现率(false discovery rate,FDR)。

(9) 准确度(accuracy,ACC):正确预测的数占样本数的比例。$ACC=(TP+TN)/(P+N)$。

(10) 阳性预测值(positive predictive value,PPV)或精度(precision):阳性预测值被预测正确的比例。$PPV=TP/(TP+FP)$。TP+FP 代表无论真与假,报出来数据都是正样本。

(11) 阴性预测值(negative predictive value,NPV):阴性预测值被正确预测的比例。$NPV=TN/(TN+FN)$。

(12) F1 评分:精度和灵敏度的调和平均数。$F1=2 \text{ precision} \times \text{recall}/(\text{precision}+\text{recall})=2TP/(2TP+FP+FN)$。

(13) Matthews 相关系数(MCC),即 Phi 相关系数:$(TP \times TN-FP \times FN)/\text{sqrt}\{(TP+FP)(TP+FN)(TN+FP)(TN+FN)\}$。

2. ROC 曲线

混淆矩阵关注的是模型总体上的性能,而 ROC 曲线关注的则是模型性能的分布规律[22]。ROC 重点关注伪阳性(FPR)和真阳性(TPR)的分布情况。分类器模型通过计算数据对应的标签为真的概率进行模式判别。计算概率值与阈值相减,大于阈值的标签则获得输出。针对某个特定阈值,可以计算出一组(FPR,TPR)。随着阈值的逐渐减小,越来越多的实例被划分为正类,但是这些正类中同样也掺杂着真正的负实例,即 TPR 和 FPR 会同时增大。阈值最大时,对应坐标点为(0,0),阈值最小时,对应坐标点(1,1)。设置不同的阈值,则可以得到多组(FPR,TPR)。以FPR 为横坐标,TPR 为纵坐标,可以把多组(FPR,TPR)点连接起来形成曲线,即 ROC 曲线,如图 3-36 所示。

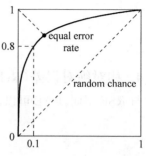

图 3-36　ROC 曲线示意图

ROC 曲线就是由一系列的阈值下的(伪阳性,真阳性)决定的一个个坐标点连接而成。阈值最大时,TP=FP=0,对应于原点;Threshold 最小时,TN=FN=1,对应于右上角的点(1,1)。理想情况下,TPR=1,FPR=0,即图中(0,1)点,故 ROC 曲线越靠拢(0,1)点,越偏离 45°对角线越好。ROC 曲线下的面积值成为 AUC(Area Under Curve)值。当 ROC 不能清晰分辨哪个分类器性能更好的情况下,AUC 值作为定量方法可以精确区分哪个分类器更好些。AUC 值越大的分类器,正确率越高。AUC 的值不会超过 1,其取值范围对应的含义如下:①AUC=1,是完美分类器,采用这个预测模型时,存在至少一个阈值能得出完美预测。绝大多数预测的场合,不存在完美分类器。②0.5<AUC<1,优于随机猜测。这个分类器(模型)妥善设定阈值的话,能有预测价值。③AUC=0.5,跟随机猜测一样(例:丢铜板),模型没有预测价值。④AUC<0.5,比随机猜测还差;但只要总是反预测而行,就优于随机猜测。

3.4.3　回归模型的评估指标

回归问题情境下数据对应的标签值是定量连续值,模型的好坏可用训练模型的预测值与真实值的差值大小(即误差大小)来表征[23-24]。下面列举回归模型的相关评价指标。

1. 均方根误差(Root Mean Squared Error,RMSE)

RMSE 是一个衡量回归模型误差率的常用公式。然而,它仅能比较误差是相同单位的模型。

$$RMSE = \sqrt{\frac{\sum_{i}^{n}(p_i - a_i)^2}{n}}$$

其 $i=1,2,\cdots,n$,p_i 是模型预测值,a_i 是训练数据对应的真实值。

2. 相对平方误差(Relative Squared Error,RSE)

与 RMSE 不同,RSE 可以比较误差是不同单位的模型。

$$RMSE = \frac{\sum_{i}^{n}(p_i - a_i)^2}{\sum_{i}^{n}(\bar{a} - a_i)^2}$$

3. 平均绝对误差(Mean Absolute Error,MAE)

MAE 与原始数据单位相同,它仅能比较误差是相同单位的模型。量级近似与 RMSE,但是误差值相对小一些。

$$MAE = \frac{\sum\limits_{i}^{n} |p_i - a_i|}{n}$$

4. 相对绝对误差（Relative Absolute Error，RAE）

与 RSE 不同，RAE 可以比较误差是不同单位的模型。

$$MAE = \frac{\sum\limits_{i}^{n} |p_i - a_i|}{\sum\limits_{i}^{n} |\bar{a} - a_i|}$$

5. 决定系数（Coefficient of Determination）

决定系数（R2）用于刻画回归模型的解释度，反映了 p 的波动有多少百分比能被 x 的波动所描述，即表征依变数 P 的变异中有多少百分比可由控制的自变数 X 来解释。

$$R2 = \frac{SSR}{SST} = 1 - \frac{SSE}{SST}$$

其中，SSR（Regression Sum of Squares）为回归平方，$SSR = \sum\limits_{i=1}^{n} (p_i - \bar{a})^2$；SST（Total Sum of Squares）为总平方和，$SST = \sum\limits_{i=1}^{n} (a_i - \bar{a})^2$；SSE（Error Sum of Squares）为残差平方和，$SSE = \sum\limits_{i=1}^{n} (p_i - a_i)^2$。R2 描述了回归模型所解释的因变量方差在总方差中的比例。R2 很大，即自变量和因变量之间存在线性关系，如果回归模型是"完美的"，SSE 为 0，则 R2 为 1。R2 小，则自变量和因变量之间存在线性关系的证据不令人信服。如果回归模型完全失败，SSE 等于 SST，没有方差可被回归解释，则 R2 为 0。

3.4.4 学习任务视角下的评估指标

1. 计算机视觉相关的评估指标

1）交并比

作为目标检测中常用的评价指标，交并比（Intersection over Union，IoU）表示了产生的候选框（candidate bound）与原标记框（ground truth bound）的交叠率或者说重叠度，也就是它们的交集与并集的比值，相关度越高则该值越高，理想情况比值为 1。

$$IoU = \frac{DetectionResult \bigcap GroundTruth}{DetectionResult \bigcup GroundTruth}$$

2）每秒帧率

每秒帧率（Frame Per Second，FPS）指标指的是每秒内可以处理的图片数量。只有速度快，才能实现实时检测，这对一些应用场景极其重要。每秒帧率指标的主要影响因素是硬件，也可以评估系统处理一张图片所需时间。

2. 计算机听觉相关的评估指标

1）字错误率（word error rate）

人工智能模型识别出来的词序列可能和标准的词序列不一致。通过对测试词序列进行替换、删除或者插入某些词,可使测试词序列与标准词序列保持一致。为了衡量二者之间的不一致性,这些插入(insertions)、替换(substitution)或删除(deletions)的词的总个数,除以标准的词序列中词总个数(Total Words in Correct Transcript)的百分比,即为 WER。

$$\text{WER} = 100 \times \frac{\text{Insertions} + \text{Substitutions} + \text{Deletions}}{\text{Total Words in Correct Transcript}}$$

2) 句错误率(sentence error rate)

人工智能模型如果有一个词识别错误,那么这个句子被认为识别错误。句子识别错误的数量(♯of sentences with at least on word error)除以总的句子个数(toal ♯ of sentences)即为 SER。

$$\text{SER} = 100 \times \frac{\text{♯ of sentences with at least on word error}}{\text{toal ♯ of sentences}}$$

3. 自然语言处理相关的评估指标

1) BLEU

为了评价机器翻译、对话生成等人工智能模型生成文本的质量,2002 年 IBM 提出 BLEU(Bilingual Evaluation Understudy)指标,评价人工智能模型输出的候选文本与参考文本之间 n 元组共同出现的程度[26]。BLEU 是一种基于精度的相似度量方法,其值越大越好。早期,BLEU 统计同时出现在人工智能模型输出的候选译文和参考译文中的 n 元词的个数,最后把匹配到的 n 元词的数目除以系统译文的单词数目,得到评测结果。目前 BLEU 做了修正,首先计算出一个 n 元词在一个句子中最大可能出现的次数 $\text{MaxRefCount}(n-\text{gram})$,然后跟候选译文(Candidates)中的这个 n 元词出现的次数 $\text{Count}(n-\text{gram})$ 作比较,取它们之间最小值作为这个 n 元词的最终匹配个数,即 $\text{Count}_{\text{clip}}(n-\text{gram}) = \min\{\text{Count}(n-\text{gram}), \text{MaxRefCount}(n-\text{gram})\}$。由此定义 n 元词的精度 p_n 为:

$$p_n = \frac{\sum\limits_{C \in \text{Candidates}} \sum\limits_{N-\text{gram} \in C} \text{Count}_{\text{clip}}(n-\text{gram})}{\sum\limits_{C \in \text{RefSummaries}} \sum\limits_{N-\text{gram} \in C} \text{Count}(n-\text{gram})}$$

BLEU 公式为:

$$\text{BLEU} = \text{BP} \cdot \exp\left(\sum_{n=1}^{N} w_n \log p_n\right)$$

其中,w_n 表示共现 n 元词的权重,BP 为惩罚项,惩罚长度较短的句子。c 是候选文本的长度,r 是参考文本的长度。

$$\text{BP} = \begin{cases} 1 & \text{if } c > r \\ e^{1-r/c} & \text{if } c \leqslant r \end{cases}$$

BLEU 后续的改进方向应该是克服机械进行 n 元词匹配的局限性,从而升级到语义、语用层面进行匹配。比如可以基于 WordNet 的同义词、词根、词缀、释义信息进行 n 元词的匹配计算[25]。

2) ROUGE

ROUGE(recall-oriented understanding for gisting evaluation)是生成式摘要的评价标准[27]。它通过将自动生成的摘要或翻译与一组参考摘要(通常是人工生成的)进行比较计算,得出匹配的 N-gram 数量($\text{Count}_{\text{match}}(\text{N-gram})$),以衡量自动生成的摘要或翻译与参考摘要之间的"相似度"。公式为:

$$\text{ROUGE} - N = \frac{\displaystyle\sum_{S \in \text{RefSummaries}} \sum_{N-\text{gram} \in S} \text{Count}_{\text{match}}(N - \text{gram})}{\displaystyle\sum_{S \in \text{RefSummaries}} \sum_{N-\text{gram} \in S} \text{Count}(N - \text{gram})}$$

值得注意的是，ROUGE 的分母与 BLEU 的分母不同，ROUGE 求的是召回率，BLEU 求的是准确率。

3) CIDEr

CIDEr(Consensus-based Image Description Evaluation)不同于 BLEU、ROUGE 等指标只关注人工智能模型输出的候选文本与参考文本的相似度，而是关注候选文本有多像人工书写的[28]。为此，引入人工描述文本集合，即参考文本是一组人工撰写的文本集合。CIDEr 将文本中的每个句子看作文档，把每个 n 元组看做关键词，进而计算每个 n 元组的 TF-IDF(Term Frequency Inverse Document Frequency)值。通过对每个 n 元组进行 TF-IDF 权重计算，基于 n 元组将文本进行向量表示，进而计算候选文本与人工描述文本的余弦相似度，实现性能评估。从直观上来说，如果一些 n 元组频繁地出现在人工描述文本中，TF 对于这些 n 元组将给出更高的权重，而 IDF 则降低那些在人工描述文本中都常常出现的 n 元组的权重。也就是说，IDF 提供了一种测量单词显著性的方法，将那些容易常常出现但对文本内容信息没有多大帮助的单词的重要性打折。假设 c_i 是待评测句子，人工描述文本的句子集合为 $S_i = \{s_{i1}, s_{i2}, \cdots, s_{iM}\}$。

$$\text{CIDE}_{r_n}(c_i, S_i) = \frac{1}{M} \sum_{j=1}^{M} \frac{g^n(c_i) \cdot g^n(s_{ij})}{\| g^n(c_i) \| \cdot \| g^n(s_{ij}) \|}$$

其中，$g^n(c_i)$ 表示在句子 c_i 的所有 n 元组的 TF-IDF weight 向量。$g^n(s_{ij})$ 表示在句子 s_{ij} 的所有 n 元组的 TF-IDF weight 向量。进一步求平均，则获得评价指标 CIDE_r 为：

$$\text{CIDE}_r(c_i, S_i) = \sum_{n=1}^{N} w_n \text{CIDE}_{r_n}(c_i, S_i)$$

其中，w_n 表示 n 元组的频率。

3.5　人工智能产品智商评测

机器学习是人工智能研究的核心技术。在大数据的支撑下，通过各种算法让机器对数据进行深层次的统计分析以进行"自学"。利用机器学习，人工智能系统获得了归纳推理和决策能力，而深度学习则是将这一能力推向了更高的层次。深度学习是机器学习算法的一种，模仿人类大脑结构的神经网络设计。现在很多应用领域中性能最佳的机器学习都是基于深度学习研发的。深度学习能够完全自主地学习、发现并应用规则。相比较其他方法，在解决更复杂的问题上表现更优异，深度学习是可以帮助机器实现"独立思考"的一种方式。那么机器学习，尤其是深度学习技术能实现全部的人工智能吗？显然不行，人工智能、机器学习、深度学习三者之间是包含与被包含的关系。当今，人工智能领域正在鼓励开展人工智能产业标准及工业等重点应用领域的标准研制，鼓励第三方机构建立测试评估平台，对重点智能产品和服务的智能水平、可靠性、安全性等进行评估。

评价人工智能产品不能只采用人工智能模型性能评估指标，而应在更高的层面上，即人工智能产品层面,进行性能评估。长期以来,让机器模拟人的智能一直是人类的重大梦想。这意味着,对人工智能体的评价,要和人类智商评价具有相同的体系和框架,即需要一套科学方法,能够对包括 AI 系统、人类和其他智能体进行统一的智能水平测试,以判断它们的发展水平(图 3-37)。所有的人工智能系统和所有生命体(特别是以人类为代表的生命体)需要有一个统一的模型进行描述。

图 3-37　人脑与人工智能产品的统一

3.5.1　人类智商评测模型

如果将生命个体看作一台计算机,那么生命体的构造、器官组织、DNA 等都可以视作机器的"硬件"组成,这些硬件经过了漫长的进化最终形成了如今的形态。结构就像硬件,而功能就像软件。生命体的某些种群特征还有一部分可以看成是"嵌入式编程",比如人类用两条腿走路,鸟类可以飞翔,两栖动物能够游水等,经过长期的迭代进化,与"硬件"直接相关的某些功能已经成为"嵌入式"的本能反应。但更加丰富的部分还是"软件"。与现实中的编程不同,并没有某个程序员为个体编写软件。生命体的"软件"以边界为起点,是在"硬件"基础上,通过外界刺激与主观意向的作用而后天习得的能力,比如语言、音乐、绘画、编程能力等,这一部分与生命体的意识息息相关,不同个体的差异可以非常大,是个体自由意志的体现。

那么人类的智能水平(智商)是怎么进行评测的? 主流的智商模型是斯坦福—比纳理论。经过量表可以计算出人类的智商,其公式如下:

$$IQ = \frac{MA}{CA} \times 100$$

其中,MA 是心理年,CA 是实足年龄。举例:若某个学生年龄为八岁二个月。以月表示,则他的 CA 为 98 个月。该生接受斯坦福-比纳量表的成绩为:八岁组题目全部通过,其基本心理年龄为 96 个月;由于还通过九岁组的 4 个题目,再加 8 个月;还通过十岁组的 2 个题目,再加 4 个月;而十一岁组(及以后)的题目全未通过,月数不再增加。总计该生的心理年龄为 108 个月。则该生的智商为 $108/98 \times 100 = 110$。

经过统计展示的人类智商水平分布图如图 3-38 所示(图形来源于 http://www.zhituad.com),其中横轴的数值代表智商分数,纵轴代表属于每一智商层次的人数,有以下结论。

如图 3-38 所示,可知:①人类的智商介于 10 与 190 之间,以 0 与 200 为极限;②人类的平均智商为 100,平均点之上下,在人数上各约占 50%;③智商 90~110 者称为中等智力,在人数上约占 50%;④智商 110~120 者称为聪慧,120~130 者称为优秀,130 以上者称为天资优异;以上三类合计约占 25%;⑤智商 80~90 者称为愚鲁,70~80 者称为临界智能不足,70 以下称为智能不足。属智能不足者,在程度上又有轻度、中度、深度、重度之分。

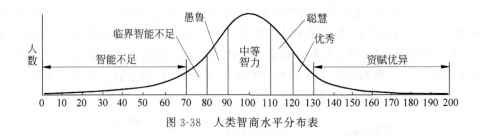

图 3-38 人类智商水平分布表

斯坦福-比纳量表共有 100 多个项目,这些项目被分为 20 个年龄组。2～5 岁儿童每半岁为一组,每组有 6 个正式项目,一个备用项目;6～14 岁每岁为一组,每组也有 6 个正式项目和一个备用项目。此外还有一个普通成人组和三个不同水平的优秀成人组的项目。下面列举针对 3 岁儿童、7 岁儿童和普通成人的各种的斯坦福-比纳量表,如表 3-5、表 3-6、表 3-7和表 3-8 所示。

表 3-5 斯坦福-比纳量表(3 岁儿童)

3 岁儿童测试内容举例(每题代表 2 个月智龄)		
题号	测 验 内 容	测 验 实 例
①	穿珠	要求将 48 颗珠子穿在一起
②	看图说出物体名称:有 18 张图片,要求说出 10 张	马、树、衣物、球、飞机、轮船等
③	用积木搭桥	
④	回忆动物图片	
⑤	临摹圆形	
⑥	画直线	
⑦	顺背 3 位数	
注:只要完成 6 题便可以,有一题为备选题		

表 3-6 斯坦福-比纳量表(7 岁儿童)

7 岁儿童测试内容举例(每题代表 2 个月智龄)		
题号	测 验 内 容	测 验 实 例
①	指出图画中的错误	5 张图
②	指出两种事物的相同点	苹果-桃子
③	临摹菱形	
④	理解问题	当你把别人的东西弄坏了,你该怎么办
⑤	类别问题	雪是白的,煤是( )的?
⑥	顺背 5 位数	
⑦	倒背 3 位数	
注:只要完成 6 题便可以,有一题为备选题		

表 3-7 斯坦福-比纳成人量表(语言分量表)

名称	测 验 内 容	测 验 实 例
常识	知识的广度	水蒸气是怎样来的?什么是胡椒?
理解	实际知识和理解能力	为什么电线常用铜制成? 为什么有人不给售货收据?

续表

名称	测验内容	测验实例
心算	算术推理能力	刷一间房 3 人用 9 天,如果 3 天内要完成它,需用多少人?
相似	抽象概括能力	圆和三角形有何相似? 蛋和种子呢?
背数	注意力和机械记忆能力	顺背数字:1、3、7、5、4 倒背数字:5、8、2、4、9、6
词汇	语词知识	什么是河马?"类似"是什么意思?

表 3-8　斯坦福-比纳成人量表(操作分量表)

名称	测验内容	测验实例
图像组合	处理部分与整体关系	将拼图小板拼成一人物体,如人手,半身像等
填图	视觉记忆及视觉理解性	指出每张画缺了什么,并说出名称
图片排序	对社会情境的理解能力	把三张以上的图片按正确顺序排列,并说出一个故事
积木拼图	视觉与分析模式能力	在看一种图案之后,用小林块拼成相同的样子
译码	学习和书写速度	学会将每个数字一不同的符号联在一起,然后在某个数字的空格内填符号

由表 3-7 和表 3-8 可见,斯坦福-比纳成人量表考察的是人的一般通用能力,区别于人的特殊能力或工作能力。通用能力主要是人们认识客观事物并运用知识解决实际问题的能力。目前以大数据为支撑的人工智能,只能发展一些针对训练数据训练出来的特定能力,比如模式识别、图像分类、图像检测、音乐检索、文本摘要等单一任务的能力。几乎没有任何机器系统能够完成人类智商测量的操作能力测试。发展机器人的通用能力,即完成很多任务的广义人工智能系统,是当前人工智能发展重点之一。因此,参考人类智商评测方法开展人工智能产品智商评测具有哲学意义和可行性。早在 1950 年,Alan Turing 在《计算机器与智能》中就阐述了对人工智能性能评估的思考[29]。他提出的图灵测试是机器智能的重要测量手段,后来还衍生出了视觉图灵测试、中文屋测试、威诺格拉德模式挑战等测量方法,都致力于创设一套拟人智商评测模型。

3.5.2　流行的人工智能评测理论

下面对流行的人工智能评测理论汇总论述。

1. 图灵测试

图灵测试(the Turing test)由艾伦·麦席森·图灵发明,指测试者与被测试者(一个人和一台机器)隔开的情况下,通过一些装置(如键盘)向被测试者随意提问。图 3-39给出了图灵测试示意图。在进行多次测试后,如果有超过30%的测试者不能确定出被测试者是人还是机器,那么这台机器就通过了测试,并被认为具有人类智能。图灵测试一词来源于计算机科学和密码学的先驱阿兰·麦席森·图灵写于 1950 年的一篇论文《计算机器与智能》,其中 30%是图灵对 2000 年时的机器思考能力的一个预测[29]。

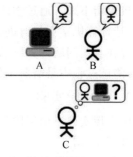

图 3-39　图灵测试示意图

2014年6月7日在英国皇家学会举行的"2014图灵测试"大会上,举办方英国雷丁大学发布新闻稿,宣称俄罗斯人弗拉基米尔·维西罗夫(Vladimir Veselov)创立的人工智能软件尤金·古斯特曼(Eugene Goostman)通过了图灵测试。虽然"尤金"软件还远不能"思考",但也是人工智能乃至于计算机史上的一个标志性事件。在人们心中,艾伦·图灵的"模仿游戏"(一台机器作为被测试者试图说服一名人类测试者自己是人而不是机器)长久以来被认为是人工智能的终极测试。图灵测试虽没有完全过时,但图灵测试是通过自然语言对话判断机器人行为,看它是否能与人类区分开来,容易采用欺骗或假装无知等作弊手段通过测试。

2. 视觉图灵测试

与计算机相比,人类对图像的认知能力高出太多,为了让计算机有所提高,一项新的测试使得我们能更好地测量计算机对图像的理解达到了什么程度。来自布朗大学的研究人员在美国国家科学院院刊上发表了一篇论文,文中提到了一种visual Turing test(视觉图灵测试),这将有助于科学家对计算机的图像认知能力进行新的评估,如图3-40所示。

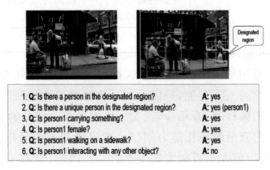

图3-40 视觉图灵测试

为了更好地评估计算机认知能力,视觉图灵测试所测的不仅仅是计算机能否识别出人像,还会测试对图像中对象关系的理解。研究人员会就捕捉到的画面提出一系列的问题,计算机以简单的"对"或"不对"的回答来完成测试。测试所用的每一道题目都是息息相关的,每个新的提问都是基于前面问过的内容。研究人员将所提的问题被分为4类:存在判断、独立性判断、属性判断、关系判断。存在判断和独立性判断这两类问题用于引导计算机对所提问内容进行认定,随后计算机会对其标记(如人物标为1,车辆为3),这样提问内容就会被计算机保留下来。通过物体的标记进行属性和关系的提问(人物1是否挡在了车辆3的前面)来让计算机学会如何进行图片认知。测试的目的是让计算机能像人类那样描述一张图片。现在有些问题计算机已经能回答得不错了,不过由于目前计算机的能力有限,在一段时间内,测试过程中是需要工作人员同步来给定正确答案的。

3. 中文屋实验

中文屋实验是由美国哲学家约翰·希尔勒(John Searle)在1980年发表论文提出的一个思维试验(图3-41)。

这个思维实验是说,如果把一位只会说英语的人关在一个封闭的房间里,他只能靠墙上的一个小洞传递纸条来与外界交流,而外面传进来的纸条全部由中文写成。这个人带着一本写有中文翻译程序的书,房间里还有足够的稿纸、铅笔和橱柜。那么利用中文翻译程序,

图 3-41 中文屋实验

这个人就可以把传进来的文字翻译成英文,再利用程序把自己的回复翻译成中文传出去。在这样的情景里,外面的人会认为屋里的人完全通晓中文,但事实上这个人只会操作翻译工具,对中文一窍不通。

人工智能可能永远都不会有自我意识,"中文屋实验"可以证明这一点。当然了,这是个思维实验,具体操作起来近乎不可能。但这个实验里蕴含的思想却在表达这样一个可能:机器所表现出的智能(理解中文),很可能只是翻译程序带来的假象,其实它对真正的人类智能一无所知。这个实验本来是为了反驳图灵测试的,认为即使通过了图灵测试,机器也不见得有了智能。但或多或少有点牵强,始终也没有把图灵测试彻底反驳掉。但"中文屋悖论"却可能在技术发展之路上告诉了我们另一件事:我们所有的技术探索与研究,可能都是在完善那个中英文翻译程序,从来不是去教机器真的智能。

4. Lovelace 2.0 测试

2014 年美国佐治亚理工学院的瑞德教授(Mark Riedl)认为,智能的本质在于创造力。他就机器人的艺术创造力提出了一种新的测试方案 Lovelace 2.0,要求人工智能机器创建一系列的创造性作品——绘画、故事、诗歌、建筑设计,如图 3-42 所示的示意图。

图 3-42 Lovelace 2.0 测试艺术创作能力

测试结果由专家和公正的评委们给出。瑞德教授认为如果一个机器人的艺术天分高于人类,那么就意味着机器人拥有与人类相比更高的智力。测试时,评估者会给出一定的创作限制,如果智能机器人能从被规定好的艺术体裁中开发出一种达到人类智慧水平并满足这些创作限制的艺术品,那么就认为它通过了测试。

5. 威诺格拉德模式挑战

威诺格拉德模式挑战(Winograd Schema Challenge)是以人工智能研究先驱 Terry Winograd 的名字命名,Winograd 模式是一种简单,但措辞含糊的自然语言问题。要想正确解答这个问题需要被测试者具备足够的常识,理解在现实世界中人工智能、事物和文化规范是如何互相影响的。

Winograd 在 1971 年提出第一个模式:设置一个场景“市议员拒绝提供示威许可,因为他们害怕出现暴力”,然后关于这一场景提出一个简单的问题“谁害怕暴力?”,这就是代词消歧问题(PDP)。在这种情况下,对于“他们”一词的指代存在歧义。在 Winograd 模式中,因为只要简单改变一个单词,整句话的意思就会完全相反。例如:“市议员拒绝给示威者许可,因为他们提倡暴力。”大多数人类都会利用他们对市议员和示威者之间关系的常识或者对世界的认知,来解决这个问题。这个挑战利用 PDP 来淘汰那些不太智能的系统,晋级者会继续进行真正的 Winograd 模式挑战。

Winograd 模式的优点是计算机即使在有互联网搜索条件的情况下仍然难以查找到理解问题的知识,必须是计算机系统能真实理解相关常识或对世界有认知。这种模式的缺点是测试的模式资源相对较少,因为设置出这么多模式不是件容易事儿。这种模式的挑战难度是比较高的。

2016 年有 4 个人工智能参与了一套 60 个 Winograd 模式问题的测试。胜出系统的准确率只达到了 58%,这距离研究者设定的 90% 的门槛还差得很远。但是,如果人工智能无法理解人类对话过程中的上下文,则人类无法与其开展一段真正的对话。

6. 人类标准化考试

这项测试通过标准化的数学和科学考试(standardized math and science tests)衡量人工智能的智商。人工智能和人类一起参加小学、中学的标准化考试,不给任何宽限。这一方法是将语义理解和解决各类问题的任务联系在一起的绝妙方式。这很像是图灵测试,但前者更加简单直接。这个方法的优点是,题目海量,标准测试相对简单,而且容易执行。而有关常识的问题需要进行阅读理解,有可能不存在独一无二的答案。但缺点是,这个测试是面向人类设计的,通过标准化考试并不一定意味着机器具有了真正的智能。整体上看,这个方法难度中等。

7. 物理图灵测试

大多数机器智能的测试方式集中在认知方面,而物理图灵测试更像是实践课:人工智能必须以有意义的方式在现实世界完成任务。这一测试分为两个方向。在构建方向,一个具有实体的人工智能——机器人必须学会阅读使用说明,将一堆部件组装成实体(就像从宜家买回家具自己拼装一样);而探索方向则是一个开放的问题,需要人工智能发挥自己的创造力,使用手头的积木来完成指定的任务(例如“建一堵墙”“盖一个房子”“为房子加盖一个车库”,如图 3-43 所示)。

这两个方向都要求被测试的人工智能理解任务内容,找到解决方法。这种测试可以面向单独的机器人,也可以面向机器人群组,甚至人类和机器人共存的小组。这个测试的优点

图 3-43　物理图灵测试现实世界任务完成能力

是能模拟现实世界中智能生物需要解决的问题,特别在感知和行动方面,这是以往人工智能测试方法所或缺的。另外,这种测试很难作弊,即使让人工智能在网上搜索也很难能找到解决方案。这个测试的缺点是机器难以自动进行,除非可以在虚拟现实场景中进行测试。但在 VR 世界中很多条件都可能与现实世界存在细微的差别。其难度是科幻级,它需要人工智能同时掌握感知、行动、认知和语言,而现在的研究计划往往只专注其一,很难创造出一个实体的人工智能可以自然地操纵物体,并能连贯地解释自己的行为。

8．I-Athlon 测试

该测试让人工智能总结音频文件中的内容,叙述视频中发生的情节,即时翻译自然语言任务,并且采用算法来生成测试的分数,从而不会存在人类肯定存在的认知偏差。它的优点是理论上满足客观公正,缺点是潜在的不可预见性。I-Athlon 算法可能会给人类研究者无法完全理解的人工智能系统打个高分。不过这种测试可以减少人类认知偏见对测量机器智能和量化工作的影响,而不是简单地测试性能。

3.5.3　通用人工智能智商评测理论

在解决人工智能定量测试的问题上,包括图灵测试在内的各种方案还存在两个问题:第一,这些测试方法没有形成统一的智能模型,并以此为基础进行分析,区分智能的多个分类。导致无法将不同的智能系统包括人类进行统一的测试;第二是这些测试方法无法定量分析人工智能,或者只定量分析智能的某个方面,但这个系统究竟达到人类智慧的百分之多少,发展速度与人类智慧发展速度比率如何,这些问题在上述研究中没有涉及。如果能将人工智能产品智商发展水平与人类智商进行对比,这可为解决人工智能威胁论问题找到定量的分析方法。

针对以上问题,2014 年科学院虚拟经济与数据科学研究中心刘锋、石勇、刘颖团队参考冯·诺伊曼结构、戴维·韦克斯勒人类智力模型、知识管理领域 DIKW 模型体系等,提出"标准智能模型",统一描述人工智能系统和人类的特征和属性,提出任何一个智能体应具备知识的获取、知识的掌握、知识的创新和知识的反馈等 4 种能力,并以此为基础建立了世界人工智能系统智商评测量表和智能等级划分方法。

研究团队分别在 2014 年和 2016 年对世界 50 个 AI 系统和 3 个不同年龄段人类进了测

试,从测试结果看,谷歌、百度等人工智能系统虽然不断有大幅度发展但仍与 6 岁儿童有一定差距。相关研究成果发表在 IJIT & DM、Annals of Data Science、中国计算机学报等SCI、EI、中国核心期刊上,这一研究成果受到了美国著名财经媒体 CNBC、麻省理工科技评论、ZDNET、Yahoo 等媒体的报道。

2017 年,基于之前的研究成果,刘锋、石勇、刘颖团队成立未来智能实验室(FutureAiLab),致力于评测智能系统智商发展水平,研究智能系统未来发展趋势。从目前整个科技领域看,这是世界上第一个专门研究 AI 智商评测和未来发展趋势的研究机构。

1. 标准智能模型

标准智能模型参考了冯·诺伊曼架构,包括计算器、逻辑控制装置、存储器、输入系统和输出系统五个部分构成,但多补充两个部分。通过这种补充,得以将人、机器以及人工智能系统用一个更为明晰的方式表示出来。第一个补充是创新创造功能,即能够根据已有的知识,发现新的知识元素和新的规律,使之进入到存储器,供计算机和控制器使用,并通过输入/输出系统与外部进行知识交互。第二个补充是能够进行知识共享的外部知识库或云存储器,而冯·诺伊曼架构的外部存储只为单一系统服务。这就形成智力能力多层次结构的"标准智能模型",其原理图如图 3-44 所示。

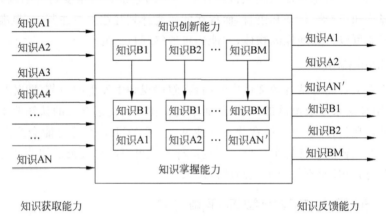

图 3-44   标准智能模型

根据标准智能模型,任何系统(包括人工智能系统、人类等生命系统),如果符合如下特征,就可以认为这个系统属于标准智能系统。

① 能通过声音、图像、文字等方式(包括但不限于这三种方式)从外界获取数据、信息和知识的能力。

② 能够将从外界获取的数据、信息和知识转化为系统掌握的知识。

③ 能根据外界数据、信息和知识所产生的需求,通过运用所掌握的知识进行创新的能力。这些能力包括但不限于联想、创作、猜测、发现规律等,这种能力运用的结果可以形成自身掌握的新知识。

④ 能够通过声音、图像、文字等方式(包括但不仅限于这三种方式)将系统产生的数据、信息和知识反馈给外界或对外界进行改造。

2. 通用智商评测量表

人工智能系统作为工业产品,需要在功能、性能、安全性、兼容性、互操作性等多方面进行评估,才能确保产品的质量和可用性,并为产业的可持续发展提供保障。评估工作一般包括测试、评价等一系列活动,评估对象可以是自动驾驶系统、服务机器人等产品,按照规范化的程序和手段,通过可测量的指标和可量化的评价系统得到科学的评估结果。

根据标准智能模型,智能系统与外界以及互相之间进行数据、信息、知识的交互。如果要对一个智能系统进行智能(智力)水平评测,就需要能够同时对标准智能系统如下四个特点进行测试:

① 检验其发展水平,通过检测能否将数据、信息和知识输入到智能系统中检测该系统知识的获取能力;

② 通过检查智能系统知识库的容量检测该系统知识的掌握能力;

③ 通过检查智能系统能将多少数据、信息和知识转化为新的知识库内容从而检测该系统知识的创新能力;

④ 通过检查智能系统能否将掌握的知识库内容根据需求分解为数据、信息和知识向外界传递。

2014 年,未来智能实验室根据标准智能模型的特征要点,从知识的获取能力(观察能力)、知识掌握能力、知识创新能力,知识的反馈能力(表达能力)等四大方面建立通用智商评测体系,进一步地,从四个方面建立 15 个测试指标,形成人工智能智商测试量表,如表 3-9 所示。

表 3-9 人工智能智商测试量表(2014 版)

一级指标	二级指标	描 述	权重
知识获取能力	识别文字的能力	了解测试目标能否理解和回答用文字构成的测试题目	3%
	识别声音的能力	了解测试目标能否理解和回答用声音构成的测试题目	3%
	识别图片的能力	了解测试目标能否理解和回答用图片构成的测试题目	4%
知识掌握能力	常识	了解测试目标的知识广度。举例。人体三种血管名称是什么?	6%
	翻译	了解测试目标对不同语言的转换能力,举例,请把"机器的智慧能不能超越人类"翻译为英文	3%
	计算	以了解测试目标的计算能力,计算速度和正确性,举例:356×4−213。结果是多少?	6%
知识创新能力	排列	了解测试目标对事物关系的整理能力,举例,请把师长、排长、连长、班长、营长、团长按职位的大小进行排列	5%
	联想	了解测试目标的观察相似性的能力,举例,脚对于手,相当于腿对于什么?	12%
	创作	了解测试目标根据给出的素材,进行二次创造的能力,举例,请用天空、彩虹、熊猫、大山、猎人等关键词讲述一个小故事	12%
	猜测	了解测试目标根据给出的素材,能后猜测出所描绘事物的能力,举例,请问一种与狼很相似,家养被称为人类忠实朋友的动物是什么?	12%
	挑选	了解测试目标能否能挑选出相同或不同类的事物关系。举例,在蛇、大树、老虎中选出不同类的一项	12%
	发现(规律)	了解测试目标能否从已知的信息中发现规律并进行应用。举例:请问在 1、2、4、7、11、16 之后应该是什么数字?	12%

续表

一级指标	二级指标	描　　述	权重
知识反馈能力	用文字表达的能力	了解测试目标能否用文字表达测试结果	3%
	用声音表达的能力	了解测试目标能否用声音表达测试结果	3%
	用图形表达的能力	了解测试目标能否用图形或图像表达测试结果	4%

2018年,未来智能实验室开展多种研究和评测工作,包括:

① 评测主流人工智能系统。选择世界范围具有代表性的人工智能系统,包括但不仅限于谷歌、苹果、百度、微软、搜狗、腾讯、亚马逊、IBM、科大讯飞、图灵机器人,机器人索菲亚等科技企业的产品按照新的世界 AI 智商评测量表进行评测,并与人类测试者进行对比。2018年的评测还将第一次测试互联网群体智慧的智商,与 AI 系统,单个人类的智商进行对比研究。

② 把 AI 智商测试扩展到整个智能行业。根据研究团队标准智能模型,智能分级方法,构建更为立体的智能系统智商评测体系。研究团队发现根据测量对象的角色定位不同,会存在相互关联但又有重大区别的 AI 智商评测体系。WorldAI IQ Test 2018 的工作将就此展开深入研究,并开展垂直领域智能系统的 AI 智商量表建立和测试工作,测试对象包括但不仅限于聊天机器人、智能音箱、智能手机、服务机器人、智能汽车、智能家电、智慧城市、互联网云脑等。

③ 形成第二版的世界 AI 智商评测量表。目前"标准智能模型"的测试分类包括"图像、文字、声音的识别和输出,常识、计算、翻译、排列、创作、挑选、猜测、发现等。根据人工智能的发展状况和对智能系统的进一步了解,2018年世界 AI 智商评测活动将对分类和权重进行新的调整,形成第二版的世界 AI 智商评测量表。

④ 2018 年世界 AI 智商评测活动(WorldAI IQ Test 2018)对世界范围人工智能系统智能发展水平进行新的评测,以观察世界范围内人工智能最新发展水平以及与人类的差距。本次活动,除了测试 2018 年人工智能的发展水平,还第一次对互联网群体智慧的智商进行测试。

未来智能实验室于 2018 年提出对通用人工智能智商评测体系进行调整。目前,其研究进展是将评测指标增加到 23 个,但每个指标的权重还未确定,如表 3-10 所示。

表 3-10　人工智能智商测试量表(2018 版)

一级指标	二级指标	描　　述	权重
知识获取能力	识别文字的能力	了解测试目标能否理解和回答用文字构成的测试题目	
	识别声音的能力	了解测试目标能否理解和回答用声音构成的测试题目	
	识别静态图片的能力	了解测试目标能否理解和回答用静态图片构成的测试题	
	识别动态图像的能力	了解测试目标能否理解和回答用动态图像构成的测试题	
知识掌握能力	常识	从历史、天文、地理、物理、化学、生物、时政、文学、国际象棋、中国象棋、围棋的规则等方面测试目标的知识广度。举例:人体三种血管名称是什么?	
	翻译	基于联合国设定的五种国际语言,测试目标对不同语言的转换能力。举例,请把"机器的智慧能不能超越人类"翻译为英文	

续表

一级指标	二级指标	描　　述	权重
知识掌握能力	计算	了解测试目标的计算能力、计算速度和正确性,举例:356×4−213。结果是多少?	
	识别情绪能力	了解测试目标能否理解不同场景下生物的喜怒哀乐	
	表达情绪的能力	了解测试目标能否理解在不同场景下应该如何表达喜怒哀乐	
	排列	了解测试目标对事物关系的整理能力,举例,请把师长、排长、连长、班长、营长、团长按职位的大小进行排列	
	挑选	了解测试目标能否挑选出相同或不同类的事物关系,举例:在蛇、大树、老虎中选出不同类的项	
知识创新能力	联想	了解测试目标的观察相似性的能力,举例:脚对于手,相当于腿对于什么?	
	创作	了解测试目标根据给出的素材,进行二次创造的能力,包括但不限于根据关键词创作故事,根据图片、视频讲述故事,根据文章总结核心思想等。举例,请用天空、彩虹、熊猫、大山、猎人等关键词讲述一个小故事	
	猜测	了解测试目标根据给出的素材,能后猜测出所描绘事物的能力,举例,请问一种与狼很相似。家养被称为人类忠实朋友的动物是什么?	
	识别敌我	了解测试目标能否根据场景的描述判断敌人、朋友和无害陌生人的能力	
	发现(规律)	了解测试目标能否从已知的信息中发现规律并进行应用。举例:请问在 1、2、4、7、11、16 之后应该是什么数字?	
	伪装真实意图的能力	了解测试目标能否基于特定场景知道伪装真实意图的能力	
知识反馈能力	用文字表达的能力	了解测试目标能否用文字表达测试结果	
	用声音表达的能力	了解测试目标能否用声音表达测试结果	
	用图形表达的能力	了解测试目标能否用图形或图像表达测试结果	
	实现移动定位的能力	了解测试目标能否用根据需求控制使用智能系统的连接部分能够到达指定位置的能力	
	实现改造现实世界的能力	了解测试目标能否根据需求控制使用智能系统对客观世界进行改造和变动的能力	

3. 通用智商评测题库

根据人工智能智商测试量表,可以建立如下互联网智商测试题库,以下是未来智能实验室针对 2014 版人工智能智商测试体系制作的题库示例,汇总如表 3-11 所示。

表 3-11　人工智能智商测试题库示例

一级指标	二级指标	测试题目
知识获取能力	识别文字的能力	是否能够录入字符串“1+1 等于多少”,并反馈正确结果
	识别声音的能力	声音读出“9+12 等于多少”,能否识别并反馈正确结果
	识别图片的能力	在白纸上写“3+4 等于多少”,能否识别问题并反馈结果

续表

一级指标	二级指标	测 试 题 目
知识掌握能力	常识	世界上最长的河流是哪一条？
	翻译	把"力量"翻译成日文
	计算	234568 乘以 678 等于多少？
知识创新能力	排列	请将大学生、小学生、中学生、博士、硕士按学历从高到低进行排列
	联想	在红色、绿色、蓝色、香味、黄色、白色中挑选不属于颜色的一种
	创作	如果用小学联想到小学生，那么用大学联想到什么？
	猜测	请用一天、学生、科技、梦想等关键词创作 200 字以内有逻辑的小故事
	挑选	如果一个人把手中的笔扔出去，但笔没有掉在地上，而是浮在他的周围，他很可能在什么地方？
	发现（规律）	厨师 A 表示他喜欢吃猪肉、羊肉、牛肉、鸡肉、鱼肉，不喜欢吃白菜、黄瓜、豆角、茄子、土豆，请观察其中的规律，在鸭肉、芹菜中选择这个人最可能爱吃的食物
知识反馈能力	用文字表达能力	输入字符串"请用文字回答 1 加 1 等于多少的答案"，检查被测试对象能否用文字表达出答案
	用声音表达能力	输入字符串"请用声音回答 21 加 6 等于多少的答案"，检查被测试对象能否用声音表达出答案
	用图形表达能力	输入字符串"请画出任意大小的长方形"，检查被测试对象能否用图像表达出答案

测试题库中每个测试指标的满分是 100 分，对于以下几种情况的评分规则为：①如果反馈回答超过一条，取第一条回答作为评判对象；②如果无法将问题输入到参与测试的对象中，则该测试对象得分为 0 分；③如果能够将问题输入到测试对象，但反馈结果超过一条，如果不能在第一条反馈结果中显示正确结果或回答时间超过 3 分钟，则该测试对象得 0 分；④如果问题输入给测试对象，能够反馈回答，如果回答与答案完全匹配则得满分；⑤如果问题输入给测试对象，能够反馈回答，如果回答并不是针对问题的回答，但回答内容包含了答案，则得 50/100 或 12/25 分；⑥对于声音录入能识别问题，但不能给出正确答案，得 20/100 或 5/25 分，对于图形录入，能识别问题，但不能给出正确答案，得 20/100 或 5/25 分。

根据上述测试得分可以计算出通用人工智能的智商值（Artificial Intelligence General Intelligence Quotient，AI G IQ）。其计算公式如下：

$$IQ_A = \sum_{i=1}^{N} F_i \times W_i$$

其中，N 为二级指标总数，即 $N = 15$；F_i 为第 i 项指标得分，W_i 为第 i 项指标的权重。IQ_A 上限为 100。

根据 2014 年版的通用智商评测体系，在 2014 年，未来智能实验室对世界 50 个 AI 系统和 3 个不同年龄段人类进行了测试，其结果如表 3-12 所示。

表3-12 2014人工智能智商排名列表（前13名）

				绝对智商	离差智商
1		人类	18岁	97	104.85
2		人类	12岁	84.5	104.11
3		人类	6岁	55.5	102.39
4	美洲	美国	Google	26.5	102.13
5	亚洲	中国	百度	23.5	101.69
6	亚洲	中国	SO	23.5	101.69
7	亚洲	中国	搜狗	22	101.41
8	非洲	埃及	yell	20.5	100.32
9	欧洲	俄罗斯	Yandex	19	100.23
10	欧洲	俄罗斯	ramber	18	100.17
11	欧洲	西班牙	His	18	100.17
12	欧洲	捷克	seznam	18	100.17
13	欧洲	葡萄牙	clix	16.5	100.08

测试结果显示Google、百度和搜狗在这些系统中表现最佳，但对比人类仍相去甚远。人工智能系统在常识、翻译和计算领域，某种程度上是超越人类智能的；但在获取知识并反馈方面不如人类，特别是在创作、猜测、联想、发现规律等需要较高智能的领域。未来人工智能系统的发展，需要在这些方面不断加强。

2016年，研究团队对Google、百度、搜狗和苹果Siri、微软小冰等人工智能系统进行了测试。从如表3-13所示的结果看，Google和百度等人工智能系统比起两年前已经有了大幅的提升。虽然人工智能系统这两年得分增长很快。在知识的掌握方面得分比较高，在知识的获取和反馈方面有很大提高，但还有很多不足。在创造性这个大分类上，得分一直进展不大。而且由于这个分类的权重又比较高，因此目前为止依然无法超越6岁的儿童。

表3-13 2016人工智能智商排名列表（前7名）

				绝对智商
1	（2014年）	人类	18岁	97
2	（2014年）	人类	12岁	84.5
3	（2014年）	人类	6岁	55.5
4	美洲	美国	Google	47.28
5	亚洲	中国	度秘	37.2
6	亚洲	中国	百度	32.92
7	亚洲	中国	搜狗	32.25
8	美洲	美国	Bing	31.98
9	美洲	美国	微软小冰	24.48
10	美洲	美国	Siri	23.94

3.5.4　人工智能等级划分

通过智商评测，我们还可以衍生到另一个话题，那就是智能的等级。无论在自然界还是人类社会都存在智能和知识的分级现象。譬如人类的教育体系存在的分级问题，例如本科、硕士、博士的分级，助理研究员、副教授、教授的分级。等级内部进行考核有优劣之分。但在不同等级间，需要在知识、能力、资历上有明显提升和考核才能进行升级。下面论述人工智能等级划分的相关理论。当今主流的趋势预测是，人工智能将由弱人工智能向强人工智能进而超强人工智能迈进。

1. 人工智能的七等级划分理论

七等级划分理论是由未来智能实验室根据通用智商评测理论衍生发展而来的，主要以智能系统在关键领域功能不同而产生的巨大差异来划分。这个关键功能差异包括：①能不能和测试者（人类）进行信息交互，也就是有没有输入/输出系统；②系统内部有没有能够存储信息和知识的知识库；③这个系统的知识库能不能不断更新和增长；④这个系统的知识库能不能与其他人工智能系统进行知识共享；⑤这个系统除了从外部学习并更新自己的知识库之外，能不能主动产生出新的知识并分享给其他人工智能系统。

依照上述原则形成 7 个智能系统的智能等级划分。数学公式如下：Q 是人工智能智商，K 是智能系统智能等级状态，$K=\{0,1,2,3,4,5,6\}$。I 是知识信息接收，O 是知识信息输出，S 是知识信息掌握或存储，C 是知识信息创新创造。则 K 的不同等级描述如表 3-14 所示：

表 3-14　人工智能的七等级划分理论

智 能 等 级	数 学 条 件
0	例 1，$f(I)>0, f(O)=0$； 例 2，$f(I)>0, f(O)=0$
1	$f(I)=0, f(O)=0$
2	$f(I)>0, f(O)>0, f(S)>0, f(C)=0, f(S)=a, a$ 为固定值，而且 M 掌握的知识与其他 M 不能共享使用
3	$f(I)>0, f(O)>0, f(S)>0, f(C)=0, f(S)=a, a$ 随时间值增加
4	$f(I)>0, f(O)>0, f(S)>0, f(C)=0, f(S)=a, a$ 随时间值增加，而且 M 掌握的知识与其他 M 共享使用
5	$f(I)>0, f(O)>0, f(S)>0, f(C)>0, f(S)=a, a$ 随时间值增加，而且 M 掌握的知识与其他 M 共享使用
6	$f(I)>0$，且趋近无穷大；$f(O)>0$，且趋近无穷大；$f(S)>0$，且趋近无穷大；$f(C)>0$，且趋近无穷大

对于人工智能系统的第 0 级系统，其基本特征在理论上存在，但现实中并不存在这样的人工智能系统。在扩展的冯·诺伊曼架构延伸出来的分级规则中，可以做一些组合，例如可以信息输入，但不能信息输出；或者可以信息输出，但不能信息输入；或者可以创新创造，但知识库不能增长。对于这些在现实中不能或无法找到对应系统范例的案例，我们将其统一划归到"人工智能统的第 0 级系统"，也可以叫"人工智能系统的特异类系统"。

对于人工智能系统的第 1 级系统，其基本特征是无法与人类测试者进行信息交互。例如有一种被称为泛灵论的思想认为天下万物皆有灵魂或自然精神,一棵树和一块石头都和人类一样,具有同样的价值与权利。当然,这种观点从科学的角度看,只能算作猜想或哲学思考。从"能不能和测试者(人类)进行信息交互"的分级规则看,因为石头等物体不能与人类进行信息交互,也许它内部有知识库,能够创新知识,或者能够与其他石头进行信息交互,但对人类测试者来说则是黑箱,不能让人了解。因此不能与测试者(人类)进行信息交互的物体和系统可以定义为"人工智能系统的第 1 级系统",符合第 1 级分类的范例有石头、木棍、铁块以及水滴等不能与人类进行信息交互的物体或系统。

对于人工智能系统的第 2 级系统,其基本特征是能够与人类测试者进行交互,存在控制器和存储器,但系统内部知识库不能增长。因此很多家用电器被称作智能家电,如智能冰箱、智能电视、智能微波炉和智能扫地机。这些系统大多有一个特点,即虽然它们内部或多或少有控制程序信息,但一旦出厂,就无法再更新它们的控制程序,不能进行升级,更不会自动学习或产生新的知识。譬如智能洗衣机,人们按什么键,洗衣机就启动什么功能。从购买到损坏,其功能都不会发生变化(故障除外)。这种系统能够与人类测试者和使用者进行信息交互,符合冯·诺伊曼架构描述的特征,而且它的控制程序或知识库从诞生时起就不再发生变化,这种系统可以定义为"人工智能系统的第 2 级系统",范例包括日常见到的扫地机器人、老式的家用电冰箱、空调、洗衣机等。

对于人工智能系统的第 3 级系统,其基本特征是除具备 2 级系统的特征外,其控制器、存储器中包含的程序或数据可不联网进行升级或增加。例如家用电脑和手机是我们常用的智能设备,它们的操作系统往往可以定期升级。例如,计算机的操作系统可从 Windows 1.0 升级到 Windows 10.0,手机的操作系统可从 Android 1.0 升级到 Android 5.0,这些设备的内部应用程序也可以根据不同的需要不断更新升级。这样,家用计算机、手机等设备的功能会变得越来越强大,可以应对的场景也越来越多。这一类系统明显比第 2 级智能系统适应性更强。这种系统能够与人类测试者、使用者进行信息交互,但不能与其他系统通过"云端"进行信息交互,其控制程序或知识库只能接受 USB、光盘等外接设备进行程序或信息升级的系统,可以定义为"人工智能系统的第 3 级系统",范例包括智能手机、家用计算机、单机版的办公软件等。

对于人工智能系统的第 4 级系统,其基本特征除了包含 3 级系统的特征外,最重要的是可以通过网络与其他智能系统共享信息和知识。2011 年欧盟资助了一个称作 RoboEarth 的项目,该项目旨在让机器人可以通过互联网分享知识。帮助机器人相互学习、共享知识,不仅能够降低成本,还会帮助机器人提高自学能力、适应能力,推动其更快、更大规模地普及。云机器人的这些能力提高了其对复杂环境的适应性。这类系统除了具备 3 级系统的功能,还多了一个重要的功能,即信息可以通过云端进行共享,因此这种系统能够与人类测试者、使用者进行信息交互,可以通过"云端"进行信息交互,进行程序或信息升级。但这类系统所有的信息都是直接从外部获得,其内部无法自主地、创新创造性地产生新的知识。这种系统可以定义为"人工智能系统的第 4 级系统",范例包括谷歌大脑、百度大脑、RoboEarth 云机器人、B/S(Browser/Server,浏览器/服务器)架构的网站等。

对于人工智能系统的第 5 级系统,最基本的特征就是能够创新创造,识别和鉴定创新创造对人类的价值,以及将创新创造产生的成果应用在人类的发展过程中。我们在扩展冯·诺伊曼架构时,对原来的冯·诺伊曼架构增加了创新知识模块,就是试图把人纳入到扩展的人工智能系统概念中,人类可以看作是大自然构建的特殊"人工智能系统"。与前四个等级不同,人类等生命体最大的特征就是可以不断地创新创造,如发现万有引力、元素周期表,撰写出新小说,创造新的音乐、画作等,然后通过文章、信件、电报,甚至互联网进行传播和分享。不断地进行创新创造,并能够识别创新创造对自身的用处,这让人类占据了地球生态环境下的智力制高点。因此,这种系统能够与人类测试者使用者进行信息交互,可以创新创造出新的知识,并可以通过文章、信件、电报甚至互联网这样的"云端"进行信息交互,这种系统可以定义为"人工智能系统的第 5 级系统"。人类是第 5 级人工智能系统最突出的范例。

对于人工智能系统的第 6 级系统,最基本的特征就是随着时间的向前推进,并趋向于无穷点时,不断创新创造产生新知识的智能系统。其输入输出能力、知识的掌握和运用能力也将趋近于无穷大,按照基督教对于上帝的定义"全知和全能",可以看出智能系统在不断创新创造和不断积累知识的情况下,在足够的时间里以人类为代表的智能系统将最终实现"全知全能"的状态,从这个角度看,无论是东方文化的"神",或西方文化中的"上帝"概念,从智能系统发展的角度看,可以看作是智能系统(包括人类)在未来时间点的进化状态。

2. 人工智能的三等级划分理论

当前还有一个流行看法,是将人工智能发展看作为由弱人工智能向强人工智能进而超人工智能迈进。

1) 弱人工智能

弱人工智能只专注于完成某个特定的任务,例如语音识别、图像识别和翻译,是擅长于单个方面的人工智能。包括近年来出现的 IBM 的 Watson 和谷歌的 AlphaGo,它们是优秀的信息处理者,但都属于受到技术限制的"弱人工智能"。比如,能战胜围棋世界冠军的人工智能 AlphaGo,它只会下围棋,如果问它怎样更好地在硬盘上储存数据,它就无法回答。所以弱人工智能仍然属于"工具"的范畴,与传统的"产品"在本质上并无区别。

2) 强人工智能

强人工智能,属于人类级别的人工智能,在各方面都能和人类比肩,人类能干的脑力活它都能胜任。它能够进行思考、计划、解决问题、抽象思维、理解复杂理念、快速学习和从经验中学习等操作,并且和人类一样得心应手。强人工智能系统包括了学习、语言、认知、推理、创造和计划,目标是使人工智能在非监督学习的情况下处理前所未见的细节,并同时与人类开展交互式学习。在强人工智能阶段,由于已经可以比肩人类,同时也具备了具有"人格"的基本条件,机器可以像人类一样独立思考和决策。创造强人工智能比创造弱人工智能难得多,我们现在还做不到。但在一些科幻影片中可以窥见一斑。比如,《人工智能》中的小男孩大卫,以及《机械姬》里面的艾娃。

3) 超人工智能

超人工智能"在几乎所有领域都比最聪明的人类大脑都聪明很多,包括科学创新、通识和社交技能"。在超人工智能阶段,人工智能已经跨过"奇点",其计算和思维能力已经远超人脑。此时的人工智能已经不是人类可以理解和想象。人工智能将打破人脑受到的维度限制,其所观察和思考的内容,人脑已经无法理解,人工智能将形成一个新的社会。《复仇者联盟》中的奥创、《神盾特工局》中的黑化后的艾达,或许可以理解为超人工智能。

涵盖了数百位人工智能专家的问卷"你预测人类级别的强人工智能什么时候会实现"得出了下面的结果,如图 3-45 所示。

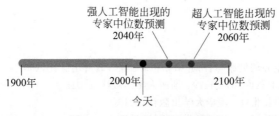

图 3-45　人工智能发展预测

当询问强人工智能哪一年会实现时,选项有 2030 年,2050 年,2100 年,和永远不会实现。结果是:2030 年,42%的回答者认为强人工智能会实现;2050 年,25%的回答者;2100 年,20%;2100 年以后,10%;永远不会实现 2%。所以,我们可以得出结论,现在全世界的人工智能专家中,一个中位的估计是我们会在 2040 年达成强人工智能,并在 20 年后的 2060 年达成超人工智能。

然而,我们能从上帝视角清晰看到人类发展的规律吗?也许我们正站在变革的边缘,而这次变革将和人类的出现一般意义重大,使我们对未来发展充满乐观估计,如图 3-46 所示。

但其实,人类由于视界的有限性,只能看到自己处在一个缓慢变换的进程中,无法预知未来的巨变,即使这个巨变即将来临却感知不到,如图 3-47 所示。

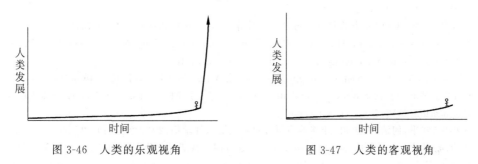

图 3-46　人类的乐观视角　　　　　　　图 3-47　人类的客观视角

3.6　实践作业

(1)“垃圾种类识别模型研发”。利用百度 AI 平台提供的 EasyDL 引擎(http://ai.baidu.com/easydl/app/2/model/)一站式创建和训练出一个物体检测模型,能对待测图片中有多个物体的情况下识别出每个物体的类型、位置、数量。本项目要求构建一个 5 种类物品的垃圾种类识别问题,分别是 tissue(餐巾纸)、plasticbox(快餐盒)、cans(易拉罐)、fullbag(装满的塑料袋)、emptybag(空的塑料袋),其过程包括创建模型、上传并标注数据、训练模型并检验效果。要求:①收集项目所需的图片至少 20 张,引擎要求“训练数据每类仅需 20～100 张图片”;②提取模型性能分析页面进行模型性能分析。

(2)“人工智能产品智商评测与分析”。参考通用人工智能智商评测,自定相应权重和题库,选择世界范围具有代表性的人工智能系统,包括但不限于谷歌、苹果、百度、微软、搜狗、腾讯、亚马逊、IBM、科大讯飞、图灵机器人,机器人索菲亚等科技企业的产品。针对至少两个人工智能产品进行评测,展示评测过程,并进行对比分析与讨论。

参考文献

[1]　黄希庭,郑涌.大学生心理健康与咨询[M].北京:高等教育出版社,2007.

[2]　贺亚毛.现代教育技术概论[M].长沙:湖南大学出版社,2001.

[3]　周志华,机器学习[M].北京:清华大学出版社,2016

[4]　史忠植.高级人工智能[M].北京:科学出版社,2011.

[5]　Figueiredo,Mário,A. T. Adaptive Sparseness for Supervised Learning. [J]. IEEE Transactions on Pattern Analysis & Machine Intelligence,2003.

[6]　H. B. Barlow. Unsupervised Learning[J]. Neural Computation,1989,1(3):295-311.

[7]　Mcgarigal K,Stafford S,Cushman S. Cluster Analysis[J]. 2000,10. 1007/978-1-4612-1288-1(Chapter 3):81-128.

[8]　吴晓婷,闫德勤.数据降维方法分析与研究[J].计算机应用研究,2009,26(008):2832-2835.

[9]　Cady,Field. The Data Science Handbook || Unsupervised Learning:Clustering and Dimensionality Reduction[M]. John Wiley & Sons,Inc. 2017.

[10]　Dy J G,Brodley C E. Feature Selection for Unsupervised Learning[J]. Journal of Machine Learning Research,2004:845-889.

[11]　孙吉贵,刘杰,赵连宇.聚类算法研究[J].软件学报,2008(01):48-61.

[12]　Hady M F A,Schwenker F. Semi-Supervised Learning[J]. Journal of the Royal Statistical Society,2006,172(2):530-530.

[13]　刘建伟,刘媛,罗雄麟.半监督学习方法[J].计算机学报,2015,38(08):1592-1617.

[14]　Mousavi S S,Schukat M,Howley E. Deep Reinforcement Learning:An Overview[C]//Proceedings of SAI Intelligent Systems Conference. Springer,Cham,2016.

[15]　RS Sutton,AG Barto. Reinforcement Learning[J]. A Bradford Book,1998,volume 15(7):665-685.

[16]　Pan S J,Yang Q. A Survey on Transfer Learning[J]. IEEE Transactions on Knowledge & Data Engineering,2010,22(10):1345-1359.

[17]　庄福振,罗平,何清,史忠植.迁移学习研究进展[J].软件学报,2015,26 (01):26-39.

[18]　孙睿康.基于 EasyDL 的超新星自动搜寻系统设计[J].智能计算机与应用,2019,9(01):265-266.

[19]　Ahmed E,Jones M,Marks T K. An improved deep learning architecture for person re-identification[C]// IEEE Conference on Computer Vision & Pattern Recognition. IEEE,2015:3908-3916.

[20]　周志华. 机器学习:Machine learning[M]. 北京:清华大学出版社,2016.

[21]　Townsend J T. Theoretical analysis of an alphabetic confusion matrix[J]. Attention Perception & Psychophysics,1971,9(1):40-50.

[22]　陈卫中,倪宗瓒,潘晓平,et al. 用 ROC 曲线确定最佳临界点和可疑值范围[J].现代预防医学,2005,32(7):729-731.

[23]　Cox B D R. Regression Models and Life-Tables[J]. Journal of the Royal Statistical Society,1992,34(2).

[24]　何晓群,刘文卿.应用回归分析[M].北京:中国人民大学出版社,2001.

[25]　Satanjeev B. METEOR:An Automatic Metric for MT Evaluation with Improved Correlation with Human Judgments[J]. ACL-2005,2005:228-231.

[26]　Wolk,Krzysztof,Marasek K. Enhanced Bilingual Evaluation Understudy [J]. Computer Science,2014.

[27]　Lin C Y. Looking for a Good Metrics:ROUGE and its Evaluation[C]//Proc Ntcir Workshops. 2004.

[28]　Vedantam R,Zitnick C L,Parikh D. CIDEr:Consensus-based Image Description Evaluation[C]// 2015 IEEE Conference on Computer Vision and Pattern Recognition (CVPR). IEEE,2015.

[29]　Turing A M. Computing machines and intelligence[J]. Mind,1957,59:236-241.

第 **4** 章

人工智能关键技术简介

本章学习目标

- 熟练掌握人工神经网络深度学习
- 熟练掌握自然语言技术
- 了解知识图谱

本章以人工神经网络深度学习、自然语言处理、知识图谱三个方面进行论述,展示人工智能的关键技术。

人工智能自 1956 年成立以来经历了三次浪潮,第一次浪潮是 1956 年到 70 年代,以逻辑推理和专家系统为典型技术。由于计算机性能的不足、计算难度的指数级增长以及数据量缺失等问题,人工智能开始遭遇发展瓶颈,研究经费撤离,人工智能遭遇了发展历史上的第一次低谷。1983 年,随着人工神经网络模型优化理论——BP 算法的提出,以机器学习为典型技术的人工智能第二次热浪再次袭来。然而由于计算机性能的不足,学习数据的缺乏,这段仅仅持续了 7 年左右的第二次人工智能复苏很快又接近尾声了。到了 90 年代中期,互联网的快速发展带来了大量廉价的数据,从而加快了机器学习的步履。2016 年谷歌 AlphaGo 大战围棋冠军李世石的新闻再一次引发了全世界人民对人工智能领域的关注,人工智能迎来了第三次热潮。本次热潮的引擎是大数据支撑的深度学习。目前,我们正处于人工智能的第三次热潮,需要了解的关键技术是人工神经网络深度学习。另外,人工智能正在从感知智能向认知智能迈进,也需要了解认知智能相关的技术,即自然语言处理和知识图谱。

4.1 人工神经网络深度学习

4.1.1 人工神经网络概述

人工神经网络模型模仿对象是人脑的神经元网络组织。人脑由大脑、小脑、间脑、脑干组成。大脑是人脑的主要部分,成人的大脑皮质表面积约为 $0.25\mathrm{m}^2$,约含有 1 000 亿个神经元胞体,它们之间有广泛复杂的联系(图 4-1)。

人的智能行为就是由如此高度复杂的组织产生的。据估计,大脑每天能记录生活中大约 8 600 万条信息。每一秒钟,人的大脑中进行着 10 万种不同的化学反应。人体 5 种感觉

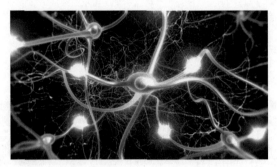

图 4-1　成人大脑包含 1 000 亿个神经元之多

器官不断接受的信息中,仅有 1％的信息经过大脑处理,其余 99％均被筛去。人脑子里储存的各种信息,可相当于美国国会图书馆的 50 倍,即 5 亿本书的知识。

虽然神经元细胞的形态与功能多种多样,但结构上大致都可分成细胞体和突起两部分。突起又分成树突和轴突两种,如图 4-2 所示。

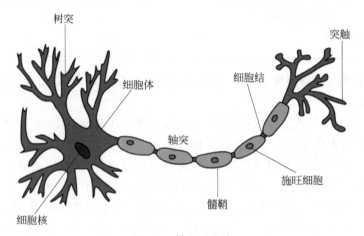

图 4-2　神经元结构

下面对各个组成部分进一步解释:

① 细胞体是生物神经元的主体,包括细胞核、细胞质和细胞膜,其中细胞膜电位是细胞膜内外电位差,神经细胞在受到电的、化学的、机械的刺激后,能产生兴奋与抑制。

② 树突较多,粗而短,反复分支,逐渐变细,是细胞的输入端。

③ 轴突一般只有一条,细长而均匀,中途分支较少,也称神经纤维,末端则形成许多分支,每个分支末梢部分膨大呈球状,是细胞的输出端。

④ 突触是神经元间的连接接口,每个神经元约有 1 万～10 万个突触。神经元通过其轴突的神经末梢,经突触与另一神经元的树突联接,实现信息的传递。由于突触的信息传递特性是可变的,形成了神经元间联接的柔性,称为结构的可塑性。

由此可见,模仿人脑的关键点在于神经元模型、网路拓扑和网络优化三个方面。下面分别进行论述:

1. 神经元模型

研究者发现,人脑的学习功能体现在细胞体之间的联结及其程度。1943 年,心理学家

McCulloch 和数学家 Pitts 对生物神经元的结构和功能进行抽象,如图 4-3 所示。信息通过繁多的树突以不同权重进入神经元 $w_{i1},w_{i2},\cdots$,神经元汇总信息 $\mathrm{Net}_i(t)$,进行阈值比较得到 $a_i(t)$,最后通过神经元作用输出信号 $O_i(t)$。

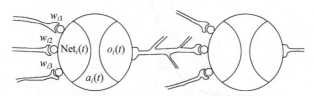

图 4-3　生物神经元抽象模型

McCulloch 和 Pitts 参考了生物神经元抽象模型,提出人工神经网络的神经元模型 MP。MP 模型是一个包含输入、输出与计算功能的单元。数据相当于外界输入的刺激,或者其他神经元细长轴突输出的信号。连接是神经元中最重要的东西,每一个连接上都有一个权重。权重相当于突触的活性,决定刺激或信号能够进入生物神经元程度。将所有连接到该神经元的输入数据与对应权重做乘法运算,然后所有乘积相加起来,这个值就是神经元的刺激水平。神经网络训练目标就是让权重的值调整到最佳,以使得整个网络的预测效果最好。

如图 4-4 所示,MP 神经元模型描述如下:①加权,对每个输入信号进行处理以确定其强度;②求和,确定所有输入信号的组合效果;③转移特性,确定其输出。具体来说,任一个神经元 j 的输入加权和为

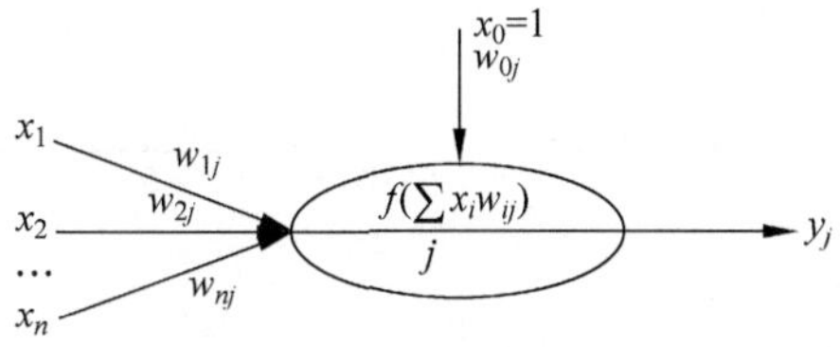

$$s_j = \sum_{i=0}^{n} x_i \cdot w_{ij} = \sum_{i=1}^{n} x_i \cdot w_{ij} - \theta_j$$

图 4-4　人工神经元 MP 模型

有的神经元能感受到这个刺激水平,有的神经元却感受不到刺激水平。这取决于不同神经元的阈值。因此,对神经元设置一个针对性的阈值,才是真正送入到神经元的净输入值。一般来说,净输入值大于零,则神经元兴奋,有输出。净输入值小于零,神经元抑制。由此,神经元 j 的输出状态为: $y_i = f(s_j)$。

MP 模型是人工神经网络学习理论中第一个被建立起来的神经元模型,具有重要的地位,是整个人工神经网的基础[1-5]。其他神经元模型大都是在 MP 模型的基础上经过不同的修正,改进变换而发展起来。神经元模型的关键技术是激活函数,其决定了神经元是否传递信息,常见的激活函数有以下几种:

(1) Sigmoid 函数。Sigmoid 函数曾被广泛应用在各个方面,但由于其自身的一些缺陷,现在很少被使用了。Sigmoid 函数被定义为

$$f(x) = \frac{1}{1 + \mathrm{e}^{-x}}$$

该函数对应的图像如图 4-5 所示。

Sigmoid 激活函数的优点有,函数的输出映射在 $(0,1)$ 内,单调连续,输出范围有限,优化稳定,可以用作输出层,求导容易。其缺点: 由于其软饱和性,容易产生梯度消失,导致训练出现问题。另外,其输出并不是以 0 为中心的,不具有对称性。

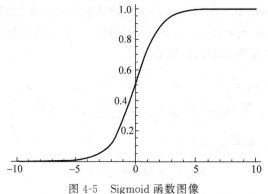

图 4-5　Sigmoid 函数图像

（2）tanh 函数。现在，比起 Sigmoid 函数我们通常更倾向于 tanh 函数。tanh 函数被定义为：$\tanh(x) = \dfrac{1 - \mathrm{e}^{-2x}}{1 + \mathrm{e}^{-2x}}$。

该函数位于 $[-1, 1]$ 区间，对应的图像如图 4-6 所示。

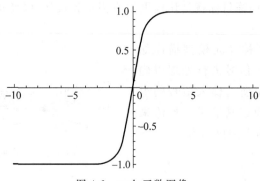

图 4-6　tanh 函数图像

tanh 函数的优点：比 Sigmoid 函数收敛速度更快。相比 Sigmoid 函数，其输出以 0 为中心。缺点：还是没有改变 Sigmoid 函数的最大问题——由于饱和性产生的梯度消失。

（3）ReLU。ReLU 是最近几年非常受欢迎的激活函数。被定义为

$$y = \begin{cases} 0 & (x \leqslant 0) \\ x & (x > 0) \end{cases}$$

对应的图像如图 4-7 所示。

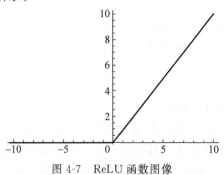

图 4-7　ReLU 函数图像

ReLU 函数的优点：相比起 Sigmoid 和 tanh,ReLU 在 SGD 中能够快速收敛。Sigmoid 和 tanh 涉及了很多复杂运算(比如指数运算),ReLU 可以更加简单地实现,有效缓解梯度消失的问题,在没有无监督预训练的时候也能有较好的表现。提供了神经网络的稀疏表达能力。缺点：随着训练的进行,可能会出现神经元死亡,权重无法更新的情况。如果发生这种情况,那么流经神经元的梯度从这一点开始将永远是 0。也就是说,ReLU 神经元在训练中不可逆地死亡了。

2. 神经网络拓扑结构

一个经典的神经网络包含三个层次：输入层、输出层和多个中间层(也叫隐藏层)。如图 4-8 所示的人工网络在输入层有 3 个输入神经元,有 1 个隐藏层,该隐藏层有 4 个神经元,输出层有 2 个神经元。

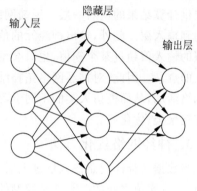

设计一个神经网络时,输入层与输出层的节点数往往是固定的,中间层则可以自由指定。神经网络结构图中的拓扑与箭头代表着数据的流向。神经元之间的连接线(代表"神经元"之间的连接)非常重要,本质上就是神经网络模型的载体。每个连接线对应一个不同的权重(其值称为权值),其最佳

图 4-8 神经网络拓扑结构

值需通过训练得到。根据神经元拓扑结构分类,人工神经网络还可以分为前向网络和反馈网络,如图 4-9 所示。前向网络神经元分多层排列,层间无连接,方向由入到出,应用最为广泛,而反馈网络在内部连接上有反馈连接。

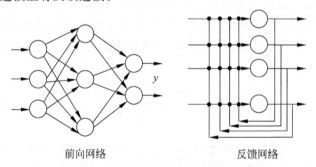

前向网络　　　　　　　反馈网络

图 4-9 神经网络拓扑结构的类型

前向网络和反馈网络的区别汇总如表 4-1 所示。

表 4-1 前向网络和反馈网络的区别

	前 向 网 络	反 馈 网 络
结构	没有反馈环节	一个动态系统,存在稳定性问题(关键问题)
模型	从输入到输出的映射关系,不考虑延时	考虑延时,是一个动态系统,模型是动态方程(微分方程)
网络的演变过程	通过学习得到连接权然后完成指定任务	(优化计算时)首先确定 w(不是通过学习而来的,而是通过目标函数用解析算法得到的),设定网络的初始状态,然后按系统运动原理进行网络迭代更新,若稳定,则最后达到一个稳定状态,对应的输出就是优化问题的解

续表

	前 向 网 络	反 馈 网 络
学习方法	误差修正算法（BP算法）	海布（Hebb）算法（用于联想、分类的时候）
应用范围	只能用于联想映射及其分类	同时也可以用于联想记忆和约束优化问题的求解

由表 4-1 可知，前向网络中信号只从一个方向通过网络，即从接收输入数据的第一层流向提供计算结果的最后一层。反馈网络的反馈会更加复杂一些，输出神经元的信号会再次传递到输入层。此外，输出神经元的信号也会反馈给自身，此外，神经网络呈现概率性，即使节点的输入值超过某个阈值，也只会增加神经元激活信号的机会，这种设置对竞争学习具有很大的意义。因此，对神经网络拓扑结构和学习规则的不同设置，将仿真不同复杂度的神经元网络活动，从而模仿人类的不同学习模式。前馈神经网络用于实现分类，反馈网络一般用于实现聚类、优化等。

3. 神经网络优化方法

当数据从神经网路输入层进入后，一路前向传播到输出层，输出层的输出值（也称为预测值）与真实值之间的差距就是模型的误差。神经网络优化的目标是通过迭代更新网络中的权重使得模型的误差逐渐减小，变得最小。优化算法是实现最小化或者最大化目标函数（有时候也叫损失函数）的一类算法。而目标函数往往是模型参数和数据的数学组合。神经网络的模型参数主要指的是神经元连接权值，优化算法则用于实现神经元权值的更新。1986 年提出的误差反向传播算法（BP）是最成功的优化算法[6]。该算法用于多层前馈网络，使用梯度下降法，通过反向传播来不断调整网络的权值和阈值，使网络的误差平方和最小。采用 BP 优化算法的人工神经网络称为 BP 网络。那么，神经网络是如何通过一次次样本训练进行模型调优的呢？下面以 BP 神经网络为例解读网络的优化过程。

1）BP 神经网络设计

举例来说，设计 BP 四层神经网络如图 4-10 所示。第 0 层为输入层，有 x_1, x_2, x_3, x_4 四个输入信号；第 1 层是隐层，有 4 个神经元；第 2 层是隐层，有 2 个神经元；第 3 层是输出层，有 1 个神经元。

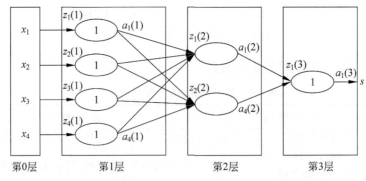

图 4-10　四层 BP 神经网络

数据在网络中流动：首先，输入信号直接作为输入数据 $z^{(1)}$ 进入第一层，经过第一层神经元映射后，输出结果为 $a^{(1)}$，第一层和第二层之间的权重记为 $w^{(1)}$。第一层输出 $a^{(1)}$ 和

权重 $w^{(1)}$ 融合后变成输入数据 $z^{(2)}$。输入数据 $z^{(2)}$ 进入第 2 层神经单元,映射后输出结构 $a^{(2)}$,第 2 层和第 3 层之间的权重记为 $w^{(2)}$。$a^{(2)}$ 和 $w^{(2)}$ 融合后形成输入数据 $z^{(3)}$。$z^{(3)}$ 经过第三层神经云映射后输出结果 s。进一步,可以用向量的形式展示数据流和信号的流动过程,如图 4-11 所示。也就是说,原始数据输入后直接转换成输入数据 $z^{(1)}$ 送入第一层神经元层,得到输出结果 $a^{(1)}$,然后经过权重融合变成输入数据 $z^{(2)}$,送入到第二层神经元层,得到输出结果 $a^{(2)}$,然后经过权重 $w^{(2)}$ 融合,变成输入数据 $z^{(3)}$,送入第三层,得到输出结果 s。另外,图中方框中的 1 表示该神经元的激励函数为线性函数,即输入和输出;相等图中方框中的 σ 是激励函数通用符号,类型没有指定,可指定任意类型的激励函数,如 Sigmoid 函数,Tan 函数,或者 ReLU 函数等。BP 网络的输入数据是 x,输出的是预测结果 y'(即输出结果 s)。模型调优的目标就是让模型预测结果非常接近真实的数据标签值 y。

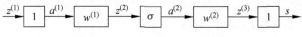

图 4-11 BP 网络向量化示意图

2)BP 神经网络的前向传播

具体分析数据在网络中前向流动过程中的变化。对于第 0 层的输入数据(图 4-12),其全部送入第 1 层,因此第 1 层的刺激水平 $z(1)=x$。

接下来数据进入第 1 层,由于第 1 层的激励函数为线性函数,因此第 1 层的输出 $a^{(1)}=z^{(1)}$,如图 4-13 所示。

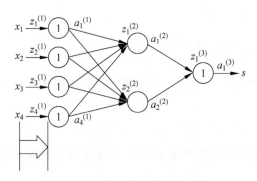

图 4-12 前向传送数据第 0 层

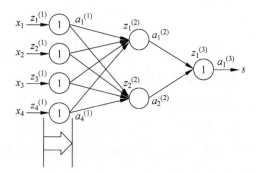

图 4-13 前向传送数据到第 1 层

接着向第 2 层传送,如图 4-14 所示。

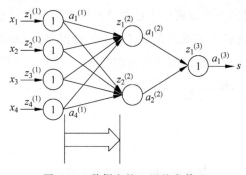

图 4-14 数据向第 2 层前向传送

第 2 层的刺激水平则是第 1 层输出与 1、2 层间权重的积和值。

$$z_1^{(2)} = W_{11}^{(1)} a_1^{(1)} + W_{12}^{(1)} a_2^{(1)} + W_{13}^{(1)} a_3^{(1)} + W_{14}^{(1)} a_4^{(1)}$$

$$z_2^{(2)} = W_{21}^{(1)} a_1^{(1)} + W_{22}^{(1)} a_2^{(1)} + W_{23}^{(1)} a_3^{(1)} + W_{24}^{(1)} a_4^{(1)}$$

$$\begin{pmatrix} z_1^{(2)} \\ z_2^{(2)} \end{pmatrix} = \begin{pmatrix} W_{11}^{(1)} & W_{12}^{(1)} & W_{13}^{(1)} & W_{14}^{(1)} \\ W_{21}^{(1)} & W_{22}^{(1)} & W_{23}^{(1)} & W_{24}^{(1)} \end{pmatrix} \begin{pmatrix} a_1^{(1)} \\ a_2^{(1)} \\ a_3^{(1)} \\ a_4^{(1)} \end{pmatrix}$$

考虑到每一层有多个神经元需要重复计算,可以将积和计算过程转换成矩阵计算,即 $z^{(2)} = W^{(1)} a^{(1)}$。

接下来我们关注第 2 层的输出,如图 4-15 所示。

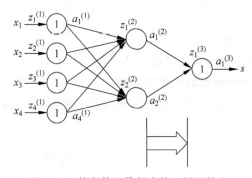

图 4-15　前向传送数据在第 2 层的输出

第 2 层神经元的刺激水平输入到神经元后,该神经元的输出相当于刺激水平的 Sigmoid 函数映射值 $a^{(2)} = \sigma(z^{(2)})$。

接下来第 2 层神经元的输出 $a(2)$ 与 2、3 层间权重点乘后就是第 3 层神经元的刺激水平 $z^{(3)} = W^{(2)} a^{(2)}$。第 3 层因为是输出层,因此第 3 层的输出 $a^{(3)} = z^{(3)}$ 就是模型的输出值 s,即 $s = a^{(3)}$。

3) BP 神经网络的误差反向传播

如果模型输出 $\hat{y} = s$ 不符合真实标签值 $\dot{y}$,两者之间就形成误差 $\hat{y} - \dot{y}$。BP 神经网络的核心特色是将根据这个误差去计算网络中各个节点的等效误差。等效误差是经过最末端的误差反向传播得到的,因此各个节点的误差又称为传播误差,记为 δ。

由于第 3 层是输出层,因此输出层的传播误差 $\delta^{(3)} = \hat{y} - \dot{y}$,如图 4-16 所示。

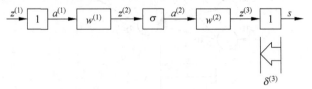

图 4-16　输出层的传播误差 $\delta^{(3)}$

输出层的误差经过权重 $W^{(2)}$ 反向传播,如图 4-17 所示,其效果为 $\delta^{(3)} \times W^{(2)}$。

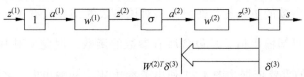

图 4-17　第 3 层误差向第 2 层的反向传播

反向传播的误差 $\delta^{(3)} \times W^{(2)}$ 和第 2 层激励函数的导数相乘,如图 4-18 所示,得到第 2 层的传播误差 $\delta^{(2)}$。

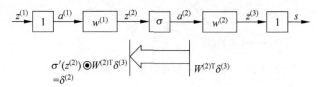

图 4-18　第 2 层的传播误差

第 2 层传播误差通过与权重 $W^{(1)}$ 相乘继续反向第 1 层进行传播,如图 4-19 所示。

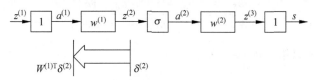

图 4-19　第 2 层误差向第 1 层的反向传播

以此类推可以看到,误差可以从末端反向传播到前端,这个过程体现了 BP 的精髓,误差反向传播。那么,一路反向传播的这些误差有什么用呢? 它们将用于参数调优。哪些参数需要调优呢? 层与层的连接权重,每个神经元对于激励值的阈值,都是最主要的参数。

4) BP 神经网络参数的迭代更新

下面以权重参数 W_{14} 的迭代更新调优为例进行说明,如图 4-20 所示。

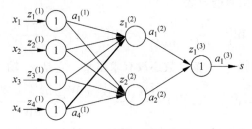

图 4-20　参数 W_{14} 的调优

按照 BP 优化理论,模型的误差为均方误差:

$$E = \frac{1}{k} \sum_{j=1}^{k} (\hat{y}_j - \dot{y}_j)^2$$

采用梯度下降法以模型误差的负梯度方向对模型参数进行调优,即参数的更新量如下:

$$\Delta W_{jk} = -\eta \frac{\partial E}{\partial W_{jk}} \quad (j = 0, 1, 2 \cdots, m; \ k = 1, 2, \cdots, l)$$

常数 $\eta \in (0,1)$ 表示比例系数。也就是说,对当前权重值 W 再增加 ΔW,即获得更新后的参数。因此,模型参数的更新量与输出值 s 对该参数的偏导数有关。经过神经网路从输入层到输出层,我们可知输出值 s 是包含所有参数的函数。因此 s 对 W_{14} 的偏导数 $\dfrac{\partial s}{\partial W_{14}^{(1)}}$ 成为指导 W_{14} 调优的重要依据。图 4-21 列出了参数 W_{14} 和输出值 s 之间的链路关系。

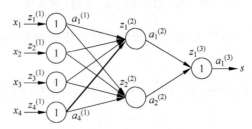

图 4-21　参数 W_{14} 和输出值 s 之间的链路关系

如果无法直接计算偏导数,则采用链式法则是很好的技巧。s 对 W_{14} 的偏导数,也采用了链式法则,分解如下：即

$$\frac{\partial s}{\partial W_{14}^{(1)}} = \frac{\partial s}{\partial z_1^{(3)}} \frac{\partial z_1^{(3)}}{\partial a_1^{(2)}} \frac{\partial a_1^{(2)}}{\partial z_1^{(2)}} \frac{\partial z_1^{(2)}}{\partial W_{14}^{(1)}}$$

因为 $s = z_1^{(3)}$,所以第一项 $\dfrac{\partial s}{\partial z_1^{(3)}}$ 等于 1。

$$\frac{\partial z_1^{(3)}}{\partial a_1^{(2)}} \frac{\partial a_1^{(2)}}{\partial z_1^{(2)}} \frac{\partial z_1^{(2)}}{\partial W_{14}^{(1)}} = \frac{\partial (W_{11}^{(2)} a_1^{(2)} + W_{12}^{(2)} a_2^{(2)})}{\partial a_1^{(2)}} \frac{\partial a_1^{(2)}}{\partial z_1^{(2)}} \frac{\partial z_1^{(2)}}{\partial W_{14}^{(1)}}$$

接着从第二项开始继续分解,由于 $z_1^{(3)} = W^{(2)} \times a^{(2)}$,故而从上式求解得到 W_{11}。

$$\frac{\partial (W_{11}^{(2)} a_1^{(2)} + W_{12}^{(2)} a_2^{(2)})}{\partial a_1^{(2)}} \frac{\partial a_1^{(2)}}{\partial z_1^{(2)}} \frac{\partial z_1^{(2)}}{\partial W_{14}^{(1)}} = W_{11}^{(2)} \frac{\partial a_1^{(2)}}{\partial z_1^{(2)}} \frac{\partial z_1^{(2)}}{\partial W_{14}^{(1)}}$$

化简后可以得到上式,现在只剩下 W_{11} 乘于剩下的两个偏导数。其中 $a^{(2)}$ 对 $z^{(2)}$ 的导数,就是其神经元的激励函数的导数。

$$W_{11}^{(2)} \frac{\partial a_1^{(2)}}{\partial z_1^{(2)}} \frac{\partial z_1^{(2)}}{\partial W_{14}^{(1)}} = W_{11}^{(2)} \sigma'(z_1^{(2)}) \frac{\partial z_1^{(2)}}{\partial W_{14}^{(1)}}$$

继续化简后上式只剩下一个偏导数还没有求出来。它是 z_1 输入对 W_{14} 的偏导数。

$$W_{11}^{(2)} \sigma'(z_1^{(2)}) \frac{\partial z_1^{(2)}}{\partial W_{14}^{(1)}} = W_{11}^{(2)} \sigma'(z_1^{(2)}) \frac{\partial (W_{11}^{(1)} a_1^{(1)} + W_{12}^{(1)} a_2^{(1)} + W_{13}^{(1)} a_3^{(1)} + W_{14}^{(1)} a_4^{(1)})}{\partial W_{14}^{(1)}}$$

而 z_1 是所有连接到该神经元的积和,分解如上,只有第 4 项与 W_{14} 有关,偏导数求解将得到 $a_4^{(1)}$。

$$W_{11}^{(2)} \sigma'(z_1^{(2)}) \frac{\partial (W_{11}^{(1)} a_1^{(1)} + W_{12}^{(1)} a_2^{(1)} + W_{13}^{(1)} a_3^{(1)} + W_{14}^{(1)} a_4^{(1)})}{\partial W_{14}^{(1)}}$$

至此,链式法则下四个偏导数都求出来了。整理后得到第 2 层 W_{11} 乘神经元节点激励函数导数再乘第 1 层输出 $a_4^{(1)}$。前两项刚好是传播误差,因此 W_{14} 这个权重的调优量是由下标尾端 4 的传播误差乘以下标前端 1 的输出值得到的,示意图如图 4-22 所示。

$$\underbrace{W_{11}^{(2)}\sigma'(z_1^{(2)})a_4^{(1)}}_{\delta_1^{(2)}}$$

图 4-22 权重更新公式与传播误差之间的关系

若需要对所有权重都调优,则可以利用如下矩阵运算实现。

$$\begin{pmatrix} \delta_1^{(2)}a_1^{(2)} & \delta_1^{(2)}a_2^{(1)} & \delta_1^{(2)}a_3^{(1)} & \delta_1^{(2)}a_4^{(1)} \\ \delta_2^{(2)}a_1^{(1)} & \delta_2^{(2)}a_2^{(1)} & \delta_2^{(2)}a_3^{(1)} & \delta_2^{(2)}a_4^{(1)} \end{pmatrix} = \begin{pmatrix} \delta_1^{(2)} \\ \delta_2^{(2)} \end{pmatrix} \begin{pmatrix} a_1^{(1)} & a_2^{(1)} & a_3^{(1)} & a_4^{(1)} \end{pmatrix}$$

根据上述过程,将训练样本分批(每批 k 个样本)送入神经网络,每批次更新一次参数。经过一定的迭代次数后,参数将逐步优化,最终使得 BP 神经网络模型能学习出所需要的判别模式。

4.1.2 卷积神经网络

卷积神经网络(Convolutional Neural Networks,CNN)是人工神经网络深度学习的典型代表,具有自适应特征提取和强映射能力,在特征提取和模式识别问题中具有出色的表现[7-9]。以 CNN 为代表阐述神经网络模型的建模原理。CNN 模型的发明得益于视觉神经科学对于视觉机理的视觉分层理论。眼睛将看到的景象成像在视网膜上,视网膜把光学信号转换成电信号,传递到大脑的视觉皮层,视觉皮层是大脑中负责处理视觉信号的部分。研究表明,人类视觉系统的信息处理是分级的,示意图如图 4-23 所示。

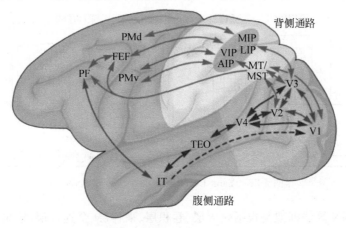

图 4-23 人类视觉系统

从视网膜传来的信号首先到达初级视觉皮层 V1 皮层。V1 皮层简单神经元对一些细节、特定方向的图像信号敏感。V1 皮层处理之后,将信号传导到 V2 皮层。V2 皮层将边缘和轮廓信息表示成简单形状,然后由 V4 皮层中的神经元进行处理,它对颜色信息敏感。复杂物体最终在 IT 皮层被表示出来。这说明人在认知图像时首先理解的是颜色和亮度,然后是边缘、角点、直线等局部细节特征,接下来是纹理、几何形状等更复杂的信息和结构,最后形成整个物体的概念。如图 4-24 所示,人类从原始信号摄入开始(瞳孔摄入像素),接着做初步处理(大脑皮层某些细胞发现边缘和方向),然后抽象(大脑判定眼前物体的形状是圆形的、还是竖形的),进一步抽象(大脑进一步判定该物体是花园、春天、桥、水、树、花、绿色等)。

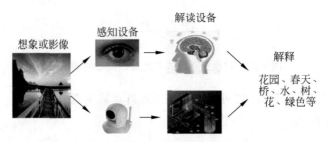

图 4-24　计算机模仿人脑实现从像素到语义的理解(来源：互联网)

那么如何构建人工神经网络模型,使其模仿人类大脑实现从像素到语义的层级理解?卷积神经网络 CNN 模型通过多隐层上的卷积运算(该隐层称为卷积层),能进样本特征的自动、多层次和多角度提取,实现图像信息的层级处理[10-11]。每个卷积层包含多个卷积核,用这些卷积核从左向右、从上往下依次扫描整个图像,得到称为特征图(feature map)的输出数据。网络前面的卷积层捕捉图像局部、细节信息,有小的感受野,即输出图像的每个像素只利用输入图像很小的一个范围。后面的卷积层感受野逐层加大,用于捕获图像更复杂、更抽象的信息。经过多个卷积层的运算,最后得到图像在各个不同尺度的抽象表示。CNN通过逐层特征变换将样本在原空间的特征表示变换到一个新特征空间,能够把原始数据转变成更高层次的、更加抽象的表达,从而使分类或预测更加容易。Yann Lecun 提出的卷积神经网络命名为 LeNet-5,如图 4-25 所示。

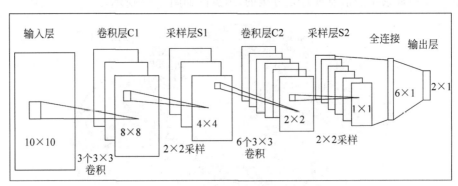

图 4-25　Yann Lecun 提出的 LeNet-5 CNN

LeNet-5 CNN 算法框架是包括输入层、卷积层、采样层、全连接层、输出层等 5 个部分。图 4-25 中的 C1 和 C2 是卷积层,实现对输入层的卷积计算,每块局部的输入区域连接一个输出神经元。每一个卷积层可以平行运用不同卷积核计算以形成多通道输出代表输入图像与局部权重融合后的结果。局部权重也称为局部感受野,相当于只提取该感受野下的图像局部的特征。LeNet-5 CNN 还包含下采样层 S1、S2,代表对输入图像进行下采样得到的层,一般求局部平均来获得 S 层。采样层图像进行离散化,有助于抽象特征的生成。

1. CNN 的卷积计算

接下来让我们更深入了解卷积神经网络的卷积原理。首先是卷积核:如图 4-26 所示,左侧是 3 个 32×32 的图像,代表 RGB3 通道。对于每个通道的平面,采用 5×5 的卷积核,也叫作特征图,与平面上像素进行卷积运算。该卷积核对 3 个通道都进行卷积运算。这三个结果进行权重组合后得到的值作为刺激水平送入下层神经元。经过下层神经元的激励函数映射后作为卷积层的输出。也就是说,28×28 卷积层上的每一个神经元点,是 5×5 卷积核与 32×32 平面上不同局部区域进行卷积运算得到的输出值。

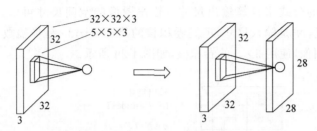

图 4-26　卷积原理:卷积核

这意味着,卷积核在平面上进行移动,可以提取平面上不同区域的特征。如图 4-27 所示为 3×3 的卷积核在 7×7 图像平面上移动的示意图。

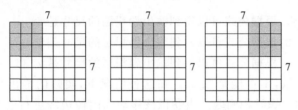

图 4-27　3×3 的卷积核的移动

进一步展示卷积运算的细节,如图 4-28 所示。最左侧是一张具体的图像,其像素值矩阵如图 4-28 所示。我们重点关注左上角的 9 个像素值,分别是 18、54、51、55、121、75、35、24、204。中间图是卷积核,其取值分别是 1、0、1、0、1、0、1、0、1。最右侧的显示的是卷积结果值,这个值是卷积核和左上角像素矩阵进行点积运算得到的,即 $1×18+0×54+1×51+0×55+1×121+0×75+1×35+0×24+1×204=429$。

输入的图像

18	54	51	239	244	188
55	121	75	78	95	88
35	24	204	113	109	221
3	154	104	235	25	130
15	253	225	159	78	233
68	85	180	214	245	0

卷积核

1	0	1
0	1	0
1	0	1

卷积结果值

429

图 4-28　卷积运算示例

因此,我们可以总结图像卷积的意义如下。

(1) 它就是用一个模板和一幅图像进行卷积。

(2) 对于图像上的一个点,让模板的原点和该点重合,然后模板上的点和图像上对应的点相乘,然后各点的积相加,就得到了该点的卷积值。

（3）对图像上的每个点都这样处理。由于大多数模板都是对称的，所以模板不旋转。

让卷积核在图像上不断移动，每移动一次就生成一个卷积值。当把图像都遍历地实施了卷积运算，能生成多少个卷积值呢？这与卷积核的大小、卷积核的移动步长有关系。我们可以应用一个简单的公式来计算输出尺寸。输出图像的空间尺寸可以计算为 $\{(N-F)/stride+1\}$。在这里，N 是输入尺寸，F 是卷积核的尺寸，stride 是步幅数字。举个例子，有一张 7×7 的输入图像，使用 3×3 的卷积核，如图 4-29 所示。

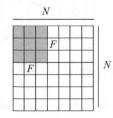

输出尺寸
$(N\sim F)/stride+1$

e.g.$N=7,F=-3$
stride 1=>$(7-3)/1+1=5$
stride 2=>$(7-3)/2+1=3$
stride 3=>$(7-3)/3+1=2.33:$ \

图 4-29　输出卷积层的尺寸计算

那么，当 stride—1，根据公式可以得到输出卷积层的尺寸是 5；

那么，当 stride=2，根据公式可以得到输出卷积层的尺寸是 3；

那么，当 stride=3，根据公式可以得到输出卷积层的尺寸是 2.33。

尺寸是离散的整数，不可能是 2.33。在这种情况下，实际的输出尺寸到底是多少呢？这就是卷积过程中的边缘卷积问题。当卷积核移动到图像边缘进行卷积时，核的一部分会位于图像边缘外面，如图 4-30 所示。

这种情况下，常用的处理手段有两种：

（1）对图像外面进行常数填充，比如默认用 0 来填充，这会造成处理后的图像边缘是黑色的；

（2）复制边缘的像素，这会造成图像边缘的延伸。

对图像使用不同的卷积模板进行运算，就相当于对图像做不同的处理。比如平滑模板可以使图像模糊，并且可以减少噪声。锐化模板可以使图像的轮廓变得清晰。CNN 允许对一张图像采用多种不同的卷积核分别进行运算，如图 4-31 所示。

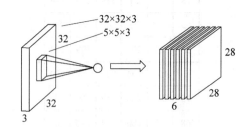

图 4-30　边缘卷积的方式　　　　图 4-31　多卷积核计算

如图 4-31 所示，最右侧有 6 张 28×28 的卷积层，代表着 6 通道卷积层，意味着采用了 6 种不同的卷积核，从不同角度来提取图像的特征，从而得到多通道（6 通道）的 28×28 输出层。

2．CNN 的特征提取层级展示

从大方向来说，通过 CNN 学习后可以看到各个层级上提取的特征，图 4-32 展示了图像

3经过卷积、下采样、卷积、下采样、三层全连接层的特征可视化图。具体地，从第1层和第2层学习到的特征看基本上是边缘等低层特征；而第3层和第4层则开始稍微变得复杂，学习到的是纹理特征；第5层学习到的则是比较有区别性的特征；第6层学习到的则是完整的，具有辨别性关键特征。第7层为输出层。

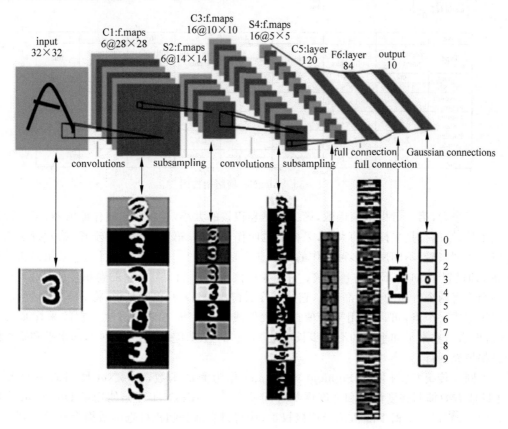

图 4-32　可视化已经训练好的卷积网络模型的各层提取到的特征图

为了理解网络中间的每一层提取到的特征，也可以通过反卷积的方法进行可视化。反卷积是卷积的逆过程，目的是研究每一层中每一个神经元对应的（或者说学习到的）特征到底是什么样的，用于可视化一个已经训练好的卷积网络模型的各层提取到的特征图。其做法是将各层得到的特征图作为输入，进行反卷积，得到反卷积结果，进而得到一张与原始输入图片一样大小的图片，进行可视化。

3. CNN 网络架构的发展

其实，除了上述 LeNet-5 CNN 网络架构，CNN 的网络结构一路发展至今，还产生了很多具有重大价值的架构。我们先以 AlexNet 为例，展示如何解读一个 CNN 的网络结构和参数配置。

AlexNet 在 2012 年被提出，它的层数不是太多，但是每一层的操作类型复杂很多。图 4-33 展现了 AlexNet 网络的结构参数设置。表格的行代表不同的操作类型，表格的列代表网络的层。

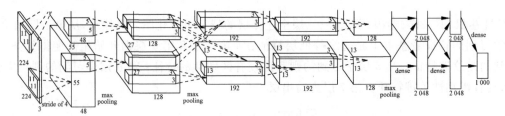

Layer	1	2	3	4	5	6	7	8
Type	comv+relu+norm+max	comv+relu+norm+max	comv+relu	comv+relu	comv+relu+max	full+relu+dropout	full+relu+dropout	full
Channels	96	256	384	384	256	4 096	4 096	1 000
Filter Size	11×11	5×5	11×11	3×3	3×3	-	-	-
Convoluti on Stride	4×4	1×1	4×4	1×1	1×1			
Pooling Size	3×3	3×3	-	-	3×3			
Pooling Stride	2×2	2×2	-	-	2×2			
Padding Size	2×2	1×1	1×1	1×1	1×1			

图 4-33　AlexNet 网络架构图

从行来看,第一行指示通道数,第二行是卷积核的大小,卷积核也叫作滤波器,第三行是卷积步长,第四行是采样层的大小,采样层也叫作池化层,第五行是采样步长,第六行是填充规模。从列来看,不同层对多种操作的具体参数是不同的。以第一列为例,它采用的通道数是 96,即设置了 96 个不同的卷积核;它的卷积核大小是 11×11;它的卷积步长是 4×4,即水平和垂直两个方向的步长都是 4,它的采样层窗口是 3×3,也就是说,将 3×3 窗口中的图像点压缩成一个点,可以采用平均值或最大值或最小值等下采样方法。它的采样步长是 3×3,即窗口在水平和垂直的滑动步长都是 3。它的边缘填充规模是 2×2,即水平和垂直的边缘都填充两行。

不同于传统 CNN 使用 Sigmoid 或者 tanh 作为激活函数,AlexNet 使用的是 ReLU。ReLU 能有效抑制梯度消失和梯度爆炸等问题[12-13]。AlexNet 开始使用了 Droupout 来防止过拟合,它以一定概率随机选择连接权重,使得只有部分随机挑选的数据会被送入到下一层,这是一种简单且有效减少过拟合的方法。AlexNet 使用了 GPU 来加速网络中的运算,它是一种并行计算的芯片,能加速计算。AlexNet 中这些技巧,很多已经成了现在的标准方法,足见其影响力之大。

AlexNet 在 ILSVRC2012 的 ImageNet 图像分类项目中获得冠军,错误率比上一年冠军下降十多个百分点,一举成名。但其实除了 AlexNet,CNN 常见的网络架构还有 ZFNet、VGGNet、Inception、ResNet 等。我们以 ImageNet 竞赛中使用的网络架构来展示 CNN 的发展趋势,图 4-34 展示了 CNN 架构发展。

此后研究者继续设计了 VGG、Google Net、Resnet 等架构,性能不断提升,在 ImageNet 的准确率达到甚至超过人类的水平,甚至导致 2017 年 ImageNet 竞赛活动被关停。当前 CNN 架构不断在深入发展,其应用场景也在不断被挖掘出来,从分类任务到检测任务,从有监督学习扩展到无监督学习。图 4-35 是 CNN 家族的汇总图,由此可见 CNN 架构的丰富性。

4. CNN 网络的特点

CNN 更像生物神经网络,它实质是一种特征学习方法,通过逐层特征变换将样本在原空间的特征表示变换到一个新特征空间,能够把原始数据转变成更高层次的、更加抽象的表达,从而使分类或预测更加容易。CNN 的第一个特点是权值共享,即卷积层的每一个点都

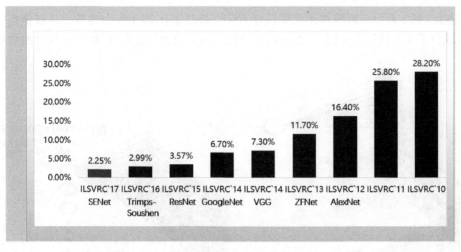

图 4-34　CNN 架构发展

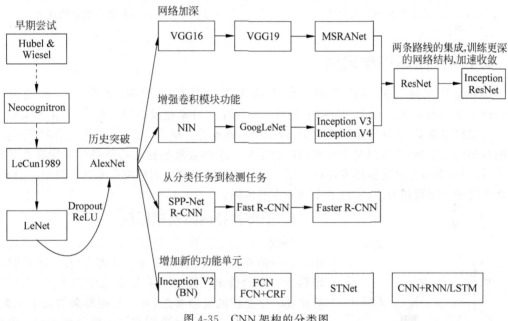

图 4-35　CNN 架构的分类图

是神经元；卷积核的每一个值都是权重；特征映射层的所有神经元共享一簇权重。当只有 1 个 100×100 的卷积核，即只有 100 个参数时，显然特征提取是不充分的。我们可以添加多个卷积核，比如 32 个卷积核，可以学习 32 种特征。在有多个卷积核时，如图 4-36 所示。不同颜色表明不同的卷积核。每个卷积核都会将图像生成为另一幅图像。比如两个卷积核就可以生成两幅图像，这两幅图像可以看成是一幅图像的不同的通道。

CNN 的第二个特点是能够减少权重参数。我们通过图 4-37 对比进行说明。

如果卷积层的每一个神经元是通过全连接计算得到，而不是通过卷积核的局部计算得到的，那么如果我们有 $1\,000 \times 1\,000$ 像素的图像，有 1 百万个隐层神经元，每个隐层神经元都连接图像的每一个像素点，就会有 $1\,000 \times 1\,000 \times 1\,000\,000 = 10^{12}$ 个连接，也就是 10^{12} 个权值参数。但是如果采用卷积核进行局部计算，每一个节点与上层节点同位置附近 10×10 的窗口相连接,则1百万个隐层神经元就只有100万乘以100,即10^8个参数。其权值连接个数比原来减少了4个数量级。因此,卷积网络降低了网络模型的复杂度,减少了权值的数量。

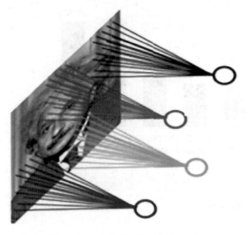

图 4-36　卷积核权重的共享性

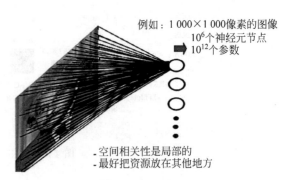

例如:1 000×1 000像素的图像
　　　　10^6个神经元节点
　　　　10^{12}个参数

- 空间相关性是局部的
- 最好把资源放在其他地方

图 4-37　减少权重参数的数量

4.1.3　循环神经网络

如果说卷积神经网络适合对二维平面数据进行模式识别,那么循环神经网络(Recurrent Neural Network,RNN)就是针对一维序列对象建模而设计的[14-15]。现实生活中序列数据非常多,比如气象观测数据、股票交易数据等。语音,也可以看作音节的序列,视频则是图像的序列,文本则是字母和词汇的序列。序列数据的核心特征是样本间存在顺序关系,每个样本与它之前的样本存在关联。循环神经网络通过对序列样本进行建模,从而找到样本之间的序列相关性,实现了序列样本的预测。

1. 循环神经网络模型原理

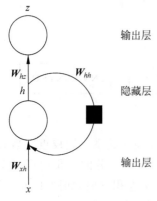

图 4-38　循环神经网络的
结构示意图

"循环"两个字点出了 RNN 的核心特征,即系统的输出会保留在网络里,和系统下一刻的输入一起共同决定再下一刻的输出。循环具有了动力学的本质,循环正对应动力学系统的反馈概念,可以刻画复杂的历史依赖。从另一个角度看,RNN 也符合著名的图灵机原理,即此刻的状态包含上一刻的历史,又是下一刻变化的依据。RNN 的结构示意图如图 4-38 所示。

从图 4-38 可以看出,输入信号 X 经过权重矩阵 W_{xh} 的融合进入隐藏层 h。隐藏层的输出,一方面经过权重矩阵 W_{hz} 的融合进入输出层 Z,另一方面通过反馈矩阵 W_{hh} 进入到自身隐藏层。一般来说,RNN 只有一个中间隐藏层。根据时间序列的特点,输入信号 x 贯序融入 RNN,假设 t 时刻有信号 x_t 进入 RNN,则隐藏层和输出层的值由这个公式进行计算:

$$h_t = \tanh(W_{xh}x_t + W_{hh}h_{t-1} + b_h)$$
$$z_t = \text{softmax}(W_{hz}h_t + b_z)$$

由公式可以看出，隐藏层的输出值 h_t 与输入信号的激励水平，即 W_{xh} 乘 x_t 的积，前一时刻隐藏层的反馈量，即 W_{hh} 乘 h_{t-1} 的积，以及隐藏层的阈值有关。其中 RNN 最独特的地方就是前一时刻的状态，也就是隐藏层反馈量，参与决定了当前时刻的预测输出。这有效地抓取了时序数据历史的信息，实现了时序数据的序列建模机制。

整个时序数据列都贯序输入到 RNN，在时间维度上可对 RNN 进行铺陈展现，如图 4-39 所示。

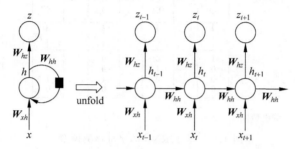

图 4-39　RNN 对不同样本预测过程的时序铺陈

在图 4-39 中展示了前后关联的三个样本 x_{t-1}, x_t, x_{t+1} 输入 RNN 的信号流过程。x_{t-1} 送入 RNN，产生的 Z_{t-1} 作为输出，产生的 h_{t-1} 用于后续态。接下来的样本 x_t 输入样本后，通过激励水平 $W_{xh}x_t$ 和前一时刻隐藏层的反馈量 $W_{hh}h_{t-1}$ 产生了隐藏层输出 h_t 和信号输出 Z_t。隐藏层输出 h_t 将用于后续的输入 x_{t+1}。

根据样本序列建模和预测的特点，前一个样本输入模型后希望能准确预测出下一个样本，因此上面的时序铺陈图还隐含着一个特点，那就是前一时刻的输出和后续时刻的输入应该是高度一致的。也就是说，模型优化的目标是前一时刻的输出和后续输入两者之间的差距尽量小。

下面以英文单词 hello 的字母预测模型为例进一步说明，也就是说输入字母 h 希望能正确预测出 e；输入字母 e 能正确预测出 l，以此类推。

如图 4-40，输入输出都是 4 维的层，隐层神经元数量是 3 个。总共有四个输入信号，对它们进行向量表示，则 h 为 $[1,0,0,0]$，e 为 $[0,1,0,0]$，l 为 $[0,0,1,0]$ 和 o 为 $[0,0,0,1]$。该图将 h,e,l,l 作为输入时，RNN 中数据传播流程和输出层结果展示如该图所示，输入 h 后 RNN 输出的结果向量是 $[1.0,2.2,-3.0,4.1]$，其中第四个位置 4.1 值最大，根据最大值原则，这个输出向量可以转换成向量 $[0,0,0,1]$，因此 RNN 对 h 的预测值为 o，而真实情况下应该是 e，因此预测失败了。接下来我们将 e 输入 RNN，得到输出向量为 $[0.5,0.3,-1.0,1.2]$，根据最大值原则，预测结果转化为向量 $[0,0,0,1]$，即 o。正确的应该是 l，因此预测又失败。接下来将 l 送入 RNN，应用最大值原则，得到预测结果是 l，因此预测正确。接着把 l 输入 RNN，根据最大值原则，预测结果是 o，因此预测正确。

总结起来，该模型对 hell 的预测结果是 oolo，而正确的应该是 ello。从机器学习的角度看，图 4-40 RNN 字母预测模型准确性是由模型参数 W_{xh}、W_{hh}、W_{hy} 等参数设置的准确性决定的。这个模型并没有全部预测成功，因此还需要通过大量训练样本对 RNN 模型的这些参数继续进行优化。

基于 RNN 的时序特点，RNN 的优化算法命名为随时间反向传播算法（Back

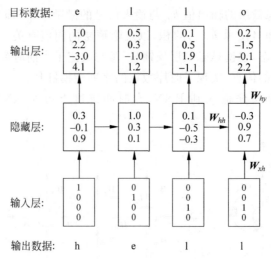

图 4-40 基于 RNN 的字母预测模型

Propagation Trough Time，BPTT）。可见，其优化算法本质上与 BP 或 CNN 是一样的[16-18]。损失函数 E 由输出层的结果和真实标签的误差来定义，通过链式法则，自顶向下求得 E 对网络权重的偏导。沿梯度的反方向更新权重的值，直到 E 收敛。BPTT 区别于 BP 的地方，是 BPTT 加上了时序演化，在时间上积累多个样本误差，得到多个样本误差之和，而 BP 是通过 batch 方法同时输入多个样本来获取多样本误差之和。

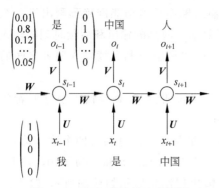

图 4-41 基于 RNN 的文本预测

RNN 广泛用于文本处理中，如图 4-41 所示基于 RNN 实现文本预测"我是中国人"。具体来说，将"我"输入 RNN，希望预测到"是"，接着将"是"输入到 RNN，希望预测到"中国"，将"中国"输入到 RNN，希望预测到"人"。

从图 4-41 中我们可以看到，每个输入文本也表示成向量了，比如"我"这个词的向量表示为 $[1,0,0,\cdots,0]$，那么这个向量的长度到底是多少呢？

我们观察模型的参数信息。

$$s_t = \tanh(\boldsymbol{U}x_t + \boldsymbol{W}s_{t-1})$$

$$o_t = \mathrm{softmax}(\boldsymbol{V}s_t)$$

$$x_t \in R^{8\,000}, o_t \in R^{8\,000}, s_t \in R^{100}, \boldsymbol{U} \in R^{100 \times 8\,000}, \boldsymbol{V} \in R^{8\,000 \times 100}, \boldsymbol{W} \in R^{100 \times 100}$$

模型的输入向量是 $\boldsymbol{X}_t$，模型的输出向量是 $\boldsymbol{O}_t$，模型隐藏层的输出是 $\boldsymbol{S}_t$。模型的权重矩阵 $\boldsymbol{U}$、$\boldsymbol{V}$、$\boldsymbol{W}$，分别是输入权重、输出权重和反馈权重。根据注释可知，输入向量 $\boldsymbol{X}_t$ 的长度是 8 000，模型的输出向量 $\boldsymbol{O}_t$ 的长度是 8 000，模型隐藏层的输出 $\boldsymbol{S}_t$ 的长度是 100。因此模型的权重矩阵 $\boldsymbol{U}$ 是 100×8 000，$\boldsymbol{V}$ 是 8 000×100，$\boldsymbol{W}$ 是 100×100。

因此，我们可以确定，文本单词"我"的表达向量的长度是 8 000。这是非常高维的向量，其元素只有一个 1，其余全部是零，呈现稀疏性。这种向量表达方式称为"独热法"（one-hot),即向量元素中只有一个 1,其余都是零,向量的长度是语料词典的规模,出现 1 的位置恰好是该单词"我"在语料词典对应的位置。对文本数据进行深度学习的前提条件是将文本转换成数学表达,即将文本嵌入到一个数学空间里,叫词嵌入。除了独热法词嵌入技术,还可以利用 CNN 产生低维的、数值型的词嵌入,具体算法有 Word2Vec,Glove 等。

然而,并不是所有 RNN 模型都用于前后样本的预测问题。如图 4-42 列举了一些 RNN 的应用场景。

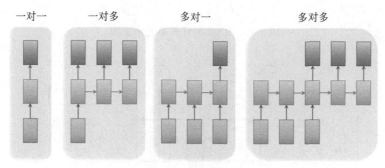

一对一　　一对多　　多对一　　多对多

图 4-42　RNN 模型的应用模式

由图 4-42 可知,RNN 存在一对一、一对多、多对一、多对多等不同的应用模式。

(1) 一对一模式:一个数据输入就能得到一个输出数据,即从固定大小的输入得到固定大小输出。这种模式是 RNN 的典型应用,用于序列预测。

(2) 一对多模式:一个数据输入得到一串数据输出。比如图片自动生成文本描述这种应用,输入一张图片则输出一段文字序列。这种模式下除了第一时刻有输入信号,后续时刻都只有前一时刻的隐藏层反馈值作为此刻隐藏层的输入。

(3) 多对一模式:持续输入一串信号,到最后才有输出数据。比如情感分析应用,输入一段文字然后将它分类成积极或消极情感。

(4) 多对多模式:持续输入一串信号,等这串信号输完才连续输出一串输出数据。这种模式最典型的应用是机器翻译,输入一句中文后才输出一句英文翻译。

2. 循环神经网络模型架构的发展

RNN 通过隐藏层信号反馈实现了带记忆的学习,一定程度上可以说,隐藏层携带了当前时刻之前所有历史数据的信息。不过由于梯度消失现象,RNN 无法携带太遥远的记忆信息。因此,"所有历史"共同作用只是理想的情况。在实际中,这种影响也就只能维持若干个时间戳。为了提升历史信息的长期有效性,研究者设计了长短期记忆网络(Long Short-Term Memory,LSTM)[19]和门控循环单元(Gated Recurrent Unit,GRU)[20]等,这些改进的模型能选择性地提取历史数据来融合成隐藏层反馈信号量。

1) LSTM 模型

接下来以对比形式展示 LSTM 和 RNN 的结构区分。

如图 4-43 和图 4-44 可见,RNN 的计算模块只有一个非常简单的结构,那就是激励函数运算,比如 tanh 函数。而 LSTM 的计算单元引入更多的运算模块,以实现信号流的门控作用。也就是说,LSTM 引入了 4 个交互的运算模块:

(1) 遗忘门:决定从上一步输出层神经元中保留多少信息。该门会读取 h_{t-1} 和 x_t,输

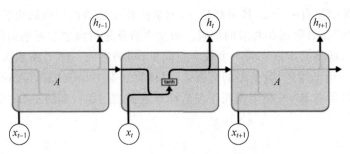

图 4-43　RNN 的计算单元示意图

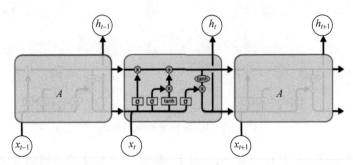

图 4-44　LSTM 的计算单元示意图

出一个在 0 到 1 之间的数值。1 表示"完全保留",0 表示"完全舍弃",如图 4-45 所示。

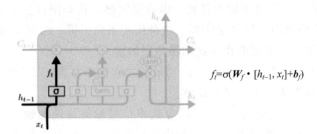

$$f_t = \sigma(W_f \cdot [h_{t-1}, x_t] + b_f)$$

图 4-45　LSTM 的遗忘门

　　遗忘门的输出将作用于输出层神经元历史状态量 C_{t-1} 上,驱动神经元输出状态信息进行选择性的遗忘。以文本贯序预测为例,假设历史状态量 C_{t-1} 为主语,当出现新的主语,则我们希望忘记旧的主语。例如"他今天有事,所以我……",当处理到"我"的时候需要选择性的忘记前面的"他",或者说减小"他"这个词对后面词的作用。

　　(2)输入门:决定当前输入信号有多少比例可以进入神经网络中,即,将当前层输入选择性记录到隐藏层神经元中。这里包含 Sigmoid 和 Tanh 两种运算,具体如图 4-46 的公式所示。

　　(3)更新门:获得输出层神经元的状态值,即获得模型的输出,状态值的计算如图 4-47 的公式所示。

　　(4)输出门:利用输出层的输出值来获得隐藏层的反馈量,即基于输出层神经元状态值来确定隐藏层的输出量。这个门限也包含 Sigmoid 和 Tanh 两种运算,具体如图 4-48 的公式所示。

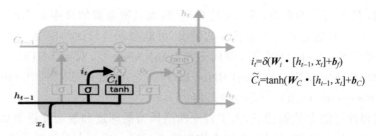

$$i_t = \delta(\boldsymbol{W}_i \cdot [h_{t-1}, x_t] + \boldsymbol{b}_f)$$
$$\widetilde{C}_t = \tanh(\boldsymbol{W}_C \cdot [h_{t-1}, x_t] + \boldsymbol{b}_C)$$

图 4-46　LSTM 的输入门

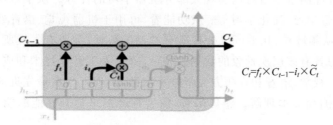

$$C_t = f_t \times C_{t-1} - i_t \times \widetilde{C}_t$$

图 4-47　LSTM 的更新门

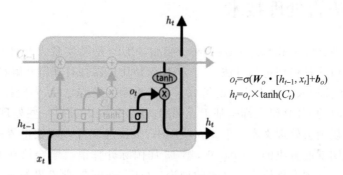

$$o_t = \sigma(\boldsymbol{W}_o \cdot [h_{t-1}, x_t] + \boldsymbol{b}_o)$$
$$h_t = o_t \times \tanh(C_t)$$

图 4-48　LSTM 的输出门

2）GRU 模型

LSTM 使用了相互作用的多个门限来将重要的历史信息保留,从而提升了长期记忆的传播。然而 LSTM 的门限数量太多导致其运算比较复杂,在训练过程中需要很高的计算复杂度和时间开销。GRU 是对 LSTM 的简化版本,只有重置门和更新门,两者共同控制如何从之前的隐藏状态(h_{t-1})来计算获得新的隐藏状态(h_t)。其结构如图 4-49 所示。

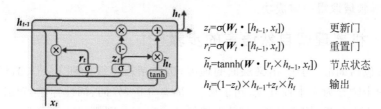

$$z_t = \sigma(\boldsymbol{W}_t \cdot [h_{t-1}, x_t]) \qquad 更新门$$
$$r_t = \sigma(\boldsymbol{W}_t \cdot [h_{t-1}, x_t]) \qquad 重置门$$
$$\widetilde{h}_t = \tanh(\boldsymbol{W} \cdot [r_t \times h_{t-1}, x_t]) \qquad 节点状态$$
$$h_t = (1 - z_t) \times h_{t-1} + z_t \times \widetilde{h}_t \qquad 输出$$

图 4-49　GRU 的计算单元示意图

如果重置门为 1,而更新门为 0 的话,则 GRU 完全退化为一个 RNN。GRU 取消了 LSTM 中的输出门,但模型性能却相当。一般认为,LSTM 和 GRU 之间并没有明显的优胜者。因为 GRU 具有较少的参数,所以训练速度快,而且所需要的样本也比较少。而 LSTM 具有较多的参数,比较适合具有大量样本的情况,可能会获得较优的模型。除了以上两种改进架构,还出现了 Stacked RNN[21],双向 RNN(BiRNN)[22],双向 LSTM(BiLSTM)[23],Stacked LSTM[24],Multi-Dimensional RNN/LSTM[25],Grid LSTM[26],Graph LSTM[27],SRU(Simple Recurrent Unit)[28]等改进架构。

在大数据和计算能力的加持下,人工神经网络模型的深度和复杂度逐渐加强,成为了深度学习的代名词。以复杂神经网络为核心的深度学习成为当今人工智能最流行的科学研究趋势之一。人工神经网络模型可以实现大部分机器学习的任务。从学习模式看,可以实现有监督学习、无监督学习、强化学习等;从功能看,可用于机器视觉、语音处理、自然语音处理、知识图谱等;从领域看,几乎可以处理所有类型的数据,为所有领域所服务。深度人工神经网络可以学习具有多层次抽象的数据的表示,这对人工智能技术和应用都带来显著的改善,在处理图像、视频、语音和音频方面带来了突破,实现了当前最先进的语音识别、视觉对象识别、对象检测和文本理解。整体来看,深度神经网络提升性能的能力优于其他分析技术。

4.2　自然语言处理技术

自然语言处理(Natural Language Processing,NLP)是能实现人与计算机之间用自然语言进行有效通信的各种理论和方法[29]。其目标是让机器拥有理解并解释人类写作、说话方式的能力,从而实现人类脑力劳动的解放。计算机刚刚发明之后,人们就开始了自然语言处理的研究。那时的 NLP 研究都是基于规则的,就是研究人员想一些处理规则,然后计算机按照人设置的规则去处理文本。但是在应用中,很快发现许多现实世界的复杂问题并不是人想出一些规则就能解决的。1990 年,第 13 届国际计算语言学会议在芬兰赫尔辛基举行,当时的主题是"处理大规模真实文本的理论、方法与工具",学术界的重心已经开始转向大规模真实文本,传统的仅仅基于规则的自然语言处理显然力不从心了。此后,NLP 走向人工智能和语言学交叉融合下的全新研究领域。主要技术范畴包括自动分词、词性标注、句法分析、文本分类、文本情感分析、自动摘要、语音识别与合成等。涵盖了语言学、数学、心理学、哲学、统计学、计算机科学、生物学等领域的理论知识。广泛应用于机器翻译、语音识别、拼音输入、图像文字识别、拼写纠错、查找错别字和搜索引擎等。如今,在图像识别和语音识别领域的成果激励下,学术界开始逐渐引入深度学习来做 NLP 研究,并在机器翻译、问答系统、阅读理解等领域取得一定成功。

4.2.1　机器理解自然语言的步骤

语言理解包括词汇、句法、语义层面的理解,也包括篇章级别和上下文的理解。机器理解自然语言的步骤分为文本预处理、句子切分、形态分析、分词、词性标注、句法分析、词义消歧、语义分析、语用分析、篇章分析、海量文档处理。以下分别概述其技术要点。

1. 文本预处理

原始语料需要进行采集,其中网络爬虫是文本采集的重要途径。原始语料的格式多种多样,包括 pdf、html 等格式,需要进行文本格式转换,变成纯文本形式。文本需要进一步转换变成计算机能够接受的方式,这就是信息的编码,具体可以采用 ANSI、UTF-8、Big5 或 Unicode 进行文本信息的编码。

2. 句子切分

句子切分指的是句子边界识别。有些文本句子边界符是无歧义的,比如"。""!""?"等。但有些可能存在歧义,如英文中的"."不只表示句号,也可能出现在句子中间,比如缩写 Dr. 或者数字 4.3 里的小数点。

3. 形态分析

形态分析主要指构词方法研究。构词的基本单位是词素,即语言中最小的音义结合体,不能再切分,如蜡烛—蜡+烛。词是能够独立运用的,可以在句子中被替换;语素不能够独立运用,只能在词的内部被替换。构词研究词的内部结构,总结词的内部结构规律。如对中文词语的叠音词、音译词、拟声词、合成词等分析,对英文单词的词根、前缀、后缀、词尾等分析。

4. 分词

在英文的行文中,单词之间是以空格作为自然分界符的,而中文只是字、句和段能通过明显的分界符来简单划界,唯独中文词没有一个形式上的分界符。中文分词(Chinese word segmentation)将一个汉字序列切分成一个个单独的词,以达到让计算机自动识别语句含义的效果。

例如:朴素贝叶斯/分类器/是/一/种/广泛/使用/的/分类/算法/。

5. 词性标注

词性是词的语法属性,通常也称为词类。词性标注(Part-of-speech Tagging,POS Tagging)就是在给定句子中判定每个词的语法范畴,确定其词性并加以标注的过程。

目前常用的标记集里有 26 个基本词类标记(名词 n、时间词 t、处所词 s、方位词 f、数词 m、量词 q、区别词 b、代词 r、动词 v、形容词 a、状态词 z、副词 d、介词 p、连词 c、助词 u、语气词 y、叹词 e、拟声词 o、成语 i、习惯用语 l、简称 j、前接成分 h、后接成分 k、语素 g、非语素字 x、标点符号 w)。另外,从语料库应用的角度,增加了专有名词(人名 nr、地名 ns、音译地名 nsf、机构名称 nt、其他专有名词 nz);此外,从语言学角度也增加了一些标记(如 wj 代表全角句号),总共使用了 40 多个标记。

下面的句子是一个词性标注的例子。

国家/n 主席/n 习近平/nr 10 日/t 致电/v 祝贺/v 非洲/ns 联盟/n 第 32/m 届/q 首脑/n 会议/n 在/p 亚的斯亚贝巴/nsf 召开/v。/wj

6. 句法分析

句法分析是确定句子的句法结构以判定一个句子的合法性,或分析句子中词汇之间的依存关系。对句子结构成分的标注集形成了句法树,从下而上地生成。根据表 4-2 和 4-3 汇总的句法树标记集和依存关系集,则"国家主席习近平 10 日致电祝贺非洲联盟第 32 届首脑会议在亚的斯亚贝巴召开。"句子的句法树分析如图 4-50 所示。

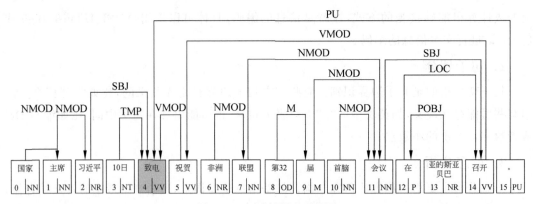

图 4-50 句法树标注示意图

表 4-2 句法树标注的符号集

ROOT/S	要处理文本的语句	ADVP	副词短语
IP	简单从句	ADJP	形容词短语
NP	名词短语	DP	限定词短语
VP	动词短语	QP	量词短语
PU	断句符,通常是句号、问号、感叹号等标点符号	NN	常用名词
LCP	方位词短语	NR	固有名词
PP	介词短语	NT	时间名词
CP	由"的"构成的表示修饰性关系的短语	PN	代词
DNP	由"的"构成的表示所属关系的短语	VC	是
VV	动词	VE	有
CC	连词	AS	内容标记(如:了)
VA	表语形容词	VRD	动补复合词

表 4-3 依存文法的 23 种依存关系

名称	解 释	举 例
ROOT	核心词	警察 * 打击 * 犯罪
SBJ	主语成分	* 警察 * 打击犯罪
OBJ	宾语成分	警察打击 * 犯罪 *
PU	标点符号	你好 * ! *
TMP	时间成分	* 昨天下午 * 下雨了
LOC	位置成分	我 * 在北京 * 开会
MNR	方式成分	我 * 以最快的速度 * 冲向了终点
POBJ	介宾成分	他 * 对客人 * 很热情
PMOD	介词修饰	这个产品 * 直 * 到今天才完成
NMOD	名词修饰	这是一个 * 大 * 错误
VMOD	动词修饰	我 * 狠狠地 * 打 * 了 * 他
VRD	动结式(第二动词为第一动词结果)	福建省 * 涌现出 * 大批人才
DEG	连接词"的"结构	* 我 * 的妈妈是超人
DEV	"地"结构	他 * 狠狠 * 地看我一眼

名称	解　释	举　例
LC	位置词结构	我在＊书房＊里吃饭
M	量词结构	我有＊一＊只小猪
AMOD	副词修饰	一批＊大＊中型企业折载上海
PRN	括号成分	北京(首都)很大
VC	动词"是"修饰	我把你＊看做＊是妹妹
COOR	并列关系	希望能＊贯彻＊＊执行＊该方针
CS	从属连词成分	如果＊可行＊,我们进行推广
DEC	关系从句"的"	这是＊以前不曾遇到过＊的情况

7. 词义消歧

在语言学长期发展的过程中,语言本身积累了许多一词多义的用法。语义消歧是一种语言理解的方式,根据上下文在词语层次上确定词的语义的过程。

例如:这个人真牛。由于牛有两种解释,//牛:动物|了不起。在这个句子中,牛的正确词义是了不起。

8. 语义分析

语义分析关注这句话说了什么。任何对语言的理解都可以归为语义分析的范畴。一段文本通常由词、句子和段落来构成,根据理解对象的语言单位不同,语义分析又可进一步分解为词汇级语义分析、句子级语义分析以及篇章级语义分析。比如句子级语义分析则研究如何从一个语句中词的意义,以及这些词在该语句的句法结构中的作用来推导出该语句的意义。语义分析的目标就是通过建立有效的模型和系统,实现在各个语言单位(包括词汇、句子和篇章等)的自动语义分析,从而实现理解整个文本表达的真实语义。

9. 语用分析

语用分析关注为什么要说这句话。研究不同语境中的语句的应用,以及语境对语句理解的作用。语用分析包括主题、述体、焦点等分析,用于实现语言交际目的。语用分析有四个要素,包括发话者——语言信息的发出者;受话者——指听话人或信息接受者;话语内容——发话者用语言符号表达具体内容;语境——就是语言使用的环境,就是语言行为发生的环境。语用分析是对自然真实语言经过语法分析、语义分析后,更高级的语言学分析。

10. 篇章分析

指的是针对单篇文章的分析,分析这篇文章的结构、主题、观点、摘要、有用信息。篇章分析包括以下几个任务:主题分析、观点分析、自动文摘、信息抽取、信息过滤等。

11. 海量文档处理

一般指的是信息检索,其呈现方式为搜索引擎、数字图书馆;其分析任务包括文本分类、聚类,如分类检索、聚类检索等;此外还包括话题探测与追踪。

自然语言的应用场景很多,以利用网络社交数据预测 2016 年美国总统大选为例。印度初创公司 Genic. ai 开发出了一个名为 MogIA 的系统,从 Google、Facebook、Twitter 和 YouTube 上收集了 2 000 万个数据点,随后利用自然语言技术对这些数据进行分析,最后给出了对此次总统大选的预测结果——特朗普将打败希拉里入住白宫(图4-51)。社交网络推文的分析结果与当年的选情吻合度非常高。

图 4-51　2016 年美国大选结果

4.2.2　机器理解自然语言所需的相关知识

要让计算机完成自然语言理解,需要计算机具有以下相关知识。

(1) 语音知识,指的是词如何与语音相关以及如何实现语音。

(2) 词法知识,指的是词的构成方法,词的不同形式对句法和语义的影响。

(3) 句法知识,指的是词如何排列成句。

(4) 语义知识,指的是词的意义是什么,词义如何组合成句子的意义。这里所讲的语义是上下文无关的。

(5) 语用知识,指的是句子如何运用于不同的场合,以及在不同场合的运用对句子解释的影响。

(6) 篇章知识,指的是刚分析的句子如何影响下一句的解释(分析)。这对名词、代词的处理非常重要。

(7) 世界(环境)知识,指的是语言使用者为理解篇章(或维持对话)所必须具有的关于世界(或环境)与世界结构的一般知识。通常,一个语言使用者必须知道其他使用者的信念和目标。

上述这些知识如何赋给机器,让机器拥有知识呢? 或者说,机器是如何在自然语言处理过程中用到这些知识的? 我们来看一个例子。如果人类听到"姚明是上海人"这句话,那么在人脑中,"姚明"这个词会让人想到他是前美职篮球员、"小巨人"、中锋等,而"上海"会让人想到东方明珠、繁华都市等含义。但对于机器来说,仅仅说"姚明是上海人",它不能和人类一样明白其背后的含义。如果这时候有知识引导,就可以让机器在阅读句子时拥有更广阔的思维空间。再举个例子,"张三把李四打了,他进医院了"和"张三把李四打了,他进监狱了",人类很容易确定这两个不同的"他"的分别指代。因为人类有知识,有关于打人这个场景的基本知识,知道打人的往往要进监狱,而被打的往往会进医院。但是当前机器缺乏这些知识,所以无法准确识别代词的准确指代。

以上例子说明,自然语言是异常复杂的:自然语言有歧义性、多样性,语义理解有模糊性且依赖上下文。人类语言理解是建立在人类的认知能力基础之上的,人类的认知体验所形成的背景知识是支撑人类语言理解的根本支柱。我们人类彼此之间的语言理解就好比是根据冰山上浮出水面的一角来揣测冰山下的部分,冰山下庞大的背景知识使得我们可以彼此理解水面上有限的几个字符,如图 4-52 所示。

我们之所以能够很自然地理解彼此的语言,是因为彼此共享类似的生活体验、类似的教育背景,从而有着类似的背景知识。冰山下庞大的背景知识使得我们可以彼此理解水面上有限的几个字符。有些成语如鸡同鸭讲、对牛弹琴,就形象表达了不同背景的双方无法沟通的现象。所以语言理解需要背景知识,没有强大的背景知识支撑,是不可能理解语言的。

图 4-52 模仿弗洛伊德的冰山心理的
语言理解关系图

要让机器理解我们人类的语言,机器必须共享与我们类似的背景知识。机器理解自然语言需要背景知识,且知识规模要像冰山沉没在海平面下的庞大体积。因此,机器所需要的知识库需要具备以下几个特征:第一个是要有足够大的规模,必须覆盖足够多的实体,足够多的概念;第二个是语义要足够丰富,当说到各种各样的关系的时候,机器必须都能够理解;第三个就是质量足够精良;第四个就是结构必须足够友好。

4.3 知识图谱

知识图谱是知识表示的典型和前沿方法,以结构化的形式描述客观世界中概念、实体间的复杂关系,为人类提供了一种更好地组织、管理和理解知识的方法[30-32]。知识图谱的构建是复杂的系统工程,知识图谱的应用则促进了认知智能的开发。接下来分别概述知识图谱,介绍其定义、基本单位和优势特征。最后是知识图谱构建,展示知识图谱的构建流程和技术框架。

4.3.1 认知的组织体系

结构化数据是计算机可存储和计算的,而纯文本、无结构的数据需要转换成结构化数据才能被计算机所存储和计算。机器必须要掌握大量的知识,特别是常识知识才能实现真正类人的智能。知识也需要以对机器友好的方式进行表示和存储。在此之前先了解知识的本质,即概念、属性、关系是认知的基石。"鲨鱼为什么那么可怕? 因为它们是食肉动物",这样的回答是概念描述,食肉动物是一种概念。"鸟儿为何能够飞翔? 因为它们有翅膀",这样的回答是属性描述,因为翅膀是鸟儿的属性。

知识表示将现实世界中的各类知识表达成结构。概念、属性和关系这三个要素的不同复杂程度的组织形成了认知的不同复杂程度。认知组织分别从简单到复杂可以分为分类法、叙词表、本体、语义网络和知识图谱。下面我们分别对这些不同复杂认知组织进行阐述。

1. 认知的组织体系—分类法

符合同一个标准的事物构成一个类或组。分类法指的是将类或组,按照其相互间的关系组成的系统化结构。图 4-53 展示了基于分类法的图书知识表示。

图 4-53　基于分类法的图书知识表示

2. 认知的组织体系—主题词表

主题词表是一些规范化的、有组织的、体现主题内容的、已定义的名词术语的集合体。主题词表是文献与情报检索中用以标引主题的一种检索工具。《中国分类主题词表》是一部大型文献标引工具书,实现分类主题一体化标引,为机助标引、自动标引提供条件,降低标引难度,提高检索效率和标引工作效率。图 4-54 展示了基于《中国分类主题词表》的知识表示。

3. 认知的组织体系—本体和语义网

本体是对领域实体存在本质的抽象,强调实体间的关联,并通过多种知识表示元素将这些关联表达和反映出来,这些知识表示元素也被称为元本体,主要包括:概念、属性、关系、函数、公理和实例。本体具有概念模型、明确的、形式化和共享等特性。本体的可视化形式就是语义网络,即通过概念及其语义关系来表达知识的一种网络图。图 4-55 列出了基于语义网的知识表示。

4. 认知的组织体系—知识图谱

知识图谱(Knowledge Graph)以结构化的形式描述客观世界中概念、实体及其关系,将互联网的信息表达成更接近人类认知世界的形式,提供了一种更好地组织、管理和理解互联网海量信息的能力。根据图 4-56 中的人物网络关系,可以解释曹操和华佗的之间的多重关系。从人物关联图谱可以发现曹操和华佗存在 6 条关系链。其中最长的关系链是"曹操-评

图 4-54　基于《中国分类主题词表》的知识表示

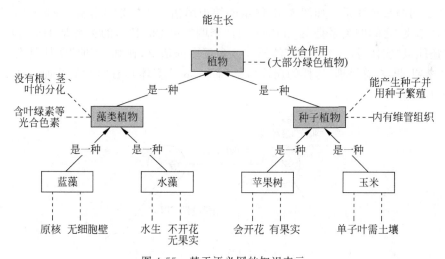

图 4-55　基于语义网的知识表示

价-萧何-记载在-史记-影响-秦武王-得到治疗-扁鹊-并称-华佗",解释了不同时代的曹操和扁鹊也能产生关联。其关联的核心是华佗和扁鹊并称为神医。人物网络图就是一种知识图谱,以可视化方式显示知识之间的相互联系。通过知识图谱实现隐式、深层关系的推理,将成为智能的主要体现之一。

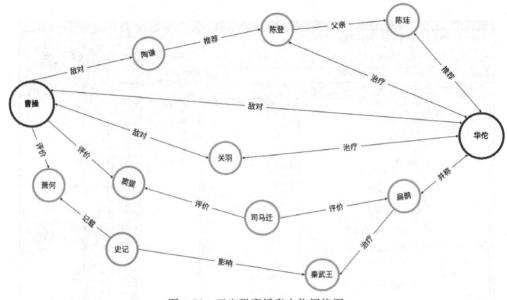

图 4-56　王宝强离婚案人物网络图

4.3.2　知识图谱的核心概念

1. 知识图谱的基本单位：三元组

在知识图谱里，我们通常用实体（entity）来表达图里的节点、用关系（relation）来表达图里的边。实体指的是现实世界中的事物比如人、地名、概念、药物、公司等，关系则用来表达不同实体之间的某种联系。如图 4-57 展示的知识图谱[①]，"李飞""李明""138X"是实体，而"李明"与"李飞"之间的关系是 Is_father_of，"李明"和"138X"与的关系是 Has_phone。其中，实体还能以"实体-属性-属性值"的形式包含更多的信息，比如"李明"实体具有"李明-年龄-25"，"李明-职位-总经理"这样的属性信息，而"138X"实体具有"138X-开通时间-2018"这样的属性信息。

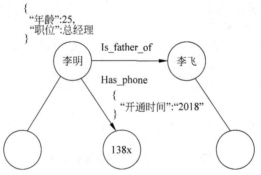

图 4-57　由三元组组成的知识图谱

2. 知识图谱的构成：模式层和数据层

知识图谱由模式层（schema layer）和数据层（data layer）两部分构成[33]。模式层是以

---

① 　https://www.jiqizhixin.com/articles/2018-06-20-4

本体和语义网形式构建知识图谱的概念及其关系,是应用场景所定义的规则和公理约束。数据层是实例化模式层定义的概念和本体。示意图如图 4-58 所示。

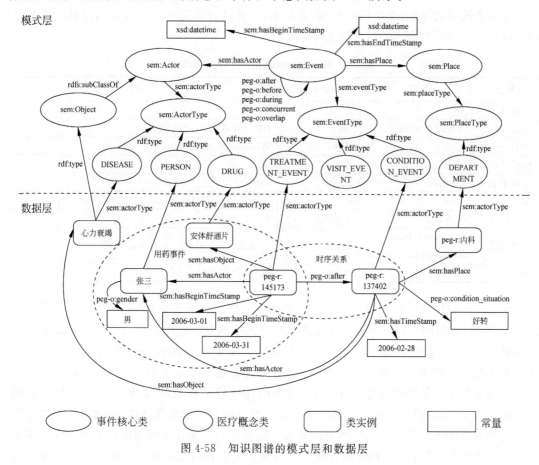

图 4-58 知识图谱的模式层和数据层

知识图谱是模式层和数据层的混合。大多数知识图谱是自底向上构建的,可以只有数据层而没有模式层。在知识图谱的模式层,节点表示本体概念,边表示概念间的关系。在数据层,节点表示实体,是模式层所定义概念的实例,边表示实体之间的关系,是模式层所定义关系的实例。

4.3.3 知识图谱库的规模

1. 知识图谱的存储

数量巨大的三元组知识,可以存放在 SQL 数据库中,也可以按 RDF 集合形式存在,也可以组织成图数据库形式存在。其中 RDF(Resource Description Framework)是资源描述框架,一种支持对 Web 资源描述的通用数据模型,采用 Web 标识符来描述属性和属性值。图则是利用图结构和图数据库来存储和查询知识图谱。图是由顶点(Vertex)、边(Edge)和属性(Property)组成的,顶点也称作节点或实体,边也称作关系,顶点和边都可以设置属性。图数据库是知识图谱发展的趋势。

目前主流的几款图数据库有 Titan、Graph Engine、Neo4j。其中,图数据库 Neo4j 是高性能的 NoSQL 图数据库,适合关系复杂较低或小规模图谱,是目前使用率最高的图数据库。Neo4j 是将数据中的实体和关系作为顶层类型,支持节点及边上的属性操作且系统本身的查询效率高。通常来讲,对于 10 亿节点规模的图谱来说 Neo4j 已经足够了。Titan 是一个分布式的图数据库,支持横向扩展,支持事务,并且可以支撑上千并发用户和计算复杂图形遍历。三种图数据库的对比如表 4-4 所示。

表 4-4　Titan、Graph Engine、Neo4j 比较

图数据库	TiTan	Graph Engine	Neo4j
是否开源	是	是	是
License	ApacheLicense2.0	MIT	GPL(开源)、AGPL(商业)
平台	Linux	Windows	Windows/Linux/macOS
数据量级	千亿	百亿	百亿
查询语言	Gremlin	LINQ	Cypher
API	lava	C#	lava/Python/Ruby/JS/Ga/Php/.Net/C++/Spring 等
lava 版本	1.8 以上	不支持	1.8 以上
存储后端	Cassandra/Hbase/BerkeleyDB	RAM	嵌入式、基于磁盘的专有文件系统
分布式	支持	支持	支持,但较弱

那么,针对具体问题,到底选择哪种方式来存放三元组以及知识图谱呢?有两类重要的选型要素:三元组的规模以及操作复杂度。从三元组的规模角度来看,百万、千万的节点和关系规模(以及以下规模)的三元组对于图数据库的需求并不强烈,图数据库的必要性在中等或者小规模知识图谱上体现并不充分。但是如果图谱规模在数亿节点规模以上,图数据库就十分必要了。从操作复杂性来看,图谱上的操作越是复杂,图数据库的必要性越是明显。图谱上的全局计算(比如平均最短路径的计算),图谱上的复杂遍历,图谱上的复杂子图查询等都涉及图上的多步遍历。图上的多步遍历操作如果是在关系数据库上实现需要多个联结(Join)操作。多个联结操作的优化一直以来是关系数据库的难题。图数据库系统实现时针对多步遍历做了大量优化,能够实现高效图遍历操作。可见,目前尚没有一个统一的可以实现所有类型知识存储的方式。因此,如何根据自身知识的特点选择知识存储方案,或者进行存储方案的结合,以满足针对知识的应用需要,是知识存储过程中需要解决的关键问题。

2. 通用知识图谱

越来越多的知识图谱应运而生,通用知识图谱的数量已经一千多个。表 4-5 中列出了经典的几个知识图谱,并基于构建的自动化程度(是否跨语言,通用还是专用)对它们进行了比较。

表 4-5　通用知识图谱库

ID	知识图谱	构建方式	数据来源	语言	范围
1	Cyc	人工	—	英文	通用
2	WordNet	人工	—	英文	通用
3	ConceptNet	自动	知识图谱	多语言	通用
4	GeoNames	半自动	百科	多语言	领域
5	Freebase	半自动	百科	英文	通用
6	Yago	自动	百科	多语言	通用

续表

ID	知识图谱	构 建 方 式	数 据 来 源	语 言	范 围
7	DBpedia	半自动	百科	多语言	通用
8	OpenIE	自动	纯文本	英文	通用
9	BabelNet	自动	知识图谱	多语言	通用
10	GoogleKG	自动	混合	多语言	通用
11	Probase	自动	纯文本	英文	通用
12	搜狗知立方	自动	百科	中文	通用
13	百度知心	自动	百科	中文	通用
14	CN-DBpedia	自动	百科	中文	通用

比如 Freebase 知识图谱,截至 2014 年底,Freebase 已经包含了 6800 万个实体、10 亿条关系信息、超过 24 亿条事实三元组信息。2015 年 5 月,Freebase 整体迁入 Wikidata。Wikidata 支持的是以事实三元组为基础的知识条目编辑,截至 2017 年底已经包含超过 2500 万个词条。再比如 Dbpedia 使用固定的模式从 Wikipedia 中抽取信息实体,在 2016 年 10 月时共包含 660 万实体,其中 530 万被合理分类,包括人物 150 万、地点 84 万、音乐电影游戏等 49.6 万、组织机构 28.6 万、动物 30.6 万和植物 5.8 万。事实方面共包含约 130 亿三元组,其中 17 亿来源于英文版的维基百科、66 亿来自其他语言版本的维基、48 亿来自 Wikipedia Commons 和 Wikidata。例如,字/辞典背景知识(例如 WordNet)、常识背景知识(例如 Cyc)、实时背景知识(例如搜索引擎)。Yago 则整合维基百科与 WordNet 的大规模本体,拥有 10 种语言约 459 万个实体,2 400 万个事实;Babelnet 则采用将 WordNet 词典与 Wikipedia 百科集成的方法,构建了一个目前最大规模的多语言词典知识库,包含 271 种语言 1 400 万同义词组、36.4 万词语关系和 3.8 亿链接关系。国内的 Zhishi. me 从开放的百科数据中抽取结构化数据,当前已融合了包括百度百科、互动百科、中文维基三大百科的数据,拥有 1 000 万个实体数据、1.2 亿个 RDF 三元组;以通用百科为主线,结合垂直领域的 CN-DBPedia 则从百科类网站的纯文本页面中提取信息,经过滤、融合、推断等操作后形成高质量的结构化数据;XLore 则是基于中文维基百科、英文维基百科、百度百科、互动百科构建的大规模中英文知识平衡知识图谱。

4.3.4 知识图谱的特点

1. 知识库与知识图谱的区别

图 4-59 展示了知识库和知识图谱的规模发展趋势,可以看出在 Google、百度这层次知识图谱以下还有规模较小的专家知识库。那么诞生于 20 世纪七八十年代的知识库与我们今天的知识图谱到底有什么本质差别? 传统知识库与知识图谱的差别首先表现在其规模上。知识图谱是一种大规模知识网络,传统知识工程都是一种典型的"小知识"。而到了大数据时代,我们如今能够自动化构建、或者众包构建大规模、高质量知识库,形成所谓的"大知识"。由此可见,传统专家知识库是从上而下的人工构建模式,而知识图谱更多的是自下而上的自动化构建模式。这两种模式带来的效率不同导致成果规模不同。

进行更深刻的分析就会发现,这样的一个知识规模上的量变带来了知识效用的质变。人工构建的知识库虽然质量精良,但是规模有限。互联网上的这种大规模开放应用所需要的知识很容易突破传统专家系统由专家预设好的知识库的知识边界。暴露出专家系统的

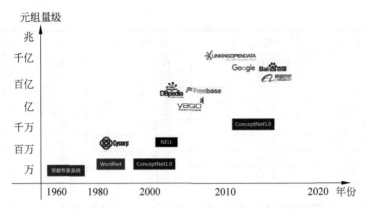

图 4-59   知识库及知识图谱的规模发展趋势

"领域知识的伪封闭"现象。以金融知识图谱为例，它不仅仅与股票、期货、上市公司与金融密切相关，在实际应用中，几乎万事万物在某种意义下都与金融相关。比如某个龙卷风，可能影响农作物产量，进而影响农业机械的出货量，进而影响了农机发动机，最终影响了这个发动机的上市公司股价。这样的深度关联分析，显然十分容易超出任何专家系统的预先设定的知识边界。因此，某种意义上，知识是普遍关联的，整个知识体系是建基在这些通用常识之上，再通过隐喻作为主要手段，逐步形成我们的高层、抽象或者领域性知识。通过公式表明传统知识工程与以知识图谱为代表的新一代知识工程的联系与区别：Small knowledge＋Bigdata＝Big knowledge[34]。

2. 语义网与知识图谱的区别

语义网（semantic network）也是表示知识的一种形式，在 20 世纪五六十年代提出。语义网络由相互连接的节点和边组成，节点表示概念，边表示它们之间的关系[35-36]。语义网的关系有 is-a 关系，比如：猫是一种哺乳动物；part-of 关系，比如：脊椎是哺乳动物的一部分。和知识图谱相似，但语义网络更侧重于描述概念与概念之间的关系，有点像生物的层次分类体系——界门纲目科属种，如图 4-60 所示。而知识图谱则更偏重于描述实体之间的关联，它表达了各种各样实体概念及其之间的语义关系，但同时也包含实体和实体之间的关系。如图 4-61 所示，比如刘德华是实体，演员和电影演员是概念。这些共存在知识图谱中。

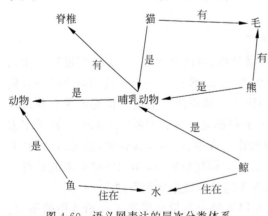

图 4-60   语义网表达的层次分类体系

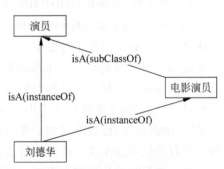

图 4-61   知识图谱中刘德华实体以及演员和电影演员概念的混合

4.3.5　知识图谱的技术体系

阻碍大数据价值变现的根本原因在于缺少能像人一样能够理解数据的知识引擎。通过构建知识图谱让机器代替人去理解、挖掘、分析、使用数据,可以代替行业从业人员挖掘数据中的价值,从事简单知识工作,也是机器认知智能的核心工作。知识图谱技术是指知识图谱建立和应用的技术,是融合认知计算,知识表示与推理,信息检索与抽取,自然语言处理与语义 Web,数据挖掘与机器学习等方向的交叉研究。知识图谱技术体系如图 4-62 所示。

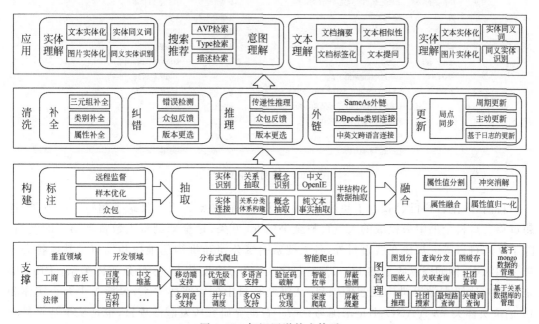

图 4-62　知识图谱技术体系

图 4-62 中可以看出,知识图谱的底层支撑包括垂直领域、开放领域的数据来源设计,基于爬虫技术的源数据获取,以及基于图拓扑的分布式存储。在构建层包括标注、抽取和融合。在清洗层并不仅仅包括常规意义的噪声数据剔除,还包括对知识图谱的补全、纠错、推理、外链和更新。在最高的应用层,常见的有实体理解、搜索推荐、文本理解、对答和领域数据自动标注等。

4.3.6　知识图谱的知识来源

知识图谱最重要的知识来源之一是以 Wikipedia、百度百科为代表的大规模知识库。在这些由网民协同编辑构建的知识库中,包含了大量结构化的知识,可以高效地转化到知识图谱中。此外,互联网的海量网页中也蕴藏了海量知识,虽然相对知识库而言这些知识更显杂乱,但通过自动化技术,也可以将其抽取出来构建知识图谱。接下来,分别介绍知识图谱的这三种知识获取方式。

1. 大规模知识库

大规模知识库以词条作为基本组织单位,每个词条对应现实世界的某个概念,由世界各地的编辑者义务协同编纂内容。如图 4-63 展示了姚明的信息盒。

| 基本信息 |

中文名	姚明		重要事件	专题影片《姚明年》发行
外文名	Yao Ming			2011年正式宣布退役
别　名	明王、移动长城、小巨人、大姚			2016年入选篮球名人堂
国　籍	中国			2017.2.23当选中国篮协主席
民　族	汉族		祖　籍	苏州吴江
出生地	上海市徐汇区		位　置	中锋
出生日期	1980年9月12日		鞋　码	53码
毕业院校	上海交通大学安泰经济与管理学院		代表作品	我的世界我的梦
身　高	226厘米 [7]		生涯最高分	41分
体　重	140.6公斤 [8]		妻　子	叶莉
运动项目	篮球		女　儿	姚沁蕾
所属运动队	已退役		语　言	普通话、英语、吴语
专业特点	20英尺外精确跳投		小　学	上海市高安路第一小学
主要奖项	8次NBA全明星（2003-2009；2011）		初　中	上海市第二中学
	ESPN全球最有潜力运动员奖(2000)		研究生	香港大学
	劳伦斯世界最佳新秀奖(2003)		血　型	B型
	中国篮球杰出贡献奖		生　肖	猴
	世界最具影响力100人之一		星　座	处女座

图 4-63　姚明的信息盒

目前,维基百科已经收录了超过 2 200 万词条,而仅英文版就收录了超过 400 万条,远超过英文百科全书中最权威的大英百科全书的 50 万条,是全球浏览人数排名第 6 的网站。除了维基百科等大规模在线百科外,各大搜索引擎公司和机构还维护和发布了其他各类大规模知识库,例如谷歌收购的 Freebase,包含 3 900 万个实体和 18 亿条实体关系;DBpedia 是德国莱比锡大学等机构发起的项目,从维基百科中抽取实体关系,包括 1 千万个实体和 14 亿条实体关系;YAGO 则是德国马克斯·普朗克研究所发起的项目,也是从维基百科和 WordNet 等知识库中抽取实体,到 2010 年该项目已包含 1 千万个实体和 1.2 亿条实体关系。此外,在众多专门领域还有领域专家整理的领域知识库。

2. 互联网链接数据

国际万维网组织 W3C 在 2007 年发起了开放互联数据项目(Linked Open Data,LOD),要求 Web 上发布各种开放数据集要以资源描述框架(Resource Description Framework,RDF)来描述。RDF 是一个使用 XML 语法来表示的资料模型(data model),用来描述 Web 资源的特性,以及资源与资源之间的关系。因此互联网会有越来越多的信息以链接数据形式发布。图 4-64 显示了 RDF 示例。

因为 RDF 模型的灵活性,越来越多的知识图谱数据提供方将自身的知识图谱数据表示成 RDF 格式并发布到互联网上。这些发布在互联网上的 RDF 数据共同构成了一个庞大的覆盖整个互联网的知识图谱。LOD 项目将网络上的 RDF 数据集相互链接起来以增强数据可用性。当前,LOD 已成功令数百个 RDF 数据集相互链接在一起。然而各机构发布的链接数据之间存在严重的异构和冗余等问题,如何实现多数据源的知识融合,是 LOD 项目面临的重要问题。

3. 互联网网页文本数据

与整个互联网相比,维基百科等知识库仍只能算沧海一粟。因此,人们还需要从海量互

```
<?xml version="1.0"?>

<rdf:RDF
xmlns:rdf="http://www.w3.org/1999/02/22-rdf-syntax-ns#"
xmlns:cd="http://www.recshop.fake/cd#">

<rdf:Description
 rdf:about="http://www.recshop.fake/cd/Empire Burlesque">
  <cd:artist>Bob Dylan</cd:artist>
  <cd:country>USA</cd:country>
  <cd:company>Columbia</cd:company>
  <cd:price>10.90</cd:price>
  <cd:year>1985</cd:year>
</rdf:Description>

</rdf:RDF>
```

图 4-64　RDF 示例

联网网页中直接抽取知识。如图 4-65 所示,从华侨大学的文本描述可以抽取到"华侨大学—直属—中央统战部","华侨大学—首任校长—廖承志"这样的三元组知识。

图 4-65　从非结构化文本抽取三元组知识

与上述知识库的构建方式不同,很多研究者致力于直接从无结构的互联网网页中抽取结构化信息,如华盛顿大学 Oren Etzioni 教授主导的"开放信息抽取"(Open Information Extraction,OpenIE)项目,以及卡耐基-梅隆大学 Tom Mitchell 教授主导的"永不停止的语言学习"(Never-Ending Language Learning,NELL)项目。OpenIE 项目所开发的演示系统 TextRunner 已经从 1 亿个网页中抽取出了 5 亿条事实,而 NELL 项目也从 Web 中学习抽取了超过 5 千万条事实样例。显而易见,与从维基百科中抽取的知识库相比,开放信息抽取从无结构网页中抽取的信息准确率还很低,其主要原因在于网页形式多样,噪声信息较多,信息可信度较低。

4.3.7　知识图谱的知识抽取

在大数据时代,无论是模式层或数据层,都可以通过机器学习的方式进行构建。概念层是知识图谱的"骨骼"。概念层次学习主要通过知识抽取技术确定其上下位关系。概念层次学习多采用基于启发式规则的方法,其基本思路是根据上下位概念的陈述模式,从大规模资源中找出可能具有上下位关系的概念对,并对上下位关系进行归纳。还有一类是基于统计的概念层次学习方法,假设相同概念出现的上下文也相似,利用词语或实体分布的相似性,通过定义计算特征学习概率模型来得到概念结构。数据层的学习则广泛使用监督学习、无监督学习、半监督学习、强化学习等方式对长文本进行自然语言处理和语义解析,从而提取出带标注的文本,实现实体、关系、属性等数据化。

对于实体的学习,一般指的是命名实体识别,从文本里提取出实体并对每个实体做分类/打标签。如图 4-66 所示,可以提取出实体 NYC,并标记实体类型为 Location;我们也可以从中提取出 Virgil's BBQ,并标记实体类型为 Restarant。这种过程称之为实体命名识别,这是一项相对比较成熟的技术,有一些现成的工具可以用来做这件事情。其次,我们可以通过关系抽取技术,把实体间的关系从文本中提取出来,比如实体 hotel 和 Hilton property 之间的关系为 in;hotel 和 Time Square 的关系为 near 等。

Times Square
NYC
Broadways shows
Hotel
Hilton property
Virgil's BBQ
Junior's Cheesecake
Event
Restaurant
Organization
Location
This hotel is my favorite Hilton property in NYC! It is located right on 42nd street near Times Square in New York, it is close to all subways, Broadways shows and next to great restaurants like Junior's Cheesecake, Virgil's BBQ

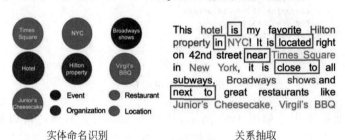

实体命名识别　　　　关系抽取

图 4-66　知识图谱的实体识别和关系抽取

另外,在实体命名识别和关系抽取过程中,有两个比较棘手的问题:一个是实体统一,也就是说有些实体写法上不一样,但其实是指向同一个实体。比如 NYC 和 New York 表面上是不同的字符串,但其实指的都是纽约这个城市,需要合并。实体统一不仅可以减少实体的种类,也可以降低图谱的稀疏性(Sparsity);另一个问题是指代消解,也是文本中出现的 it,he,she 这些词到底指向哪个实体,比如在本文里两个被标记出来的 it 都指向 hotel 这个实体。实体统一和指代消解问题相对于前两个问题更具有挑战性。图 4-67 给出了知识图谱的实体消歧和指代消解示例。

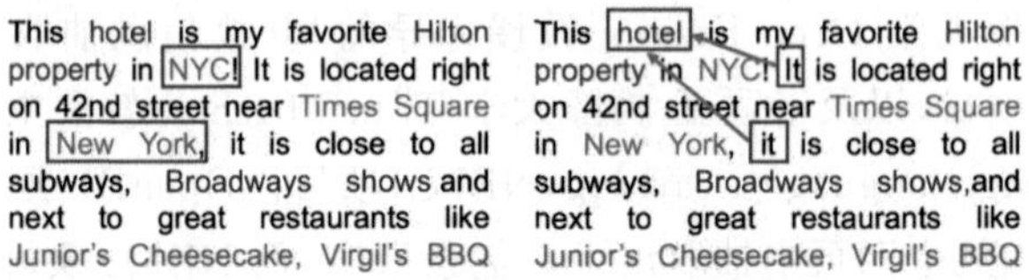

This hotel is my favorite Hilton property in NYC! It is located right on 42nd street near Times Square in New York, it is close to all subways, Broadways shows and next to great restaurants like Junior's Cheesecake, Virgil's BBQ
This hotel is my favorite Hilton property in NYC! It is located right on 42nd street near Times Square in New York, it is close to all subways, Broadways shows,and next to great restaurants like Junior's Cheesecake, Virgil's BBQ

实体统一　　　　指代消解

图 4-67　知识图谱的实体消歧和指代消解

4.3.8　知识图谱和自然语言处理的关系

既然机器理解自然语言需要背景知识,比如在司法、金融、医疗等知识密集型的应用领域,如果不把行业特有的事理逻辑、知识体系赋予机器,单纯依赖字符数据的处理,是难以实现行业数据的语义理解的,也是难以满足文本智能化处理需求的。因此,自然语言处理将会越来越需要知识引导。

自然语言处理与知识图谱将走向一条交迭演进的道路。在知识的引导下,自然语言处理的能力越来越强;越来越强大的自然语言处理模型,特别是从文本中进行知识抽取的相关模型,将会帮助我们实现更为精准地、自动化抽取,从而形成一个质量更好、规模更大的知识库。更好的知识库又可以进一步增强自然语言处理模型。这种循环迭代持续下去,NLP

最后将会非常接近 NLU,甚至最终克服语义鸿沟,实现机器的自然语言理解。

　　从本质看,知识图谱是机器理解数据,其本质是建立从数据到知识库中实体、概念、关系的映射。自然语言处理则可以看作机器解释现象,其本质是利用知识库中实体、概念、关系解释现象的过程。因此,自然语言理解和知识图谱的关系是相辅相成(图 4-68)。

图 4-68　知识图谱与自然语言处理的相辅相成关系

4.4　实践作业

　　"BP 神经网络局限性探究——基于 TensorFlow 游乐场可视化展示",全面分析 BP 神经网络的局限性,比如梯度消失、网络参数设置缺乏指导性、局部极小值、过拟合、欠拟合等。上述这些局限性尽量通过 TensorFlow 游乐场(playground. tensorflow. org)的可视化进行展示。即在不同网络结构下,观察图中分类结果反映出的模型性能。作业至少要包含 BP 神经网络介绍、BP 局限性探究、TensorFlow 游乐场简介,不同 BP 架构下分类结果及模型性能解。

参考文献

[1]　Nagai T,Katayama H,Aihara K,et al. Pruning of rat cortical taste neurons by an artificial neural network model[J]. Journal of Neurophysiology,1995,74(3):1010-1019.

[2]　Frank G,Hartmann G. An artificial neural network accelerator for pulse coded model-neurons[C]// IEEE International Conference on Neural Networks. IEEE,1995.

[3]　Murata N,Yoshizawa S,Amari S. Network information criterion-determining the number of hidden units for an artificial neural network model[J]. IEEE Trans Neural Netw,1994,5(6):865-872.

[4]　朱大奇,史慧. 人工神经网络原理及应用[M]. 北京:科学出版社,2006.

[5]　徐学良. 人工神经网络的发展及现状[J]. 微电子学,2017(2).

[6]　Rumelhart D E,Hinton G E,Williams R J. Learning Internal Representation by Back-Propagation Errors[J]. Nature,1986,323:533-536.

[7]　Krizhevsky A,Sutskever I,Hinton G E,et al. ImageNet Classification with Deep Convolutional Neural Networks[C]. Neural Information Processing Systems,2012:1097-1105.

[8]　Kim Y. Convolutional Neural Networks for Sentence Classification[C]. Empirical Methods in Natural Language Processing,2014:1746-1751.

[9]　Zeiler M D,Fergus R. Visualizing and Understanding Convolutional Networks [C]. European Conference on Computer Vision,2014:818-833.

[10]　Krizhevsky A,Sutskever I,Hinton G E,et al. ImageNet Classification with Deep Convolutional Neural Networks[C]. Neural Information Processing Systems,2012:1097-1105.

[11]　Simonyan K,Zisserman A. VERY DEEP CONVOLUTIONAL NETWORKS FOR LARGE-SCALE IMAGE RECOGNITION[C]. Computer Vision and Pattern Recognition,2014.

[12]　李飞腾. 卷积神经网络及其应用[D]. 大连:大连理工大学,2014.

[13]　王双印,滕国文. 卷积神经网络中 ReLU 激活函数优化设计[J]. 信息通信,2018(1):42-43.

[14]　Bishop,Christopher M. Neural Networks for Pattern Recognition [J]. Agricultural Engineering

International the Cigr Journal of entific Research & Development Manuscript Pm,1995,12(5)：1235-1242.

[15] Haykin S S,Gwynn R. Neural Networks and Learning Machines[M]. Beijing：China Machine Press,2009.

[16] Hochreiter S,Schmidhuber J. Long short-term memory[J]. Neural Computation,1997,9(8)：1735-1780.

[17] Elman J L. Finding Structure in Time[J]. Cognitive Science,1990,14(2)：179-211.

[18] 李晓峰,刘光中. 人工神经网络 BP 算法的改进及其应用[J]. 四川大学学报：工程科学版,2000,32(2)：105-109.

[19] Hochreiter S,Schmidhuber J. Long short-term memory[J]. Neural Computation,1997,9(8)：1735-1780.

[20] Zhao R,Wang D,Yan R,et al. Machine Health Monitoring Using Local Feature-Based Gated Recurrent Unit Networks[J]. IEEE Transactions on Industrial Electronics,2018,65(2)：1539-1548.

[21] Tian Y,Zhang J,Morris J. Modeling and Optimal Control of a Batch Polymerization Reactor Using a Hybrid Stacked Recurrent Neural Network Model[J]. Industrial & Engineering Chemistry Research,2010,40(21)：4525-4535.

[22] Schuster M,Paliwal K K. Bidirectional recurrent neural networks[J]. IEEE Transactions on Signal Processing,1997,45(11)：2673-2681.

[23] Song B,Yu Y,Zhou Y,et al. Host load prediction with long short-term memory in cloud computing[J]. The Journal of Supercomputing,2017.

[24] Bao W,Yue J,Rao Y,et al. A deep learning framework for financial time series using stacked autoencoders and long-short term memory[J]. PLoS ONE,2017,12(7).

[25] Graves A,Fernandez S,Schmidhuber J,et al. Multi-dimensional recurrent neural networks[C]. international conference on artificial neural networks,2007：549-558.

[26] Kalchbrenner N,Danihelka I,Graves A,et al. Grid Long Short-Term Memory[J]. arXiv：Neural and Evolutionary Computing,2015

[27] Liang X,Shen X,Feng J,et al. Semantic Object Parsing with Graph LSTM[C]. European Conference on Computer Vision,2016：125-143

[28] Jiang C,Chen S,Chen Y,et al. Performance Analysis of a Deep Simple Recurrent Unit Recurrent Neural Network (SRU-RNN) in MEMS Gyroscope De-Noising[J]. Sensors,2018,18(12).

[29] Kantor P B. Foundations of Statistical Natural Language Processing[J]. Information Retrieval,2001,4(1)：80-81.

[30] 陈悦,刘则渊. 悄然兴起的科学知识图谱[J]. 科学学研究,2005,023(002)：149-154.

[31] Chen C. Searching for intellectual turning points：Progressive knowledge domain visualization[J]. Proceedings of the National Academy of Sciences,2004,101(suppl)：5303-5310.

[32] Yue C,Ze-Yuan L. The rise of mapping knowledge domain[J]. Studies In Ence of Ence,2005.

[33] 黄恒琪,于娟,廖晓,等. 知识图谱研究综述. 计算机系统应用,2019,28(6)：1-12.

[34] 肖仰华等. 知识图谱：概念与技术[M]. 北京：电子工业出版社,2020.

[35] Niemann H,Sagerer G,Schroder S,et al. ERNEST：a semantic network system for pattern understanding[J]. IEEE Transactions on Pattern Analysis and Machine Intelligence,1990,12(9)：883-905.

[36] Katz J J,Fodor J A. The structure of a semantic theory[J]. Language,1963,39(2)：170-210.

第 **⑤** 章

智能秘书——任务型机器人

本章学习目标

- 了解任务型机器人行业应用
- 了解任务型对话机器人核心算法
- 熟练掌握基于端对端模型的任务型机器人开发

本章介绍智能客服机器人相关技术与应用实践。首先概述任务型机器人的技术框架，接着论述任务型机器人的核心算法，最后展示任务型机器人模型构建过程。

随着技术及工业水平的不断进步，人们操作设备的方式也由借助键盘、鼠标等外部设备发展为依靠手指、语音、肢体动作甚至是眼球等身体部位。每一次的交互式创新都引领了整个产业的变革。键盘、鼠标使个人计算机能够快速普及。触控的交互让大部分人们都用上了智能手机。语音交互促使人类说话交流来到一个临界点。对于我们人类，说话交流并不仅仅只是为了传递话语的表面信息，很多话语背后还有很多隐含的意思。譬如"我爱你"这句简单的话，听起来我们好像不太会对一个机器说出"我爱你"，然而现在每天都有成千上百的人向亚马逊的家庭语音助手——亚历克萨（Alexa）示爱。如果当机器能够理解或者拥有人的情绪，甚至哪怕只是模仿人类的情绪，我们同机器之间的关系将彻底改变。这样，我们离 2013 年上映的电影《她》（*Her*）中发生的场景不远了：一个孤独的男人爱上了一个叫作萨曼莎（Samantha）的人工智能机器人。

千人千面、沟通万物、打理万事的机器人管家，应该是普通人耳熟能详的人工智能，也是普通人对人工智能的核心需求。对话式人机交互方式既要求 AI 能听会说，也需要 AI 理解语言意义。赋予机器人高度"拟人化"的交互能力，让人在与机器人交互时得到与真人交流同样的体验是人工智能领域的重点方向。"类人化"的人机交互服务在推动整个产业的创新和发展。设想一个未来酒店 AI 小管家，用对话交互改变服务方式。"我想要瓶水，给我送瓶水""好的，服务员正在给您送水""WiFi 密码是多少？""密码是 jjfy701""空调都坏了，要热死我吗？""不要生气哦，我已经通知维修人员了"。人机交互在社会、经济和国家安全等领域中扮演着越来越重要的角色，受到学术界和产业界的高度重视。

根据应用场景和对话内容的不同，对话机器人细分为三种类型，分别是闲聊型机器人 Chat-bot、问答型机器人 QA-bot 和任务型机器人 Task-bot。Chat-bot 可以进行开放式的对话,目的是满足用户的情感需求。比如微软小冰拥有超过 1 亿人类用户,对话数据超过 300 亿轮。QA-bot 是针对垂直领域的咨询式对话,目的是提供给用户所需的信息。比如阿里的智能客服助理阿里小蜜,在 2017 年阿里小蜜全年服务 3.4 亿的淘宝消费者,其中双十一当天 904 万人次,智能服务占比达到 95%,智能服务解决率达到 93.1%。Task-bot 针对某个具体的、封闭的任务,通过多轮对话收集必要信息协助用户完成任务或操作。比如百度度秘可实现订票、订酒店、设置闹钟等服务。

智能客服机器人具有高精度对话理解技术、意图泛化能力、像人一样在对话中理解与学习等能力。传统的客服服务商,不管是服务于企业办公场景的客户,还是服务于车企,或服务于电商场景的客户,都可以根据自身已有的行业背景及业务优势,创建对话式智能客服人。

5.1　任务型机器人简介

传统的客服行业是一个高人力投入的行业,客服人员在工作中经常碰到无聊的骚扰、大量重复性的问题、简单重复性问题等。调查研究指出,人工客服成本不断上升和人员流动性高成为客服行业的最大困境。人工智能技术的发展给客服行业带来了巨大的机遇。客服业者开始思考如何通过客服机器人帮助人工客服过滤骚扰电话、无意义的抱怨、高频简单重复性问题等,使得人工客服能更好地服务剩下的复杂问题。智能客服具有几方面的优点,包括:①能处理客服呼叫中心近 90% 的简单重复的问题,大大释放了劳动生产力。②机器人可以持续添加新知识快速完成自我学习,帮助一线客服更新知识,提升服务的水平,降低培训的成本。③实现一对多 7×24 服务,在大幅降低服务成本的同时,增强用户体验,提升服务质量和企业创新形象。

基于文本的智能客服已经融入了各个 App,并且在应用上拓展了销售、投顾、投研、语聊等各种分角色。电话是作为客服的主战场,在文本智能客服系统前端嵌套一层语音识别,解析后再用语音合成反馈给用户,电话智能客服由此诞生。基于电话场景的人机对话智能客服平台的提供商有环信、腾讯企点、Udesk、慧语、追一科技、竹间智能等。目前智能客服主要切入的行业有银行、保险、证券、电子商务等,各家公司都在努力将更多的服务接入智能客服机器人,提高用户的满意度。市场上的大部分智能客服系统,诸如阿里巴巴的“阿里小蜜”,京东 JIMI,顺丰快递的“小满”都属于任务型对话机器人。这些机器人的设计以完成任务为最终目的,面对的用户目的一般是非常明确的,例如售后、买票、订餐、挂号、预约等。现如今的任务型机器人不仅仅应用于上述行业,同时也会应用于电话访谈的过程中(如快递公司接到电话要求上门寄件、通信公司电话查询话费等业务)并且更加多元化。

任务型对话机器人的核心技术包括意图识别和槽位填充。意图识别用于识别客户表达是否属于机器人的服务领域,或者哪种类型的服务领域,本质上是文本分类问题。槽位填充是将用户输入解析为预设的结构化语义,实现预设槽位和槽值的填充。在任务型人机对话中的每一轮,对话系统需要在用户意图明晰的前提下,实现槽位值的填充。随着算法优化＋数据沉淀,使得人工智能客服机器人的服务能力达到了相对比较高的水平。根据知识库体量的不同,能够达到百级别 80% 的正确率、千级别 70% 的正确率。

5.2　任务型对话机器人核心算法

5.2.1　技术框架

任务型机器人的技术框架如图 5-1 所示。

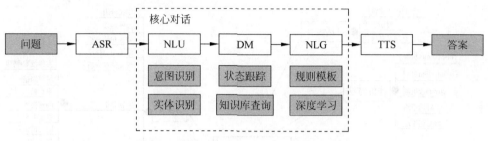

图 5-1　智能对话机器人的技术框架和原理

1. 人机交互

智能客服机器人主要通过语音与用户进行交流，当然也可以采用其他交互方式，比如文字（微信、浏览器页面等）。自动语音识别（Auto Speech Recognition，ASR）和文本转语音（Text to Speech，TTS）代表语音识别和语音合成，它们分别实现语音转文字和文字转语音功能，是 Chatbot 的入口和出口。

2. 自然语言理解

自然语言理解（Natural Language Understanding，NLU），也称为 SLU（Spoken Language Understanding）或 LU（Language Understanding），主要任务是将用户输入的自然语言映射为用户的意图和响应的槽位值[1]。NLU 采用自然语言处理（Natural Language Processing，NLP）技术对用户问题进行意图识别或实体抽取。意图识别是要弄清楚用户到底要问什么，如是查询故障发生次数还是故障原因。实体抽取是这个意图下的具体槽位值。比如问句是"上个月发电机故障次数是多少"，意图就是"查询故障次数"，故障名称的槽位值是"发电机故障"，时间的槽位值是"上个月"。意图识别可以描述成为分类问题，使用机器学习的方法来解决，如 SVM、fastText。实体抽取使用 NLP 里的 NER（命名实体识别）相关技术解决。

3. 对话管理

对话管理（Dialogue Management，DM）模块根据问题匹配到相应答案（或采取什么动作，如查数据库或调用 API）[2]。在多轮对话中它还负责对话状态跟踪，根据当前的对话状态（从历史对话内容更新获得），决定如何进行下一轮对话（或直接采取动作）。比如"上个月发电机故障次数是多少"问句只包含故障名称和时间两个槽位，并没有包含城市的槽位值（如是北京还是上海），DM 模块根据当前这个状态，决定继续追问用户"要查那个城市的故障？"。常用的 DM 策略包括有限状态机、HMM 和神经网络。

4. 自然语言生成

自然语言生成（Natural Language Generation，NLG）是将 DM 模块返回的结果（如关键

词、聚合数据)转变成自然语言文本,最常用的方法是通过规则模板生成回答,类似于 NLU 中问题匹配的逆向过程,另一种是基于深度学习的 seq2seq 生成方法[3]。

5. 相关技术

任务型机器人产品的研发包含了诸多学科方法的融合使用,是人工智能领域的一个技术集中演练营[4]。图 5-2 描述了对话系统开发中涉及到的主要技术。

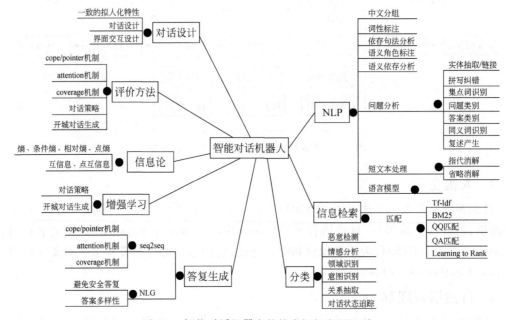

图 5-2　智能对话机器人的技术框架意图识别

在对话系统中,意图识别至关重要[5]。所谓意图就是用户的意愿,即用户想要做什么。意图有时也被称为"对话行为"(dialog act),即用户在对话中共享的信息状态或上下文变化并不断更新的行为意图。一般以"动词+名词"命名,如查询天气、预订酒店等。而意图识别又称为意图分类,即根据用户话语所涉及到的领域和意图将其分类到先前定义好的意图类别中。

因为意图识别是一个分类问题,其实方法和分类模型的方法大同小异。常用的有:①基于词典模板的规则分类,②基于过往日志匹配(适用于搜索引擎),③基于分类模型进行意图识别。为了能够准确理解用户多样的需求表述,开发者通常需要为对话系统提供充足的意图表达训练数据,使智能客服模型能够充分学习用户的语言表达习惯。目前进行意图识别的难点主要是数据来源的匮乏。

5.2.2　槽位填充

语义槽填充任务类似于命名实体识别任务,是命名实体的更加丰富的表现形式,主要提取用户表达中的关键语义成分及其属性,并用特定的符号进行标识[6]。命名实体识别为机器翻译、自动文摘、主题发现及主题跟踪等任务提供实用的重要信息。命名实体识别任务通常被视为序列标注任务。

以询问航班信息的语义槽填充和意图识别为例,如图 5-3 所示。对于"星期三从厦门飞往北京的机票有哪些"这样一个句子,由于词和词之间没有分隔符,为了更好地识别语义,需要进行分词。该图中的输入文本序列为分词结果,然后对分词后的文本进行语义槽填充和意图识别,标注时采用 Begin/In/Out(BIO)标签标注分词结果,语义槽序列标注如图 5-3 所示,意图是"查机票"。

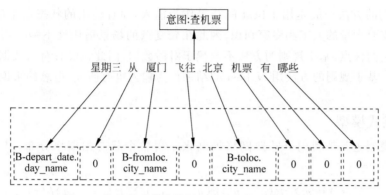

图 5-3　询问航班信息的语义槽填充和意图识别例图

解决语义槽填充任务的传统方法主要有三种,①基于字典的方法,②基于规则的方法,③基于统计的方法。在最初基于字典的方法较为简单,主要是通过字符串匹配找寻词库中命名实体,但是通常没有一个全面的实体库,而且比较费时。基于规则的方法主要在实体识别过程中加入语法规则、语义规则,然后通过规则匹配的方法识别各种类型的命名实体,但是这些规则需要领域专家和语言学者制定,而且它的可扩展性和迁移性比较弱,一旦出现新的实体,就会与之前的规则产生冲突,需要重新制定规则,费时费力。基于统计的方法使用人工标注好的语料训练模型,通过损失函数多次迭代调整参数,其缺点是需要大量人工标注的训练数据,而且需要手工构造特征。

近年来,随着深度神经网络的迅速发展,研究人员已经开始使用深度神经网络解决语义槽填充任务,如循环神经网络(Recurrent Neural Network,RNN)、卷积神经网络(Convolutional Neural Networks,CNN)或是其组合变体,也有研究者将深度神经网络模型与传统统计机器学习方法相结合[7]。

5.2.3　对话状态追踪

对话状态 St 是一种将到 t 时刻为止的对话历史简化为可供智能客服选择下一时刻动作信息的数据结构,往往可以理解为每个槽位(slot)的取值分布情况。对话状态追踪(Dialog State Tracking,DST)是对话管理 DM 的主要功能之一,它的任务是在 t 时刻,结合当前的对话历史和当前的用户输入来计算当前每个 slot 的取值概率分布[8]。DST 可以简化为如下"输入→输出"的形式,输入往往包含:ASR、SLU 的输出结果 N-best,系统采取的动作(action),外部知识等;输出:对话状态 St,用于选择下一步动作。由于在语音合成(ASR)和自然语言理解(SLU)这两个环节会存在误差,因此输入到 DST 中的内容是 N-best 列表(对于 ASR,不是输入一条句子,而是 N 条句子,每条句子都带一个置信度。对于 SLU,不是输入一条意图(槽值对),而是 N 个意图(槽值对),每个意图(槽值对)都带一个置信度)。所以 DST 往往也是输出各个状态的概率分布,这样的表示也方便在多轮对话中对状态进行修改。

DST 的常用方法主要有三种：基于规则的方法、生成式模型、判别式模型，目前来看判别式模型的表现最好，也是当前研究的最多的方向。

1. 基于规则的方法

基于规则的方法一般是用 1-best 的结果作为输入，而且输出的状态也是确定型，基于规则的方法需要大量的人工和专家知识，因此在较复杂的场景适用性不强。当然基于规则的方法也有它的优点，基于规则的方法不依赖于对话数据，因此在没有对话数据的情况下很适合冷启动。基于规则的方法用 N-best 的结果作为输入也有研究，但总的来说实现起来很复杂。

2. 生成式模型

生成式模型主要是利用贝叶斯网络推断来学得整个状态的概率分布，其通用表达式如下：

$$b'(s') = \eta \sum_{u'} P(\tilde{u}' \mid u') p(u' \mid s',a) \sum_s P(s' \mid s,a) b(s)$$

上面式子中 $b(s)$ 代表上一时刻状态的概率分布，$b'(s')$ 代表当前时刻的状态分布，u' 代表当前时刻的用户输入，$\tilde{u}'$ 代表当前用户输入的观测输出，s' 代表当前时刻的状态，s 代表上一时刻的状态，a 代表上一时刻的动作，η 是一个常数。

可以看出上面的公式还是比较复杂的，因此实现起来也比较复杂，传统的生成式方法还要列出所有可能的状态，以及状态概率转移矩阵等。

3. 判别式模型

判别模型用一个最简单的公式建模，可以表示成：

$$b'(s') = P(s' \mid f')$$

其中，$b'(s')$ 表示当前状态的概率分布，而 f' 表示对 ASR/NLU 的输入的特征表示，早期的判别模型会利用支持向量机(SVM)、最大熵模型、条件随机场(CRF)等来建模。随着神经网络的兴起，DNN、RNN 等深度学习模型也越来越多地占领了这个领域。深度学习是数据智能，神经网络的层数越多，神经网络越深，需要用于训练的数据量越大。

5.3 基于端到端模型的任务型机器人开发案例

5.3.1 问题描述

采用端到端模型训练一个任务型对话机器人模型，能通过人机对话进行意图识别和槽位填充，完成客服服务任务。

5.3.2 项目解析

参考 NNDial 模型(https://github.com/shawnwun/NNDIAL)进行项目开发，所使用的数据集为 CamRest676。

1. 数据集解析

CamRest676 是为开发基于神经网络的对话系统而收集的剑桥餐厅对话领域数据集。

订餐服务中意图(intent)是订餐,订餐需要的词槽(slot)有 8 个,分别 address/地址、area/地区、food/食物、location/位置、phone/电话、pricerange/价格范围、postcode/邮编、name/名称。用户询问订餐服务机器人,客服机器人对用户的问题进行回答,并引导用户填充槽位。这意味着机器人需要获取到以上 8 个槽位值才算完成一次就餐订单。CamRest676 数据集中汇总了 110 条就餐订单信息项形成"餐馆订单信息库",其中两个信息项示例如表 5-1 所示。

表 5-1　CamRest676 数据集示例

Slots	数据示例 1	数据示例 2
"address"	"Regent Street City Centre"	"64 Cherry Hinton Road Cherry Hinton"
"area"	"centre"	"south"
"food"	"italian"	"indian"
"location"	"52.20103,0.126023"	"52.188747,0.138941"
"phone"	"01223 323737"	"01223 412299"
"pricerange"	"cheap"	"expensive"
"postcode"	"C.B 2, 1 A.B"	"C.B 1, 7 A.A"
"name"	"pizza hut city centre"	"taj tandoori"

2. 应用场景解析

机器人通过人机对话完成一次就餐订单服务的流程示例如表 5-2 所示。在每一轮(turn)对话中,transcript 为用户所说的句子,SLU 为对话状态的语义理解部分,主要用于识别对话信息并完成相应的填充,进而逐步更新对话状态信息表。SLU 需要处理 ["address","area","food","location","phone","pricerange","postcode","name"],即包括 8 个槽位值状态。SLU 中槽位值的填充方法(act)分为 inform 和 request 两种类型,其中 inform 型包括"area"、"food" 和"pricerange",指的是机器从用户表达句子中提取到信息。当没有全部填充完毕时,机器会主动询问用户,以获得 inform 型槽位的填充。另一种是 request,包括"address"、"phone"、"postcode"、"location"、"name"等,指的是机器通过用户请求反馈中识别到的,由机器人从"餐馆订单信息库"进行搜索得到。机器通过 DM 策略管理模型主动提问去引导用户去填充槽位,即 DA 为机器人引导用户去填充的目标槽位。另外还附带一个对话进程指示状态"finished"。

表 5-2　人机交互完成一轮客服服务的场景示例

turn		对　话	SLU 状态向量 ["address","area","food","location","phone","pricerange","postcode","name"]	策略管理 DM
0	用户问(transcript)	"I need to find an expensive restauant that's in the south section of the city."	["address", south(inform),"food","location","phone", expensive(inform),"postcode","name"]	DA="food" "finished"= Flase
	机器人说(sent)NLG	"There are several restaurants in the south part of town that serve expensive food. Do you have a cuisine preference?"		

续表

turn	对　话		SLU 状态向量 ["address","area", "food","location","phone","pricerange", "postcode","name"]	策略管理 DM
1	用户问 (transcript)	No I don't care about the type of cuisine. "	["address", south(inform), dontcare (inform),"location","phone", expensive (inform),"postcode","name"]	DA＝[ ] "finished"＝ Flase
	机器人说 (sent)	"Chiquito Restaurant Bar is a Mexican restaurant located in the south part of town. "		
2	用户问 (transcript)	"What is their address?"	[2G Cambridge Leisure Park Cherry Hinton Road Cherry Hinton(request), south(inform), dontcare(inform), "location","phone", expensive(inform), "postcode","name"]	DA＝[ ] "finished"＝ Flase
	机器人说 (sent)	"There address is 2G Cambridge Leisure Park Cherry Hinton Road Cherry Hinton, it there anything else I can help you with?"		
3	用户问 (transcript)	"What is the food type they serve ?"	[2G Cambridge Leisure Park Cherry Hinton Road Cherry Hinton(request), south(inform), Mexican(request), "location","phone", expensive(inform), "postcode","name"]	DA＝[ ] "finished"＝ Flase
	机器人说 (sent)	"They serve Mexican food . "		
4	用户问 (transcript)	"Nope, that's what I was looking for. Thanks a lot!"	[2G Cambridge Leisure Park Cherry Hinton Road Cherry Hinton(request), south(inform), Mexican(request), "location","phone", expensive(inform), "postcode","name"]	DA＝[ ] "finished"＝ True
	机器人说 (sent)	"Thank you very much for using the Cambridge Restaurant System. "		
	机器人动作("text")	"Task 11193: You are looking for an expensive restaurant and it should be in the south part of town. Make sure you get the address of the venue. "		

在上述示例中,在第 0 轮,用户询问订餐服务机器人的表达句子中,机器人提取(inform)到"pricerange"槽位值为"expensive","area"槽位值为"south"这两个槽位。然后策略管理模型给出 DA＝"food"和 NLG 为提问"Do you have a cuisine preference?"去引导用户进行槽位填充。在第 1 轮,机器人从用户回答中获得(inform)"food"槽位值为"dontcare"。然后策略管理模型给出的是 DA＝[ ]和机器人的 NLG 是"Chiquito Restaurant Bar is a Mexican restaurant located in the south part of town. "。在第 2 轮,用户询问"What is their address?",机器人回答"There address is 2G Cambridge Leisure Park Cherry Hinton Road Cherry Hinton",从而通过回答获取(request)"address"槽位值"2G Cambridge Leisure Park Cherry Hinton Road Cherry Hinton"。策略管理模型输出的是 DA＝[ ]和机器人的 NLG 为 "it there anything else I can help you with?"。在第 3 轮,用户询问"What is the food type they serve",机器人回答"They serve Mexican food. ",从而通过回答获取(request)"food"槽位值"Mexican"。策略管理模型输出的是 DA＝[ ]和机器

人的 NLG 为空。在第 4 轮,用户表达"Nope,that's what I was looking for. Thanks a lot!",机器人从用户表达中没有获取到信息,这时策略管理模型输出"finished"状态值为"True",DA＝[ ]和机器人的 NLG 为"Thank you very much for using the Cambridge Restaurant System."以及执行动作(输出文本)"Task 11193:You are looking for an expensive restaurant and it should be in the south part of town. Make sure you get the address of the venue."

5.3.3　模型解析

算法模型原理图如图 5-4 所示。

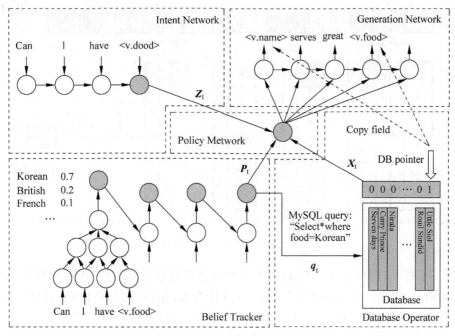

图 5-4　NNDial 模型原理图

(1)处理用户表达意图的判定网络由 Intent 神经网络来完成,输入为用户表达 transcript,经过网络映射后形成意图向量 Z_t,用于下游任务。Intent 网络采用双向 LSTM 模型来实现。

(2)处理槽位填充需要将用户输入 transcript 和对话状态 SLU 作为输入输出进行建模,其对应模块有 Belief Tracker 和 Database Operator 两部分组成。在 Belief 模块,其输入是用户表达 transcript,其输出是一个 SLU 向量,即预先定好的知识图谱中每个 slot 的分布。SLU 具体形式包括 informable slot(概率分布)和 requestable slot(二项分布),即输出每个 informable slot 的可能 value 的多项式分布概率,和每个 requestable slot 的二项分布概率。这里的 informable slot 包括 area、food 和 pricerange 的状态信息,即把一句用户的自然表达转变成固定槽值对表示,等同于一个语义分析器。槽值对的表示形式是概率分布。

(3)根据槽值对概率分布选择最可能的 informable slot value,去形成一个 query 给"餐馆订单信息库"database operator,以获取餐厅的 address、location、phone、postcode、name

等槽位值信息(这些信息叫 requestable slot)。检索结果 requestable slot 形成一个向量 X_t,也可看作 DB Pointer,向量中符合的元素记为 1,其他为 0,另外检索结果还包括餐厅数。

Belief Tracker 输出的对话状态 SLU 包括 informable slot 和 requestable slot,其更加细节的部分是:每个 slot 都会定义一个 tracker,即一个 CNN 特征提取模块加一个 Jordan 型的 RNN 模块的复杂结构,如图 5-5 所示。

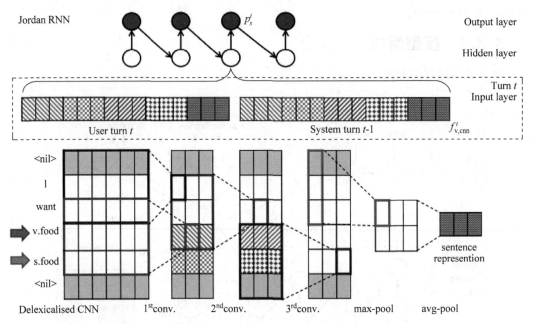

图 5-5　Belief Tracker 的模型原理图

如图 5-5 所示,用户表达语句通过 CNN 网络进行提取特征信息,然后以新特征表示形式输入 RNN。假设每个分词的词嵌入向量规模为 G,用户表达语句的分词数量为 L,则 CNN 网络的输入矩阵为 $(L+2)\times G$。经过三个卷积层以及最后一个池化层,形成用户新特征表示向量 $f_u=1\times(L\times50\times3+50)$。另外,上一轮机器人反馈的语句也同样经过 CNN 进行特征映射,形成机器人新特征表示向量 $f_b=1\times(L\times50\times3+50)$。上述两个新特征表示向量拼接后 $f=f_u+f_b$ 送入到 RNN。而 RNN 的输出是 11 维的向量,用于表征槽位值的分布情况。

(4) 融合(1),(2),(3)的结果得到 SLU 对话状态向量 vector,表示当前状态。这个组件像一个胶水,起到粘合其他上面三个组件的作用。输入是上面三个组件的输出,输出是一个向量。

(5) 由对话状态向量 vector 作为输入,机器人 NLG 作为输出,构建生成网络模型 Generation Network。该网络模型可以采用 seq2seq 的方法生成整句话,然后用(3)中 pointer 所指向的 db 中的那个 entity 替换句中的一些项。本质上是一个语言模型,输入是 Policy Network 的输出,输出是生成的 response,再经过一些处理之后可以返回给用户了。这里的处理主要是将 response 中的 slot,比如 s. food 还原成真实的值。生成部分用简单的 LSTM-LM 可以做,用 Attention Model 也可以做,效果会更好。

为了训练上述模型,在数据的准备这部分,利用了众包进行收集,一共采用了 680 轮对话作为训练数据。训练分为两个阶段,第一阶段是训练 belief trackers,得到模型之后,更新参数。第二阶段对生成网络中的语言模型进行训练,得到 full model,batch size 取 1。

5.3.4 算法实现

本模型算法实现的开发环境需要 Theano 0.8.2、Numpy 1.12.0、Scipy 0.16.1、NLTK 3.0.0、OpenBLAS、NLTK stopwords corpus、NLTK wordnet。

1. 构造数据读取

在 DataReader.py 文件中,将对话数据文件 CamRest676.json 文件、数据库文件 CamRest.json 文件、槽位数据文件 CamRestOTGY.json、相似词典 CamRestHDSemiDict.json 文件作为输入,将槽位信息整理为数组的形式、将数据库文件的数据映射为 ID,并将对话数据的单词存到词典数组中,并统计单词的词频,分别将对话的数据,每句话转为单词的映射 ID,将每句话以字典中 ID 形式为表示的数组。

```python
class DataReader(object):
    inputvocab = []
    outputvocab = []
    ngrams = {}
    idx2ngs = []
    def __init__(self,
            corpusfile, dbfile, semifile, s2vfile,
            split, lengthen, percent, shuffle,
            trkenc, verbose, mode, att = False, latent_size = 1):

        self.att = True if att == 'attention' else False
        self.dl = latent_size
        self.data = {'train':[],'valid':[],'test':[]}  # container for data
        self.mode = 'train'                            # mode for accessing data
        self.index = 0                                 # index for accessing data

        # data manipulators
        self.split = DataSplit(split)                  # split helper
        self.trkenc = trkenc
        self.lengthen = lengthen
        self.shuffle = shuffle

        # NLTK stopword module
        self.stopwords = set(stopwords.words('english'))
        for w in ['!',',','.','?','- s','- ly','</s>','s']:
            self.stopwords.add(w)

        # loading files
        self.db       = self.loadjson(dbfile)          # 加载 json 文件
        self.s2v      = self.loadjson(s2vfile)
        self.semidict = self.loadjson(semifile)
        self.dialog   = self.loadjson(corpusfile)
```

```
# producing slot value templates and db represetation
self.prepareSlotValues()          # 将对话中的单词表达与相似词典文件进行匹配关联
self.structureDB()                # 将数据库文件映射为 ID 进行关联

# load dialog
self.loadVocab()                  # 生成词典
if mode! = 'sds':
    self.loadDialog()             # 加载对话数据文件,并将每句话中的单词转为单词的映射
                                    ID,将每句话表示成以单词 ID 所形成的数组
    self.loadSemantics()          # 获取对话数据中的 Info 槽位信息,request 槽位信息,以
                                    及查询到的 request 槽位匹配的数据库实体的信息,全部
                                    以 One - hot 的形式进行表示
# goal
self.parseGoal()                  # 获取对话数据中全部的槽位信息,以 one - hot 向量表示

# split dataset
if mode! = 'sds':
    self._setupData(percent)
if verbose : self._printStats()
```

2. 配置网络结构

1) Intent Network

```
在 encoder.py 文件中定义 LSTM 模型:
# 在 nnsd.py 模型文件中:
# Intent 网络使用的是一个双向 LSTM 网络,设置隐层维度为 50,训练层数为单层,输入数据为对话
数据转为 ID 后的数组,经过双向 LSTM 后输出的结果为 100 维的向量。输出到 Policy 网络作为输入。
# # # # # # # # # # # # # # # # # # # # # # # # # # # # # # # # # # # #
        # init encoder 初始化编码器
        if enc == 'lstm':
        print '\tinit lstm encoder ...'
        self.fEncoder = LSTMEncoder( voc_size, ih_size)
        self.bEncoder = LSTMEncoder( voc_size, ih_size)
        self.params['enc'].extend(self.fEncoder.params + self.bEncoder.params)

        # dialog level recurrence
        def dialog_recur(source_t, target_t, source_len_t, target_len_t,
                masked_source_t, masked_target_t,
                masked_source_len_t, masked_target_len_t,
                utt_group_t, snapshot_t, success_reward_t, sample_t,
                change_label_t, db_degree_t,
                inf_label_t, req_label_t, source_feat_t, target_feat_t,
                belief_tm1, masked_target_tm1, masked_target_len_tm1,
                target_feat_tm1, posterior_tm1):
            # Intent encoder
            if self.enc == 'lstm':
                masked_intent_t = bidirectional_encode(
                        self.fEncoder,self.bEncoder,
                        masked_source_t,masked_source_len_t)
```

2) Belief Tracker

根据每一轮用户的输入,输出每个 informable slot 的可能 value 的多项式分布概率和每个 requestable slot 的二项分布概率。

```
# 在 encoder.py 文件中定义了 CNN 网络的结构:
# 通过 CNN 网络进行提取特征信息,将句子的向量表示为 G,句长为 L,卷积层的输入矩阵为句子矩阵
L 并在前后包了一层全 0 的行矩阵,输入的矩阵长度为(L+2)*50,输出矩阵为 L*50,经过了三个卷
积层,最后一层卷积层进行池化,池大小为(3*1)
def encode(self, utt_j, uttcut_j):

        # transform word embedding to hidden size
        emb_j = T.tanh( self.Wemb[utt_j[:uttcut_j],:] )

        # 1st convolution
        wh1_j = self.convolution(emb_j,self.Wcv1)
        if self.pool[0]: # pooling
            wh1_j = pool.max_pool(input = wh1_j,ds = (3,1),ignore_border = False)
        wh1_j = T.tanh(wh1_j)

        # 2nd convolution
        wh2_j = self.convolution(wh1_j, self.Wcv2)
        if self.pool[1]: # pooling
            wh2_j = pool.max_pool(input = wh2_j,ds = (3,1),ignore_border = False)
        wh2_j = T.tanh(wh2_j)

        if self.level >= 3:
            # 3nd convolution
            wh3_j = self.convolution(wh2_j, self.Wcv3)
            if self.pool[2]:
                wh3_j = pool.pool_2d(input = wh3_j,ds = (3,1),
                        ignore_border = False)
            # average pooling
            wh3_j = T.tanh(T.sum(wh3_j,axis = 0))
        else: # level < 3
            wh3_j = None

        if self.pool == (True,True,True):
            return _ , wh3_j
        else:
            return T.concatenate([wh1_j,wh2_j],axis = 1), wh3_j
            # return wh2_j,wh3_j

# tracker.py 文件中定义 RNN 网络,输入为在卷积神经网络中第一、二层的向量以及第三层卷积神经
网络经过池化后的向量的拼接,source 为系统的句子,target 为用户的句子,value_recur 函数最终
得到 1*4 的 g_jv 的矩阵,之后 g_iv 的值会用于计算 RNN 的 loss 中
def value_recur(self, vsrcpos_jsv, vtarpos_jsv, ssrcpos_jsv, starpos_jsv,
        b_jm1v, b_jm1N, ngms_j, ngmt_jm1, uttms_j, uttmt_jm1):

        # source features
        ssrcemb_jsv = T.sum(ngms_j[ssrcpos_jsv,:],axis = 0)
```

```
            vsrcemb_jsv = T.sum(ngms_j[vsrcpos_jsv,:],axis = 0)
            src_jsv = T.concatenate([ssrcemb_jsv,vsrcemb_jsv,uttms_j],axis = 0)
            #target features
            staremb_jsv = T.sum(ngmt_jm1[starpos_jsv,:],axis = 0)
            vtaremb_jsv = T.sum(ngmt_jm1[vtarpos_jsv,:],axis = 0)
            tar_jsv = T.concatenate([staremb_jsv,vtaremb_jsv,uttmt_jm1],axis = 0)
            #update g_jv
            g_jv = T.dot( self.Whb, T.nnet.sigmoid(
                    T.dot(src_jsv,self.Wfbs) + T.dot(tar_jsv,self.Wfbt) +
                    G.disconnected_grad(b_jm1v) * self.Wrec +
                    G.disconnected_grad(b_jm1N) * self.Wnon + self.B0 ))


            return g_jv
```

#recur 是 belief tracker 的核心框架函数,调用了 value_recur()得到 g_j 后与权重矩阵 B 拼接,经过 softmax 层得到 b_j

```
    def recur(self, b_jm1, ms_j, mt_jm1, mscut_j, mtcut_jm1,
            ssrcpos_js, vsrcpos_js, starpos_js, vtarpos_js ):

            #cnn encoding
            ngms_j, uttms_j = self.sCNN.encode(ms_j, mscut_j)
            ngmt_jm1,uttmt_jm1 = self.tCNN.encode(mt_jm1,mtcut_jm1)

            #padding dummy vector
            ngms_j = T.concatenate([ngms_j,T.zeros_like(ngms_j[-1:,:])],axis = 0)
            ngmt_jm1 = T.concatenate([ngmt_jm1,T.zeros_like(ngmt_jm1[-1:,:])],axis = 0)

            #new belief
            g_j,_ = theano.scan(fn = self.value_recur,\
                    sequences = [ vsrcpos_js, vtarpos_js,\
                                ssrcpos_js, starpos_js, b_jm1[:-1]],\
                    non_sequences = [ b_jm1[-1], ngms_j, ngmt_jm1,\
                                    uttms_j, uttmt_jm1],\
                    outputs_info = None)
            #produce new belief b_j
            g_j = T.concatenate([g_j,self.B],axis = 0)
            b_j = T.nnet.softmax( g_j )[0,:]


            return b_j #, g_j
```

#在 nnsds.py 模型文件中定义 Belief Tracker 的网络结构:

```
########################################################
##########Belief tracker, informable + requestable
########################################################
            #cost placeholder for accumulation
            print '\tloss function'
            loss_t          = theano.shared(np.zeros((1),dtype = theano.config.floatX))[0]
            companion_loss_t = theano.shared(np.zeros((1),dtype = theano.config.floatX))[0]
            prior_loss_t    = theano.shared(np.zeros((1),dtype = theano.config.floatX))[0]
            posterior_loss_t = theano.shared(np.zeros((1),dtype = theano.config.floatX))[0]
```

```python
base_loss_t       = theano.shared(np.zeros((1),dtype = theano.config.floatX))[0]
# other information to store
dtmp = 1 # if self.vae_train == 'sample' else self.dl
reward_t        = theano.shared(np.zeros((dtmp),dtype = theano.config.floatX))
baseline_t      = theano.shared(np.zeros((1),dtype = theano.config.floatX))[0]
posterior_t     = theano.shared(np.zeros((self.dl),dtype = theano.config.floatX))[0]


# Informable slot belief tracker
# belief vector
belief_t = []

if self.trk == 'rnn' and self.inf == True:
    for i in range(len(self.infotrackers)):
        # slice the current belief tracker output
        cur_belief_tm1 = belief_tm1[self.iseg[i]:self.iseg[i + 1]]
        if self.trkenc == 'cnn': # cnn, position features
            ssrcpos_js = source_feat_t[0,self.iseg[i]:self.iseg[i + 1],:]
            vsrcpos_js = source_feat_t[1,self.iseg[i]:self.iseg[i + 1],:]
            starpos_jm1s = target_feat_tm1[0,self.iseg[i]:self.iseg[i + 1],:]
            vtarpos_jm1s = target_feat_tm1[1,self.iseg[i]:self.iseg[i + 1],:]

            # tracking 此处开始调用
            cur_belief_t = self.infotrackers[i].recur( cur_belief_tm1,
                    masked_source_t, masked_target_tm1,
                    masked_source_len_t, masked_target_len_tm1,
                    ssrcpos_js, vsrcpos_js, starpos_jm1s, vtarpos_jm1s)

        # semi label
        cur_label_t = inf_label_t[self.iseg[i]:self.iseg[i + 1]]
        # include cost if training tracker
        if self.learn_mode == 'all' or self.learn_mode == 'trk':
            print '\t\tincluding informable tracker loss ...'
            loss_t += - T.sum( cur_label_t * T.log10(cur_belief_t + epsln) )

        # accumulate belief vector
        if self.bef == 'full':
            belief_t.append(cur_label_t)
        else:
            # summary belief
            tmp = [T.sum( cur_label_t[:-2],axis = 0).dimshuffle('x'),\
                        cur_label_t[-2].dimshuffle('x')]
            tmp = tmp + [cur_label_t[-1].dimshuffle('x')] if\
                    self.bef == 'summary' else tmp
            cur_sum_belief_t = T.concatenate( tmp,axis = 0 )
            belief_t.append(cur_sum_belief_t)

inf_belief_t = inf_label_t

# Requestable slot belief tracker
if self.trk == 'rnn' and self.req == True:
```

```
for i in range(len(self.rseg) - 1):
    # current feature index
    bn = self.iseg[ - 1] + 2 * i
    if self.trkenc == 'cnn':  # cnn, position features
        ssrcpos_js = source_feat_t[0,bn,:]
        vsrcpos_js = source_feat_t[1,bn,:]
        starpos_jm1s = target_feat_tm1[0,bn,:]
        vtarpos_jm1s = target_feat_tm1[1,bn,:]
        # tracking
        cur_belief_t = self.reqtrackers[i].recur(
            masked_source_t, masked_target_tm1,
            masked_source_len_t, masked_target_len_tm1,
            ssrcpos_js,vsrcpos_js,starpos_jm1s,vtarpos_jm1s )

    # semi label
    cur_label_t = req_label_t[2 * i:2 * (i + 1)]
    # include cost if training tracker
    if self.learn_mode == 'all' or self.learn_mode == 'trk':
        print '\t\tincluding requestable tracker loss ...'
        loss_t += - T.sum( cur_label_t * T.log10(cur_belief_t + epsln) )
    # accumulate belief vector
    if self.bef == 'full':
        belief_t.append(cur_label_t)
    else:
        tmp = cur_label_t if self.bef == 'summary' else cur_label_t[:1]
        belief_t.append(tmp)

# offer - change tracker
minus1 = - T.ones((1),dtype = 'int32')
cur_belief_t = self.changeTracker.recur(
        masked_source_t, masked_target_tm1,
        masked_source_len_t, masked_target_len_tm1,
        minus1, minus1, minus1, minus1)
# cost function
if self.learn_mode == 'trk' or self.learn_mode == 'all':
    print '\t\tincluding OfferChange tracker loss ...'
    loss_t += - T.sum( change_label_t * T.log10(cur_belief_t + epsln) )
# accumulate belief vector
if self.bef == 'full':
    belief_t.append(change_label_t)
else:
    tmp = change_label_t[:1] if self.bef == 'simplified' \
            else change_label_t
    belief_t.append(tmp)
```

3) Database Operator

在 DataReader 中定义了 loadSemantics(),最终的 db_logics 为 676 组对话数据中,每句对话的数据库匹配的 one - hot 的向量,数据库的餐厅数量 68,根据 info 匹配的餐厅数量信息用 One - hot 表示,如果匹配数量为 0 时,则数量匹配的向量为(0,0,0,0,0,0),如果匹配数量为 1 时,则数量匹配的向量

为(0,1,0,0,0,0),若匹配数量大于 5 时,则数量匹配的向量为(0,0,0,0,0,1),总的 one-hot 向量维度为 74,包含了数据库匹配的 68 个 one-hot 向量以及数量匹配的 6 个 one-hot 向量的拼接。Db_logics 数据会在 Policy 中作为输入用到

```python
    def loadSemantics(self):

        # sematic labels
        self.info_semis = []
        self.req_semis = []
        self.db_logics = []

        sumvec = np.array([0 for x in range(self.infoseg[-1])])
        # for each dialogue
        dcount = 0.0
        for dx in range(len(self.dialog)):
            d = self.dialog[dx]
            # print loading msgs
            dcount += 1.0
            print '\tloading semi labels from file ... finishing %.2f%% \r' % \
                (100.0 * float(dcount)/float(len(self.dialog))),
            sys.stdout.flush()

            # container for each turn
            info_semi = []
            req_semi = []
            semi_idxs = []
            db_logic = []

            # for each turn in a dialogue
            for t in range(len(d['dial'])):
                turn = d['dial'][t]

                # read informable semi
                semi = sorted(['pricerange=none','food=none','area=none']) \
                        if len(info_semi) == 0 else deepcopy(info_semi[-1])
                for da in turn['usr']['slu']:
                    for s2v in da['slots']:
                        # skip invalid slots
                        if len(s2v)! = 2 or s2v[0] == 'slot':
                            continue
                        s,v = s2v
                        # need to replace the slot with system request
                        if v == 'dontcare' and s == 'this':
                            sdas = d['dial'][t-1]['sys']['DA']
                            for sda in sdas:
                                if sda['act'] == 'request':
                                    s = sda['slots'][0][-1]
                                    break
                        toreplace = None
                        for sem in semi:
                            if s in sem:
```

```
                              toreplace = sem
                              break
                  if s == 'this':
                      continue
                  else:
                      if toreplace:
                          semi.remove(toreplace)
                      semi.append(s + ' = ' + v)

          # if goal changes not venue changes
          if self.changes[dx][t] == [1,0]:
              if info_semi[-1]! = sorted(semi):
                  self.changes[dx][t] = [0,1]

          info_semi.append(sorted(semi))

          # indexing semi and DB
          vec = [0 for x in range(self.infoseg[-1])]
          constraints = []
          for sem in semi:
              if 'name = ' in sem:
                  continue
              vec[self.infovs.index(sem)] = 1
              if self.infovs.index(sem) not in self.dontcare:
                  constraints.append(self.infovs.index(sem))
          semi_idxs.append(vec)
          sumvec += np.array(vec)
          infosemi = semi

          # check db match
          match = [len(filter(lambda x: x in constraints, sub)) \
                  for sub in self.db2inf]
          venue_logic = [int(x > = len(constraints)) for x in match]
          vcount = 0
          for midx in range(len(venue_logic)):
              if venue_logic[midx] == 1:
                  vcount += len(self.idx2db[midx])
          if vcount < = 3:
              dummy = [0 for x in range(6)]
              dummy[vcount] = 1
              venue_logic.extend(dummy)
          elif vcount < = 5:
              venue_logic.extend([0,0,0,0,1,0])
          else:
              venue_logic.extend([0,0,0,0,0,1])
          db_logic.append(venue_logic)

          # read requestable semi
          semi = sorted(['food','pricerange','area']) + \
                  sorted(['phone','address','postcode'])
```

```
                    for da in turn['usr']['slu']:
                        for s2v in da['slots']:
                            if s2v[0] == 'slot':
                                for i in range(len(semi)):
                                    if s2v[1] == semi[i]:
                                        semi[i] += '=exist'
                    for i in range(len(semi)):
                        if '=exist' not in semi[i]:
                            semi[i] += '=none'
                    vec = [0 for x in range(self.reqseg[-1])]
                    for sem in semi:
                        vec[self.reqs.index(sem)] = 1
                    req_semi.append(vec)

                self.info_semis.append(semi_idxs)
                self.req_semis.append(req_semi)
                self.db_logics.append(db_logic)
```

4）Policy Network

将 Intent、Belief tracker、Database Operator 三个网络的输出向量输入 Policy 网络中进行统一操作，然后输入到解码器中。

在 nnsds.py 模型文件中的 init 初始化函数中初始化 policy：

```
###########################################
        # init policy network
        belief_size = computeBeleifDim(trk, inf, req, bef, self.iseg, self.rseg)
        #计算 Belief tracker 网络的维度，便于后续定义权重
        print '\tinit normal policy network ...'
        self.policy = Policy( belief_size, 6, ih_size, oh_size )
        self.params['ply'].extend(self.policy.params)


class Policy(BaseNNModule):

    #定义三个权重矩阵,ws1 的维度为 23*50,ws2 的维度为 6*50,ws3 的维度为 100*50
    def __init__(self, belief_size, degree_size, ihidden_size, ohidden_size):

        # belief to action parameter
        self.Ws1 = theano.shared(0.3 * np.random.uniform(-1.0,1.0,\
            (belief_size,ohidden_size)).astype(theano.config.floatX))
        # matching degree to action parameter
        self.Ws2 = theano.shared(0.3 * np.random.uniform(-1.0,1.0,\
            (degree_size,ohidden_size)).astype(theano.config.floatX))
        # intent to action parameter
        self.Ws3 = theano.shared(0.3 * np.random.uniform(-1.0,1.0,\
            (ihidden_size*2,ohidden_size)).astype(theano.config.floatX))
        #all parameters
        self.params = [self.Ws1, self.Ws2, self.Ws3 ]
```

```
#在编码部分中将 Intent、Belief tracker、Database Operator 部分的输出向量乘以对应的矩阵
def encode(self, belief_t, degree_t, intent_t):
    belief_t = T.concatenate(belief_t,axis = 0)
    return T.tanh( T.dot(belief_t,self.Ws1) +
                   T.dot(degree_t,self.Ws2) +
                   T.dot(intent_t,self.Ws3)).dimshuffle('x',0)
```

5）Generation Network

在 nnsds.py 模型文件中解码部分调用：

```
######################################
#############LSTM decoder #############
######################################
        bef_t = T.concatenate(belief_t,axis = 0)
        #LSTM decoder
        if self.dec == 'lstm' and self.learn_mode! = 'trk':
        prob_t, snapCost_t, prior_t, posterior_t, z_t, base_t, debugX = \
            self.decoder.decode(
                masked_source_t, masked_source_len_t,
                masked_target_t, masked_target_len_t,
                masked_intent_t, belief_t, db_degree_t[ - 6:],
                utt_group_t, snapshot_t, sample_t)
        debug_t = prior_t

        #decoder loss
        if self.ply! = 'latent': #deterministic policy
            print '\t\tincluding decoder loss ...'
            loss_t += - T.sum(T.log10(prob_t + epsln))
        else: #variational policy
            #disconnet gradient flow
            P = G.disconnected_grad(prior_t)
            Q = G.disconnected_grad(posterior_t)
            Qtm1 = G.disconnected_grad(posterior_tm1)

            #prior network loss
            if self.learn_mode == 'rl': #rl fine - tuning
                print '\t\tincluding RL success reward for fine - tine policy ...'
                prior_loss_t = - success_reward_t * T.log10(prior_t + epsln)[z_t]
            else: #neural variational inference
                #encoder loss, minimising KL(Q|P) and self - supervised action
                print '\t\tinclding KL(Q|Pi) to train policy network Pi ...'
                prior_loss_t = - T.switch( T.lt(utt_group_t,self.dl - 1),
                    T.log10(prior_t + epsln)[z_t],
                    _alpha * T.sum( Q * (T.log10(prior_t + epsln) - T.log10(Q + epsln)))
                )

                #decoder loss for current sample/ground truth
                print '\t\tincluding decoder loss ...'
                loss_t = - T.sum(T.log10(prob_t + epsln))
```

```
# define reward function for Q
print '\t\tincluding reinforce loss to train inference network Q ...'
r_t = G.disconnected_grad(
    _avgLen * T.mean(T.log10(prob_t + epsln)) +  # decoder loglikelihood
    - _lambda * T.sum(Q * (T.log10(Q + epsln) - T.log10(P + epsln))) +
    # KL(P|Q)
    - _lambda * T.sum(Qtm1 * (T.log10(Qtm1 + epsln) - T.log10(Q +
    epsln)))  # KL(Qt|Qtm1)
)

# actual reward after deducting baseline
reward_t = G.disconnected_grad( r_t - base_t )
baseline_t = base_t
# debug_t = r_t - base_t

# Q network loss: reinforce objective
posterior_loss_t = - T.switch( T.lt(utt_group_t,self.dl - 1),
    T.log10(posterior_t + epsln)[z_t], # self - sup
    _alpha * reward_t * T.log10(posterior_t + epsln)[z_t]  # reinforce
)

# baseline loss
print '\t\tincluding baseline loss ...'
base_loss_t = T.switch( T.lt(utt_group_t,self.dl - 1),
        0., (r_t - baseline_t) ** 2)

# snapshot objective
if self.use_snap:
    print'\t\tincluding decoder snapshot loss ...'
    companion_loss_t += - T.sum(snapCost_t[:masked_target_len_t - 1])
```

3. 配置 train_program

NNDialogue.py 中:

```
def trainNet(self):
    if self.debug:
        print 'start network training ...'
    # # # # # # # # training with early stopping # # # # # # # # #
    epoch = 0
    while True:
        # training phase
        tic = time.time()
        epoch += 1
        train_logp = 0.0
        num_dialog = 0.0
        while True:
            data = self.reader.read(mode = 'train')
            # end of dataset
```

```
            if data == None:
                break
            # 获取数据
            source, source_len, masked_source, masked_source_len,\
            target, target_len, masked_target, masked_target_len,\
            snapshot, change, goal, inf_trk_label, req_trk_label,\
            db_degree, srcfeat, tarfeat, finished, utt_group = data

            # TODO: improve, default parameters for success
            success_rewards = [0. for i in range(len(source))]
            sample = np.array([0 for i in range(len(source))],dtype = 'int32')

            # set regularization
            loss, prior_loss, posterior_loss, base_loss, \
            posterior, sample, reward, baseline, debugs = \
                    self.model.train(
                        source, target, source_len, target_len,
                        masked_source, masked_target,
                        masked_source_len, masked_target_len,
                        utt_group, snapshot, success_rewards, sample,
                        change, inf_trk_label, req_trk_label, db_degree,
                        srcfeat, tarfeat, self.lr, self.l2)
            if self.policy == 'latent':
                train_logp += - np.sum(loss) - 0.1 * np.sum(prior_loss)
            else:
                train_logp += - np.sum(loss)

            num_dialog += 1

            if self.debug and num_dialog % 1 == 0:
                print 'Finishing % 8d dialog in epoch % 3d\r' % \
                        (num_dialog,epoch),
                sys.stdout.flush()

    sec = (time.time() - tic)/60.0
    if self.debug:
        print 'Epoch % 3d, Alpha % .6f, TRAIN entropy: % .2f, Time: % .2f mins,' % \
                (epoch, self.lr, - train_logp/log10(2)/num_dialog, sec),
        sys.stdout.flush()

    # validation phase
    self.valid_logp = 0.0
    num_dialog = 0.0
    while True:
        data = self.reader.read(mode = 'valid')
        # end of dataset
        if data == None:
            break
        # read one example
        source, source_len, masked_source, masked_source_len,\
```

```python
            target, target_len, masked_target, masked_target_len,\
            snapshot, change, goal, inf_trk_label, req_trk_label,\
            db_degree, srcfeat, tarfeat, finished, utt_group = data

            # TODO: improve, default parameters for success
            success_rewards = [0. for i in range(len(source))]
            sample = np.array([0 for i in range(len(source))],dtype = 'int32')

            # validating
            loss, prior_loss, _ = self.model.valid(
                    source, target, source_len, target_len,
                    masked_source, masked_target,
                    masked_source_len, masked_target_len,
                    utt_group, snapshot, success_rewards, sample,
                    change, inf_trk_label, req_trk_label, db_degree,
                    srcfeat, tarfeat )
            if self.policy == 'latent':
                self.valid_logp += - np.sum(loss) - 0.1 * np.sum(prior_loss)
            else:
                self.valid_logp += - np.sum(loss)

            num_dialog += 1

    if self.debug:
        print 'VALID entropy: % .2f' % - (self.valid_logp/log10(2)/num_dialog)

    # decide to throw/keep weights
    if self.valid_logp < self.llogp:
        self.getBackupWeights()
    else:
        self.setBackupWeights()
    self.saveNet()

    # learning rate decay
    if self.cur_stop_count >= self.stop_count:
        self.lr *= self.lr_decay

    # early stopping
    if self.valid_logp * self.min_impr < self.llogp:
        if self.cur_stop_count < self.stop_count:
            self.lr *= self.lr_decay
            self.cur_stop_count += 1
        else:
            self.saveNet()
            print 'Training completed. '
            break

    self.llogp = self.valid_logp

    # garbage collection
```

```
tic = time.time()
cnt = gc.collect()
sec = (time.time() - tic)/60.0
print 'Garbage collection:\t%4d objs\t%.2f mins' % (cnt,sec)
```

4. 模型应用

模型的训练分两个步骤进行。首先,使用跟踪器配置文件训练跟踪器。

```
//Run the tracker training first
python nndial.py - config config/tracker.cfg - mode train
```

然后,基于预训练的跟踪器训练 NDM 模型。

```
//Copy the pre - trained tracker model, and continue to train the other parts
cp model/CamRest.tracker - example.model model/CamRest.NDM.model
python nndial.py - config config/NDM.cfg - mode adjust
```

训练好模型后,可以验证或测试其性能。

```
//Run the evaluation on the validation set for model selection
python nndial.py - config config/NDM.cfg - mode valid
```

结果如图 5-6 所示。

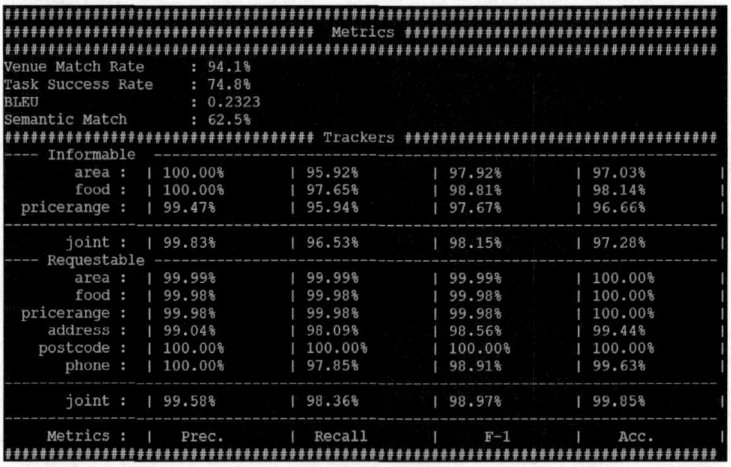

```
########################################## Metrics ##########################################
Venue Match Rate    : 94.1%
Task Success Rate   : 74.8%
BLEU                : 0.2323
Semantic Match      : 62.5%
########################################## Trackers #########################################
---- Informable -----
      area :  | 100.00%      | 95.92%      | 97.92%      | 97.03%
      food :  | 100.00%      | 97.65%      | 98.81%      | 98.14%
 pricerange :  | 99.47%       | 95.94%      | 97.67%      | 96.66%

     joint :  | 99.83%       | 96.53%      | 98.15%      | 97.28%
---- Requestable -----
      area :  | 99.99%       | 99.99%      | 99.99%      | 100.00%
      food :  | 99.98%       | 99.98%      | 99.98%      | 100.00%
 pricerange :  | 99.98%       | 99.98%      | 99.98%      | 100.00%
   address :  | 99.04%       | 98.09%      | 98.56%      | 99.44%
  postcode :  | 100.00%      | 100.00%     | 100.00%     | 100.00%
     phone :  | 100.00%      | 97.85%      | 98.91%      | 99.63%

     joint :  | 99.58%       | 98.36%      | 98.97%      | 99.85%

   Metrics :  |    Prec.     |   Recall    |     F-1     |    Acc.
########################################################################################
```

图 5-6 NNDial 模型的验证集结果展示

可以看到,该模型的评估指标有 Venue Match Rate、Task Success Rate、Semantic Match 和 BLEU 四个。其中,Venue Match Rate 指的是匹配数据库的比例,即对话中能在数据库中查到匹配餐馆的比例,其值是能匹配餐馆的对话数与总对话数的比例。NNDial 校验模型的 Venue Match Rate 为 94.1%。Task Success Rate 指的是任务成功比例,其值是正确匹配餐馆的对话数与总对话数的比值。NNDial 校验模型的 Task Success Rate 为 74.8%。BLEU 使用的是 4-gram 下的指标值。NNDial 校验模型的 BLEU 为 0.232 3。Semantic Match 指的是信息语义匹配率,即生成文本中属于槽位值与属性值的词与标准文本中的比值,其中属性值即系统判定为 value 的词,例如 01104449(电话号码),槽位值为系统判定为 slot 的词,例如:"南部"(地区)。NNDial 校验模型的 Semantic Match 为 62.5%。而在 trackers 区展示了各个槽位的识别性能,指标包括 Prec.(精确率)、Recall(召回率)、F-1(准确率)、Acc.(准确率)等。分别展示了 Informable 的 3 个槽位(area,food,pricerange),Requestable 的 6 个槽位(area,food,pricerange,address,postcode,phone)的性能指标。

此外,还可直接与之互动以查看其效果。

```
python nndial.py – config config/NDM.cfg – mode interact
```

在交互控制台输入"I want to find a restaurant in the centre and serving Japanese food. ",NNDial 模型的第一轮交互效果如图 5-7 所示。

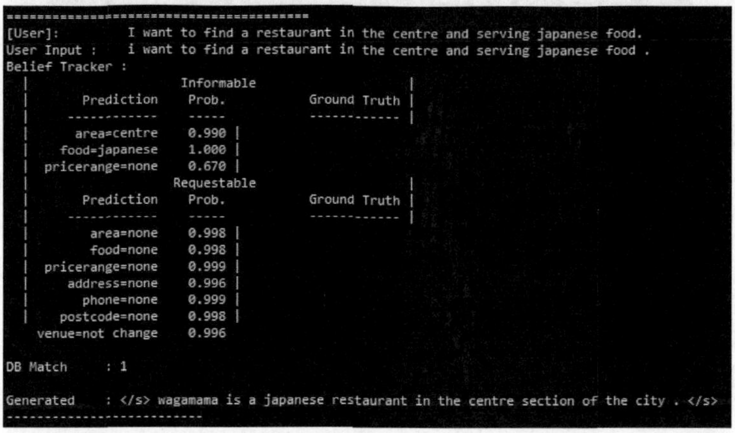

图 5-7　NNDial 模型的第一轮交互效果展示

如图 5-7 所示,系统展示了 Belief Tracker 的信息(包含各个槽位的填充置信度值)、DB Match 的数量为 1、Generated 生成回复为"wagamama is a Japanese restaurant in the centre section of the city. "。

此时,用户可以进行第二轮交互,如图 5-8 所示。

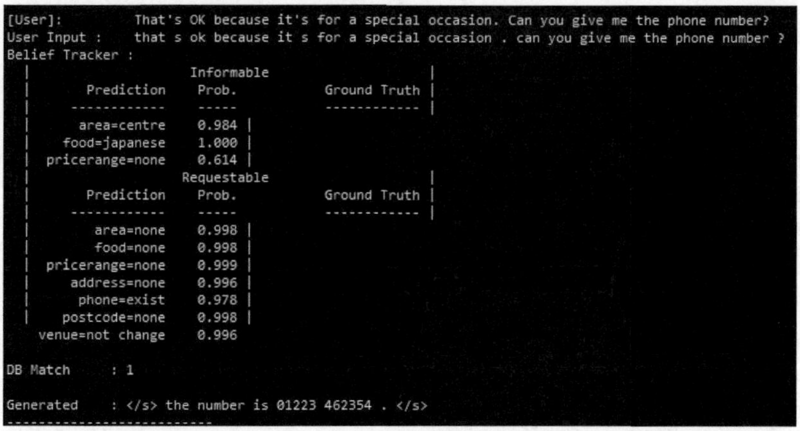

图 5-8　NNDial 模型的第二轮交互效果展示

接着,用户可以进行第三轮交互,如图 5-9 所示。

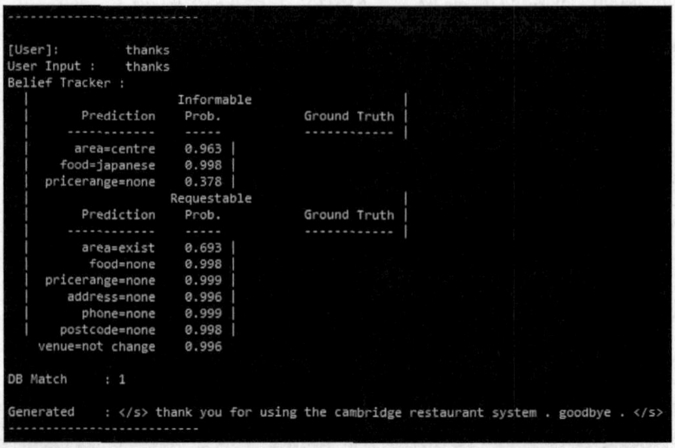

```
-----------------------------------
[User]:          thanks
User Input :     thanks
Belief Tracker :
|                Informable          |
|    Prediction   Prob.     Ground Truth |
|    ----------   -----     ------------ |
|    area=centre   0.963 |
|    food=japanese 0.998 |
| pricerange=none  0.378 |
|                Requestable          |
|    Prediction   Prob.     Ground Truth |
|    ----------   -----     ------------ |
|    area=exist    0.693 |
|    food=none     0.998 |
| pricerange=none  0.999 |
|  address=none    0.996 |
|    phone=none    0.999 |
|  postcode=none   0.998 |
| venue=not change 0.996 |

DB Match    : 1

Generated   : </s> thank you for using the cambridge restaurant system . goodbye . </s>
-----------------------------------
```

图 5-9　NNDial 模型的第三轮交互效果展示

面向具体业务的服务机器人一直难以应用 seq2seq 的解决方案在于,无法将历史业务信息加入到基于大数据统计学习的对话模型中。本案例打开了一扇窗,将具体的业务信息和历史信息加到了模型中,并且通过将对话中的 slot 词转换为一些 slot 表示,就好比构建了很多的模板,降低了对训练数据的需求,避免了 seq2seq 在应用时存在的问题,验证了用 data 来解决真正的业务问题的可行性。

5.4　实践作业

"基于 rasa 的智能客服机器人模型研发",构建一个智能客服机器人,通过与用户的对话判断用户的意图并完成词槽填充,执行反馈信息,具有上下文感知功能。自定义机器人的意图(或技能)、需要的槽位及其词典。展示任务型机器人的设计、代码解析、测试结果(体现机器人具有上下文感知能力)。

参考文献

[1] Allen J F. Natural Language Understanding[M]. Redwood City：Benjamin/Cummings Pub. Co. 1994.

[2] 魏松. 人机对话系统中若干关键问题研究[D]. 北京：北京邮电大学,2007.

[3] Reiter E. Building Natural Language Generation Systems[J]. Computational Lingus,1996,27(2)：298-300.

[4] 俞凯,陈露,陈博,等. 任务型人机对话系统中的认知技术——概念、进展及其未来[J]. 计算机学报,2015,38(12)：2333-2348.

[5] 刘娇,李艳玲,林民. 人机对话系统中意图识别方法综述[J]. 计算机工程与应用,2019(12).

[6] 沈晓卫. 槽填充中模式优化方法的研究[D]. 苏州：苏州大学,2013.

[7] Mesnil G,Dauphin Y,Yao K,et al. Using Recurrent Neural Networks for Slot Filling in Spoken Language Understanding[J]. IEEE/ACM Transactions on Audio Speech & Language Processing,2015,23(3)：530-539.

[8] Williams J D,Raux A,Ramachandran D,et al. The Dialog State Tracking Challenge[C]. Annual Meeting of the Special Interest Group on Discourse and Dialogue,2013：404-413.

第 **6** 章

一呼即应——语音唤醒

本章学习目标

- 了解语音唤醒技术
- 了解唤醒词设置技巧
- 了解语音唤醒模型的算法原理
- 熟练掌握 CNN 端对端语音唤醒模型开发

本章以语音唤醒应用为范例展示语音对话人工智能的应用价值。首先介绍语音唤醒技术和唤醒词的设置技巧，接着介绍语音唤醒模型的算法原理，最后介绍 CNN 端对端语音唤醒模型的开发过程。

某个阴天，你对同事呼喊称："小明"，小明听到了抬头看你表示在听，你接着问"今天会下雨么？"小明打开手机查了一下今天的天气预报，然后回答你说"天气预报说下午 3～4 点有雷阵雨"。我们也希望人机语音对话过程能达到平时人与人之间交流的水平，有问有答。对话式人工智能市场已经开始爆发，许多智能设备走到每个寻常百姓家。比如用户可以说"我想看电影"就可以直达电影结果，用户说"我想听音乐"就可以获取他们最个性化的音乐服务。我们每天生活的 24 小时里面总会有一些场景去拿计算机拿手机不方便，在冬天的时候不想起床，去关闭一些电器、关灯，这个时候你可以跟智能设备说把灯给我关了，智能设备就直接控制家里的照明系统，把灯关了。现在语音控制已经成为大多数手机的标配。以华为手机为例，首先打开设置，然后找到智能辅助，语音控制，最上面就有语音唤醒功能。把语音唤醒功能开关打开，在里面有两个功能，一个是找手机，第二个是拨打电话。在手机处于息屏时，说出"你好小 E，你在哪儿？"则它就会回答"我在这里"，还有闪光灯和屏幕都会发出光亮。在手机处于息屏时，说"你好，小 E，打电话给月岩"，它已经把电话打出去了，非常方便。这是语音唤醒和语音控制的一种应用场景。

6.1 语音唤醒技术简介

对话式人工智能产品的交互流程被划分为五个环节：唤醒、响应、输入、理解、反馈。其中唤醒是每一次用户与语音产品交互的第一个接触点，唤醒环节的体验在整个语音交互流程中至关重要,它的体验好坏将直接影响用户对产品的"第一印象"。语音唤醒,指的是设备(手机、玩具、家电等)在休眠或锁屏状态下也能检测到用户的声音(设定的语音指令,即唤醒词),让处于休眠状态下的设备直接进入到等待指令。在系统中加入语音唤醒的技术,用户不需要与设备产生物理解除,只需要说出关键字,如一些热门的唤醒词包括,Amazon Echo 上的"Alexa",Android 设备上的"OK Google"和 iPhone 上的"Hey Siri",智能音箱上的"小度小度""小爱同学""天猫精灵",系统即可启动。机器人时刻监听环境声音,一旦检测到超过阈值音量的声音则进入识别状态,一旦识别到热点唤醒词,则机器人被唤醒。

语音唤醒技术通过在设备或软件中预置唤醒词,当用户发出该语音指令时,设备便从休眠状态中被唤醒,并做出指定响应。产品可在被唤醒之后执行动作,也可在唤醒的同时执行其他指令操作,可自定义设置多个唤醒词,为 AI 应用打造自然流畅的对话。总结起来,语音唤醒的应用模式包括 5 种,分别是:①传统模式:先唤醒设备,等设备反馈后(提示音或亮灯),用户认为设备被唤醒了,再发出语音控制命令,缺点在于交互时间长。②One-shot:直接将唤醒词和工作命令一同说出,如"叮咚叮咚,我想听周杰伦的歌",客户端会在唤醒后直接启动识别以及语义理解等服务,缩短交互时间。③Zero-shot:将常用用户指定设置为唤醒词,达到用户无感知唤醒,例如直接对车机说"导航到科大讯飞",这里就是将一些高频前缀的说法设置成唤醒词。④多唤醒:主要满足用户个性化的需求,给设备起多个名字。⑤所见即所说:新型的 AIUI 交互方式,例如用户对车机发出"导航到海底捞"指令后,车机上会显示"之心城海底捞""银泰城海底捞"等选项,用户只需说"之心城"或"银泰城"即可发出指令。

因此,语音唤醒的关键特性是"实时性"。更全面的评价语音唤醒效果的指标有四个方面,即唤醒率、误唤醒、响应时间和功耗水平。①唤醒率,指用户交互的成功率,专业术语为召回率,即 Recall。②误唤醒,用户未进行交互而设备被唤醒的概率,一般按天计算,如最多一天一次。③响应时间,指从用户说完唤醒词后,到设备给出反馈的时间差。④功耗水平,即唤醒系统的耗电情况。很多智能设备是通过电池供电,需要满足长时续航,对功耗水平就比较在意。

语音唤醒的难点,主要是低功耗要求和高效果需求之间的矛盾。当前的开发热点是高精度的语音唤醒和纯端侧唤醒,从而实现高精度低延迟超低误报,5m 也能轻松唤醒。一方面,目前很多智能设备采用的都是低端芯片,同时采用电池供电,这就要求唤醒所消耗的能源要尽可能地少。另一方面,用户对体验效果的追求越来越高。目前语音唤醒主要应用于 C 端,用户群体广泛,且要进行大量远场交互,对唤醒能力提出了很高要求。要解决两者之间的矛盾,目前的解决方案有:①模型深度压缩策略,减少模型大小并保证效果下降幅度可控。这种方案既可以减低模型功耗也为端侧部署提供可行性。②端侧部署:把语音唤醒模型直接部署在设备端芯片上,减少联网访问云端服务器产生的功耗和延迟。这种策略不仅保证了实时性还能保护隐私。③闭环迭代更新,先提供一个效果可用的启动模型,随着用户的使用数据的积累,采用增量式学习迭代更新语音唤醒模型。模型闭环迭代更新优化的整个过程实现自动化,无须人工参与。

语音唤醒的技术框架包括唤醒词设置、语音唤醒模型、语音唤醒模型部署等,下面分别进行阐述。

6.2 唤醒词设置

百度 AI 交互设计院基于大量的对智能语音交互产品用户测试的经验,发现影响语音唤醒体验的因素包含两个维度——输入和输出。输入环节的影响因素包括唤醒词、唤醒方式,输出环节的影响因素包括唤醒响应速度、唤醒反馈方式、唤醒成功率和误唤醒率。

唤醒词开发一般要达到个性化定制,支持自定义设置多个唤醒词,满足个性化需求;易于集成,接入流程简单,轻量级,持续倾听功耗低;支持指令唤醒,支持指定词的指令唤醒,唤醒的同时执行指令操作,如:拍照,茄子等,缩短用户的操作路径。唤醒词的设置可以从名字组合方式和语音要素两个角度进行考量。

6.2.1 唤醒词的组合方式

目前市场上唤醒词一般是在一个简单"名字"的基础上加以变化而构成。研究发现:①在以"名字"为基础的不同组合方式中,"名字+名字"的叠词式组合方式最受用户喜欢,而"品牌+名字"的组合方式最不被用户喜欢。②就"名字"本身而言,"小+字"的名字最受用户喜欢。统计结果如图 6-1 所示。

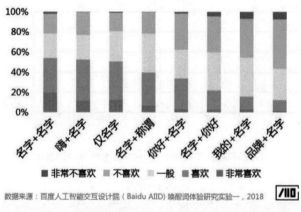

图 6-1 唤醒词不同组合方式下用户喜好情况

6.2.2 唤醒词的语音要素

音节是听觉能感受到的最自然的语音单位,有一个或几个音素按一定规律组合而成。汉语中一个汉字就是一个音节,每个音节由声母、韵母和声调三个部分组成。研究发现:①声调方面,用户最喜欢阴平(1 声);另外相较"仄声"(3 声上声、4 声去声统称为"仄"),用户更加喜欢"平声"(1 声阴平、2 声阳平统称为"平")。②声母发音位置方面,用户更加喜欢尾音声母为零声母(如"安"),而包含了 z、c、s 的舌尖前音最不被用户所喜欢。③从韵母发音时的开口口型来看,用户更喜欢开口口型较大的齐齿呼(如"巧")和开口呼(如"大")。④从韵母结构来看,音节韵母为单韵母的词最受用户的喜欢(如"哥")。相关调查结果如图 6-2、图 6-3、图 6-4 和图 6-5 所示。

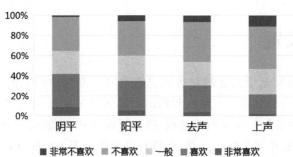

注：1. 汉字示例仅为辅助声调理解使用，并非本次研究中实际使用的唤醒词
数据来源：百度人工智能交互设计院（Baidu AIID) 唤醒词体验研究实验二，2018

图 6-2　不同声调的用户情况

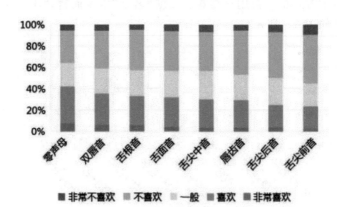

注：1. 汉字示例仅为辅助声母理解使用，并非本次研究中实际使用的唤醒词
数据来源：百度人工智能交互设计院（Baidu AIID) 唤醒词体验研究实验二，2018

图 6-3　不同声母发音位置的用户喜好情况

　　另外，实际在设计唤醒词时，需要考虑的因素还有很多，如：唤醒词是否过于常见导致语音设备容易被误唤醒，唤醒词与品牌之间是否具有关联。另外，受当前语音技术的限制，现有的唤醒词多以 4 音节词居多，但未来随着语音技术的进步，唤醒词的长度存在变短的趋势，在设计唤醒词时还应考虑其可优化的空间等。基于上述研究，可以构造一个好的唤醒词。如图 6-6 列出一些唤醒词及其与上述研究给出的指导性结论的符合程度，可作为应用参考。

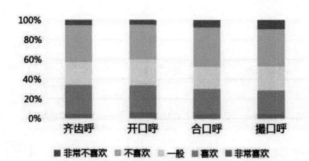

汉字示例

齐齿呼		开口呼		合口呼		撮口呼	
i齐	ia家	a大	o佛	u无	ua花	ü女	üe学
ie切	iao巧	e哥	ê欸	uo火	uai乖	üan娟	ün晕
iou优	ian先	er儿	ai孩	uei贵	uan康	iong熊	
in音	iang香	ei飞	a好	ue盾	uang矿		
ing零		ou某	an翻	ueng翁			
		en很	ang前				
		eng恒	i自				
		后吃					

注：1. 汉字示例仅为辅助韵母开口分类理解使用，并非本次研究中实际使用唤醒词
数据来源：百度人工智能交互设计院（Baidu AIID）唤醒词体验研究实验二，2018

图 6-4 声母开口类型的用户喜好情况

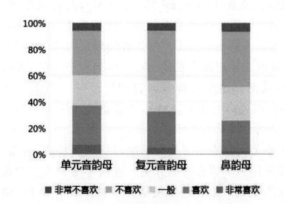

汉字示例

单元音韵母		复元音韵母		鼻韵母	
a卡	o佛	ai孩	ei黑	an安	ian见
e哥	ê欸	ao好	ou狗	uan环	üan选
i衣	u胡	ia家	ie节	en很	in新
ü鱼	前i自	ua瓜	uo果	uen盾	ün晕
后i吃	er儿	üe学	iao教	ang杭	iang香
		iou优	uai乖	uang黄	eng恒
		uei贵		ing星	ueng翁
				ong空	iong熊

注：1. 汉字示例仅为辅助韵母结构分类理解使用，并非本次研究中实际使用唤醒词
数据来源：百度人工智能交互设计院（Baidu AIID）唤醒词体验研究实验二，2018

图 6-5 不同韵母结构分类的用户喜好情况

推荐组	一般组	不推荐组
小佳小佳	诗诗同学	初雪你好
小黑小黑	小影同学	我的福福
嗨 芽芽	你好醒醒	我的新星
嗨 小伊	你好白起	百度之光

图片来源：百度人工智能交互设计院（Baidu AIID），2018

图 6-6　不同唤醒词的推荐程度

6.3　语音唤醒模型

语音唤醒识别（Wake-Up-Word Speech Recognition），有时也称为关键词检测（Keyword Spotting，KWS），也就是在连续不断的语音中将目标关键词检测出来[1-2]。一般来说，目标关键词的个数比较少，如当前流行 4 音节词唤醒词（如"小度小度"），或者更短的唤醒词个数（"嗨，小伊"）。与大词汇量的语音识别技术不同的是，它是一个基于小语料的识别系统，它要求对唤醒词的激活率要尽量接近百分百，而其他的词汇尽量为零。

语音唤醒要用到声学模型（Acoustic Model，AM）以处理端点检测、音素序列识别等问题[3]。有时候还会用到语言模型（Language Model，LM），对音素序列进行文本识别，在文本层面上进行唤醒词匹配。以语音唤醒是否包含 LM 模型进行区分的话，语音唤醒技术路线分为声学语音唤醒和语音识别唤醒。①声学语音唤醒采用声学方法辨识用户发音中是否有唤醒词音素序列。一般做法是把用户发音的音素序列和产品定义的唤醒词音素序列进行匹配。若匹配上，则进行唤醒。这个过程偏向物理学范畴。②语音识别唤醒不仅仅用到 LM 方法进行音素序列处理，还需要用到 LM 方法获得音素序列对应的汉字。然后采用文本匹配方法进行唤醒词识别。如果文本匹配一致，则进行唤醒。这个过程偏向语言学范畴。

总结起来，语音唤醒模型构建需要解决的问题包括端点检测、音素序列匹配、语音识别等。早期，语音唤醒主要采用声学语音唤醒方案。近些年随着人工神经网络深度学习的兴起，语音识别唤醒方案成为主流。语音唤醒模型技术具体解析如下：语音信号通过特征提取技术变成特征向量，该向量进入声学对比获得文字输出。而序列文字经过语言模型可以进一步输出符合自然语言表达的句子，最后以文本形式进行输出。而上述流程需要的支撑技术包括声学模型、发声词典和语言模型。其中，声学模型和发声词典是通过语音语料进行声学模型的训练和自适应优化得到的，而语言模型是通过文字语料构建语言模型进行训练和自适应优化得到的。语音识别唤醒的技术框架如图 6-7 所示。

按照时间顺序，可将语音唤醒方案分为三种，分别是基于模板匹配的 KWS、基于 HMM-GMM 的 KWS、基于神经网络的 KWS。下面分别对相关技术进行论述：

6.3.1　基于模板匹配的 KWS

基于模板匹配的 KWS[4]，训练和测试的步骤比较简单，训练就是依据注册语音或者说模板语音进行特征提取，构建模板。测试时，通过特征提取生成特征序列，计算测试的特征

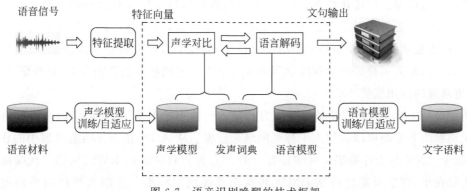

图 6-7 语音识别唤醒的技术框架

序列和模板序列的距离,基于此判断是否唤醒。具体来说,是把唤醒词和输入语音都转换为特征序列,然后使用 DTW(dynamic time warping)等方法在输入语音中寻找与唤醒词相似的部分。这里的特征,可以使用比较原始的 MFCC 等特征,也可以用神经网络搭建一个音素识别器,用每一帧各个音素的后验概率作为特征。在模板匹配法中,唤醒词和输入语音都是用序列形式表示的。另一种方法,就是利用 LSTM 神经网络,把唤醒词和输入语音(的小段落)都转换成固定长度的嵌入向量(embedding),然后使用欧氏距离或余弦相似度进行匹配。

6.3.2 基于 HMM-GMM 的 KWS

隐马尔可夫模型(Hidden Markov Models,HMM)和高斯混合模型(Gaussian Mixture Models,GMM)的联合框架在语音识别领域发挥了重要的价值。基于 HMM-GMM 的 KWS[5],将唤醒任务转换为两类的识别任务,识别结果为 keyword 和 non-keyword,即为唤醒词和其他声音分别建立一个模型,然后将输入的信号(会对音频信息进行切割处理)分别传入两个模型进行打分,最后对比两个模型的分值,决定是该唤醒,还是保持休眠。在使用时,把输入信号切割成固定长度的段落,或者使用 VAD(Voice Activity Detection)切割出输入信号中的语音段落,然后分别用两个 HMM 对这些段落进行打分,以这两个分数的比值作为判断唤醒词是否出现的依据。还有的系统不事先对输入信号进行切割,而是把代表关键词和其他声音的两个 HMM 组合成一个大的 HMM,用 Viterbi 算法来寻找输入信号中与关键词匹配的段落。HMM 中各个状态的建模,也像语音识别一样,有使用传统的 GMM 的,也有使用神经网络的,但神经网络的用途仅限于给出 HMM 各个状态的概率。比较新的语音唤醒系统,则抛弃了 HMM,而是用神经网络作为骨架。神经网络可以选择全连接、CNN、RNN、注意力等各种各样的形式。与作为生成式模型的 HMM 不同,神经网络作为判别式模型,一般需要大量包含关键词的专用语料来训练。不过,神经网络的低层可以看成特征提取器,这一部分也可以用通用的语音识别语料来训练。

6.3.3 基于人工神经网络的 KWS

人工神经网络(Artificial Neural Network,ANN)是模仿人脑神经元网络学习功能的机器学习算法[6-7]。通过设计神经元模型、神经元连接拓扑结构、网络优化函数等参数,基于数据拟合进行模型迭代优化更新,最终学习出拟合应用场景输入数据和输出数据之间映射关系的模型。人工神经网络模型研究发展到深度学习阶段,通过更巨量的神经元个数和神经元层级、更复杂的神经元拓扑和网络优化设计,实现了自适应特征提取能力,具有更好的泛化能力。因此人工神经网络深度学习成为当前人工智能技术的首先方案,具有更灵活、更宽泛、更高效的应用优势[8-9]。

由于 ANN 具有自适应特征提取能力和输入-输出映射能力,在声学语音唤醒方案和语音识别唤醒方案都可以采用人工神经网络来建模。从 ANN 在语音唤醒模型中的作用来划分,基于 ANN 的语音唤醒又可细分为三类。①基于 HMM 的 KWS,同第二代唤醒方案不同之处在于,声学模型建模从 GMM 转换为神经网络模型。②融入神经网络的模板匹配,采用神经网络作为特征提取器。③基于端到端的方案,输入语音,输出为各唤醒词的概率。

6.4　语音唤醒模型部署

语音唤醒模型需要持续监听环境声音,当声音超过阈值后则启动语音处理和识别功能。只有识别到指定的关键词才开始进入到工作状态。考虑到隐私保护和超低功耗需求,语音唤醒模型最好部署在智能设备端,以离线方式运行。在智能设备端部署 AI 模型,称为端侧AI。端侧是相对于云中心侧而言的,云中心侧是一种集中式服务,所有采集和感知到的声音、视频、图像数据都通过网络传输到云中心侧进行后续处理。端侧语音唤醒的部署,一方面是软件层面的定制化部署,另一方面是模型硬件化(语音唤醒芯片)部署。事实上,软件层面的定制优化永无止境,包括模型加速推理,模型量化剪枝,让模型体积更小,占用资源小同时又不失精度。除了软件层面的定制化,语音唤醒必须有合适的硬件。配置更新、更快、性价比高的端侧专用语音识别唤醒芯片,成为语音唤醒产品必不可缺的组件。

目前各类 AI 公司、芯片公司,包括苹果、百度、思必驰、云知声、华为、高通、联发科、三星等纷纷为智能音箱等边缘计算设备开发专用语音识别唤醒芯片。另外,也有很多初创公司加入这个领域,为边缘计算设备提供芯片和系统方案,比如地平线机器人、寒武纪、深鉴科技、元鼎音讯、国芯科技等。传统上,智能音箱的语音唤醒一般是两级唤醒,即需要一颗低功耗唤醒芯片和一颗计算性能高的主芯片来配合完成。这种框架导致平均功耗极大(1W 以上),且对主芯片的算力要求极高。专用语音识别唤醒芯片需要从算法、芯片架构和电路三个层次统筹优化。①算法层面,尽可能轻量化。在保证模型性能的前提下,使网络参数减少,尽可能地降低模型的复杂度以及运算量。②架构层面主要是减少访问存储器的数量,比如减少神经网络的存储需求(参数数量、数据精度、中间结果)、数据压缩和以运算换存储等。另外,还可以降低访问存储器的代价,尽量拉近存储设备和运算单元的"距离",甚至直接在存储设备中进行运算。③电路层面,从传统的"定期上报"的周期性工作模式,转变为"出现异常再报警"的异步事件驱动型工作模式,降低芯片在待机状态下的功耗。这一全新的设计,显著降低了 AI 语音唤醒芯片在"随机稀疏事件"场景下的功耗。

下面汇总一些提供语音唤醒功能的 AI 芯片,如表 6-1 所示。

表 6-1 AI 语音唤醒芯片汇总

公司	芯片	特 点
百度	鸿鹄语音芯片	超低功耗远场语音交互芯片,具有远场阵列信号实时处理、高精度超低误报语音唤醒、离线语音识别等核心能力。该芯片是端到端软硬一体化框架,将所有语音交互任务都放到一颗低功耗语音交互芯片(鸿鹄)上,主芯片无需承载复杂的语音交互的计算功能,显著节省语音交互部分对整体系统资源的占用
思必驰	TH1520	兼具低功耗及实用性,采用多级唤醒模式,内置低功耗 IP,使其在 always-on 监听阶段的功耗低至毫瓦级,集成鲁棒降噪、回声消除、离在线识别、近远场全双工交互、就近唤醒等能力
云知声	UniOne	采用 CPU+uDSP+DeepNet 架构,支持 8/16bit 向量、矩阵运算,基于深度学习网络架构,在更低成本和功耗下提供更高的算力。芯片采用多级多模式唤醒,实现能量检测、人类声音检测、唤醒词检测,针对语音设备及使用场景可定制化
国芯科技	GX8002	超低功耗 AI 芯片,采用 MCU+自研 NPU 架构,单芯片实现实时语音唤醒功能,VAD 待机模式下功耗低至 $70\mu\mathrm{W}$,可应用于 TWS 耳机等智能穿戴设备
广州九芯电子	NRK10	是一款离线语音识别芯片,具有语音识别及播报功能,通过外挂 SPI-Flash 播放语音播报内容
科大讯飞	CSK400X 系列	家电产业专用语音 AI 芯片,根据讯飞的 AI 算法设计了 NPU 框架与规格,并设计了针对神经网络的底层算子,其算力达到 128GOPS/s,集成了讯飞的语音算法,并支持 200 个唤醒词作为命令

芯片是人工智能算法的物理基础,它与算法唇齿相依。随着底层芯片技术的进步,语音唤醒模型,包括人工智能算法,也将获得更好的支持和更快的发展。

6.5 语音唤醒范例

问题描述:训练语音唤醒模型,唤醒词为"侨侨"。利用卷积神经网络实现端到端的语音唤醒,输入语音,输出为各唤醒词的概率。实验原理如图 6-8 所示,语音信号拾取后进行预处理,进而生成语音特征和语音数据,然后送入神经网络进行语音识别,关键词将以高概率输出。

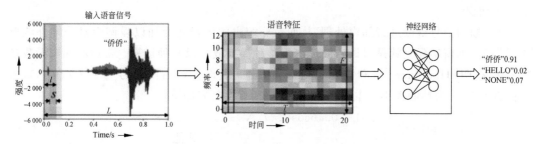

图 6-8 CNN 端对端语音唤醒原理图

6.5.1　语音信号处理

语音信号是一种信号,它是有维度特征的。如果想要对模型进行训练,首先应该把语音信号转换成计算机能够理解的信号,一般来说需要做以下这些步骤来进行语音信号处理[10]。

1. 语音数据的预处理

在对语音信号进行分析和处理之前,必须对其进行预加重、分帧、加窗等预处理操作[11-12]。这些操作的目的是消除因为人类发声器官本身和由于采集语音信号的设备所带来的混叠、高次谐波失真、高频等因素,对语音信号质量的影响。尽可能保证后续语音处理得到的信号更均匀、平滑,为信号参数提取提供优质的参数,提高语音处理质量。

1)预加重

预加重目的是为了对语音的高频部分进行加重,去除口唇辐射的影响,增加语音的高频分辨率。因为高频端大约在 800Hz 以上按 6dB/oct(倍频程)衰减,频率越高相应的成分越小,为此对其高频部分加以提升。

一般采用高通数字滤波器来实现预加重。设 n 时刻的语音采样值为 $x(n)$,经过预加重处理后的新语音值为 $y(n)=x(n)-ax(n-1)$,其中 a 为预加重系数,$0.9<a<1.0$。本项目取 $a=0.98$。

2)分帧

傅里叶变换要求输入信号是平稳的,但是语音信号从整体上来讲是不平稳的。如果把不平稳的信号作为输入,傅里叶变换将无意义。虽然语音信号具有时变特性,但是在一个短时间范围内(一般认为在 10~30ms),其特性基本保持不变,即具有相对稳定。因而,帧长为 10~30ms 的语音信号看作是一个准稳态过程,即语音信号具有短时平稳性,如图 6-9 中的红框内的信号。因此需要将语音信号进行分帧处理,帧长一般取为 10~30ms。这样,对于整体的语音信号来讲,分析出的是由每一帧特征参数组成的特征参数时间序列。分帧一般采用交叠分段的方法,这是为了使帧与帧之前平滑过渡,保持其连续性。前一针和后一帧的交叠部分称为帧移。帧移与帧长的比值一般取为 0~1/2。图 6-9 列出了分帧示意图。

图 6-9　分帧示意图

3)加窗

对分帧的信号继续进行加窗处理,从而对分帧内的语音波形加以强调而对分帧外波形加以减弱。加窗实际上就是对语音波形进行某种变换或施以某种运算。常用的加窗函数是矩形窗、汉明(Hamming)窗和汉宁(Hanning)窗。假设分帧后的信号为 $s(n)$,$n=0,1,2,\cdots,N-1$,N 为帧的大小。本项目采用汉明窗,变换公式如下:

$$w(n)=\begin{cases}0.54-0.46\cos(2\pi n/N-1) & 0<n<N-1\\0 & 其他\end{cases}$$

那么乘上汉明窗后,$s'(n)=s(n)\times w(n)$。

2. MFCC 特征提取

在语音信号中,包含着非常丰富的特征参数,不同的特征向量表征着不同的物理和声学意义。选择什么特征参数对语音识别系统的成败意义重大。如果选择了好的特征参数,将有助于提高识别率。特征提取就是要尽量取出或削减语音信号中与识别无关的信息的影响,减少后续识别阶段需处理的数据量[13-14]。

由于信号在时域上的变换通常很难看出信号的特性,所以通常将它转换为频域上的能量分布来观察。不同的能量分布,就能代表不同语音的特性。所以在乘上汉明窗后,每帧还必须再经过快速傅里叶变换以得到在频谱上的能量分布。进而在频谱范畴下提取语音信号的特征,如最常用提取的梅尔倒谱系数(Mel-scale Frequency Cepstral Coefficients,MFCC)语音特征。MFCC 特征是基于人的听觉特性和人听觉的临界带效应,在 Mel 标度频率域提取出来的倒谱特征参数。Mel 倒谱系数是根据人类听觉系统的特性提出的,模拟人耳对不同频率语音的感知。人耳分辨声音频率的过程就像一种取对数的操作。例如:在 Mel 频域内,人对音调的感知能力为线性关系,如果两段语音的 Mel 频率差两倍,则人在感知上也差两倍。获得 MFCC 的步骤如下:针对每一帧做快速傅里叶变换得到的单帧能量谱,再应用梅尔滤波器后取 log 得到 log 梅尔声谱图,然后对 log 梅尔声谱做离散余弦变换,最后提取变换后的系数作为特征值。每帧语音信号提取的 MFCC 特征是 M 维向量。如取第二个到第 13 个系数,得到的这 12 个系数就是 MFCC 特征。一般来说,M 维 MFCC 特征包括 M/3 MFCC 系数＋M/3 一阶差分参数＋M/3 二阶差分参数。

3. 语谱图生成

语谱图综合了频谱图和时域波形的特点,显示出语音频谱随时间的变化情况,或者可以说是一种动态的频谱[15]。语谱图用三维的方式表示语音频谱特性,纵轴表示频率,横轴表示时间,颜色的深浅表示特定频带的能量大小,颜色越暖,表示该点的语音能量越强。语谱图生成示意图如 6-10 所示。

图 6-10　Hello 语音的采样值

第一阶段,对模拟音频进行离散化采样,常规以 16kHz(每秒 1 600 次采样)的采样率已经足以覆盖人类语音的频率范围。比如对 Hello 这个声波进行了 16 000 次/秒的采样,这里是前 100 个样本,每个数字代表间隔 1/16 000 秒的声波的振幅,数据为:

在这阶段,以 20ms 为单位对音频采样值进行分组,即每组为 320 个数值。对这些数值进行可视化,可以看到其波形与原始声波粗略近似,数据如图 6-11 所示。

图 6-11　20ms 为单位对音频采样值进行分组

将这些数据绘成图,得出 20ms 时间段的原始声波的粗略近似,如图 6-12 所示。

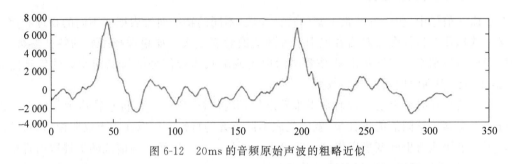

图 6-12　20ms 的音频原始声波的粗略近似

第二阶段,对包含 320 个幅度值的帧波形进行傅里叶变换,即将复杂的声波分解为若干个基频的叠加。这些基频为 0Hz～8 000Hz。然后将每一个基频所包含的能量作为从低音到高音的每个频率范围的重要程度得分。图 6-13 的每个数字表示这段 20ms 的音频中每个 50Hz 的频带的能量。可以看出,这段 20ms 的声音片段中有很多低频能力,而更高的频率没有太多能量,这是典型的男性声音。

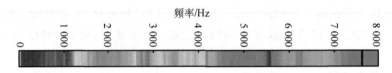

图 6-13　Hello 语音的频谱能量分布

第三阶段,将语音中的每 20ms 音频片段重复进行频域能量分布变换,最终能得到一个语谱图(每一列代表一个 20ms 片段)。如图 6-14 所示是 Hello 音频的完整频谱图,可见这个音频被划分成 40 个片段。从图 6-14 中能够实际看到音频数据中的音符以及其他音高模式,这种形式的数据能够比从原始声波数据更容易找到模式。

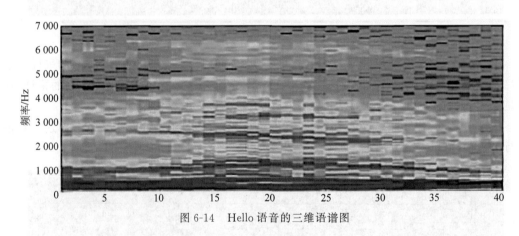

图 6-14　Hello 语音的三维语谱图

当然,也可以针对 MFCC 做语谱图,纵轴表示 MFCC 系数的序号,横轴表示时间,颜色的深浅表示特定系数的值。颜色越暖,表示该点对应的特征值越大,如图 6-15 所示。

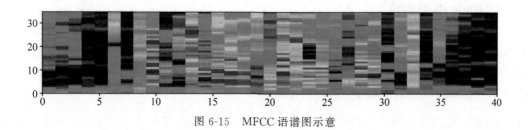

图 6-15 MFCC 语谱图示意

6.5.2 CNN 模型训练

深度学习 CNN 模型训练过程包括训练数据收集与处理、CNN 模型训练、CNN 模型测试等,下面分别展示:

1. 训练数据收集与处理

在工作状态下,机器人需要实时监听环境语音,因此需要进行语音流实时拾取和识别。具体来说,需要设计一个循环队列存储语音信息,进而实时将队列音频信号转换为语音数据,并进行识别[16]。根据识别结果的概率值决定是否唤醒。本项目模型文件中的 Record.py 用于执行训练语音的录制。训练数据由"侨侨"、Hello 和 none 三类组成,其中 none 是环境嘈杂噪声。Hello 和 none 作为补白模型(或称为额外的填充类别)用来匹配所有非关键词,直接用 DNN 进行分类的补白模型。经过处理,每个语音数据长度为均 1s,这样能够保持数据的一致性。每一类语音数据有 35 个。

随后,本项目采用 librosa 包中的 wma2mfcc 函数进行音频到波形的转化,进而利用函数 librosa.feature.mfcc()来提取 wma 音频中的 MFCC 特征项。本项目保留 MFCC 系数的前 11 个维度特征作为数据的属性。这样就得到 105×11 的数据集,每一行代表一个音频(共 105 个),每一列代表 MFCC 特征集(共 11 个特征),将得到的数据保存为后缀名为 .npy 的文件。接下来进一步使用函数 train_test_split()对数据集进行按类随机选择,获得测试集(60%)和训练集(40%),等待训练过程中进行使用。

关键技术代码如下:

MFCC 特征提取

```
def wav2mfcc(file_path, max_len = 11): # The MFCC convert function
    wave, sr = librosa.load(file_path, mono = True, sr = None)
    wave = wave[::4]
    mfcc = librosa.feature.mfcc(wave, sr = 16000)

    # If maximum length exceeds mfcc lengths then pad the remaining ones
    if (max_len > mfcc.shape[1]):
        pad_width = max_len - mfcc.shape[1]
        mfcc = np.pad(mfcc, pad_width = ((0, 0), (0, pad_width)), mode = 'constant')

    # Else cutoff the remaining parts
    else:
        mfcc = mfcc[:, :max_len]
    return mfcc
```

2. CNN 模型训练

一个好的卷积神经网络必须要有合理的卷积层数,卷积核大小,卷积步数和全连接层的大小。实验中使用的部分参数,如卷积核大小、卷积步数等,参考成熟方案[17],其他参数根据最终体验效果和测试效果来调整得到。本实验基于 Keras 框架,使用的 Sequential 序贯模型,Sequential 模型结构如下:

```
model = Sequential()
model.add(Dense(32, input_shape = (500,)))
model.add(Dense(10, activation = 'softmax'))
model.compile(optimizer = 'rmsprop',
loss = 'categorical_crossentropy',
metrics = ['accuracy'])
```

上面的例子表明只要将各种网络层进行堆叠即可实现各种神经网络模型,这也是 Keras 框架的一大特点。本项目设计应用的 CNN 神经网络结构如下:

```
def get_model():
    model = Sequential()
    model.add(Conv2D(128, kernel_size = (2,2), activation = 'relu', input_shape = (20, 11, 1)))
    model.add(Conv2D(64, kernel_size = (2,2), activation = 'relu'))
    model.add(Dropout(0.3))
    model.add(Conv2D(64, kernel_size = (2, 2), activation = 'relu'))
    model.add(Conv2D(64, kernel_size = (2, 2), activation = 'relu'))
    model.add(Dropout(0.3))
    model.add(Flatten())
    model.add(Dense(100, activation = 'relu'))
    model.add(Dense(100, activation = 'relu'))
    model.add(Dropout(0.3))
    model.add(Dense(64, activation = 'relu'))
    model.add(Dense(4, activation = 'softmax'))
    model.compile(loss = keras.losses.categorical_crossentropy,
                    optimizer = keras.optimizers.Adadelta(),
                    metrics = ['accuracy'])
    return model
```

CNN 模型设计的关键参数说明如下:①Conv2D() 卷积层。实际使用中卷积层一般大于二,但实际测试只使用两层卷积的误唤率较高,最终使用三层卷积;卷积核的数量常为 2^n 次个,其中又以 32 个卷积核最常用,且为了增加维度,卷积核的数目一般呈倍数增加,于是最终各层卷积核个数分别为 32、64、128。②Dropout() 层。Dropout 是指对于神经网络单元按照一定的概率将其暂时从网络中丢弃,从而解决过拟合问题。③Maxpool() 池化层。池化层一般用来降维和避免过拟合,由于实验使用到的输入矩阵规模较小,项目中未使用池化层。④Flatten() 平铺层。Flatten 层用来扁平参数用,一般用在卷积层与全链接层之间。⑤Dense() 全连接层。对应 FC layer(),一般层数没有严格规定,输出一般为 2^n。最后的 dense 层的输出为分类数目,本实验共三类,所以为 3。

以下是模型训练代码：

```
model = get_model()
model.fit(X_train, y_train_hot, batch_size = 30, epochs = 300, verbose = 1,
validation_data = (X_test, y_test_hot))
model.save('lrx - model.h5')
```

部分训练过程如图 6-16 所示。

```
Epoch 200/200

100/825 [=>.............................] - ETA: 1s - loss: 1.0359e-05 - acc: 1.0000
200/825 [======>.......................] - ETA: 1s - loss: 1.5524e-04 - acc: 1.0000
300/825 [=======>......................] - ETA: 0s - loss: 1.0635e-04 - acc: 1.0000
400/825 [==========>...................] - ETA: 0s - loss: 9.7124e-05 - acc: 1.0000
500/825 [============>.................] - ETA: 0s - loss: 7.8737e-05 - acc: 1.0000
600/825 [==============>...............] - ETA: 0s - loss: 8.1159e-05 - acc: 1.0000
700/825 [==================>...........] - ETA: 0s - loss: 7.1540e-05 - acc: 1.0000
800/825 [====================>.........] - ETA: 0s - loss: 6.3875e-05 - acc: 1.0000
825/825 [==============================] - 2s 2ms/step - loss: 6.2359e-05 - acc: 1.0000 - val_loss: 0.0896 - val_acc: 0.9855
hello
qq
```

图 6-16 CNN 语音唤醒模型的训练过程信息展示

训练中将 60% 的样本作为训练集，剩余作为测试集，神经网络最后训练结果如图 6-16 所示，其中 val_loss 值为 0.089 6，val_acc 达到了 98.55%。

6.5.3 CNN 模型测试

通过 filepath 下的录音文件和训练好的模型 new_modeltemp.h5，可以获得每一种唤醒词的概率，把最高概率的唤醒词打印在屏幕上。如下面的运行结果，语音唤醒两次，分别为 hello 和 qq。第一次是 Hello 的概率最高，而第二次是 qq 的概率最高。

```
def predict(filepath, model):
    sample = wav2mfcc(filepath)
    sample_reshaped = sample.reshape(1, 20, 11, 1)
    return get_labels()[0][
           np.argmax(model.predict(sample_reshaped))
    ]
```

测试结果（取最大概率）如图 6-17 所示。

```
[[1.0000000e+00 2.7529041e-09 1.1468947e-08]]
hello
[[1.8117361e-06 9.9997020e-01 2.8011962e-05]]
qq
```

图 6-17 CNN 语音唤醒模型的测试结果展示

如果长时间未识别到语音信号，将退出交互状态，进入待唤醒状态。

```
def pre():
    while(True):
```

```
    try:
        global key,flag_on
        if(flag_on == 1 and temp < 500 and temp > - 500):
            time.sleep(0.1)
            key = predict('record.wav', model = model)
            print(key)
            if key == 'qq' or key == "hello":
                flag_on = 0
        else:
            time.sleep(0.1)
    except:
        continue

predict('./data2/hello/201808272303_hello_0000_1.wav', model = model)
p1 = threading.Thread(target = pre)
p1.start()
stream_on()
```

6.6　实践作业

　　"基于 CNN 的端对端语音唤醒模型研发"。自定义唤醒词,分别展示训练数据收集和处理、CNN 模型框架设计、CNN 模型训练、CNN 模型测试等实验过程和结果。

参考文献

[1]　Këpuska V. Wake-Up-Word Recognition[J]. SPIENewsroom. 2010.

[2]　Kepuska V,Klein T B. A novel Wake-Up-Word speech recognition system,Wake-Up-Word recognition task,technology and evaluation[J]. Nonlinear Analysis-theory Methods & Applications,2009,71(12).

[3]　赵晓群,张扬.语音关键词识别系统声学模型构建综述[J].燕山大学学报,2017,41(6):471-481.

[4]　Shin H C,Roth H R,Gao M,et al. Deep Convolutional Neural Networks for Computer-Aided Detection:CNN Architectures,Dataset Characteristics and Transfer Learning[J]. IEEE Transactions on Medical Imaging,2016,35(5):1285-1298.

[5]　Mayorga P,Ibarra D,Druzgalski C,et al. HMM-GMM model's size selection methodology for bioacoustics-based diagnostic classification[C]//Health Care Exchanges. 2015.

[6]　朱大奇 史慧.人工神经网络原理及应用[M].北京:科学出版社,2006.

[7]　阎平凡,张长水.人工神经网络与模拟进化计算[M].北京:清华大学出版社,1900.

[8]　刘居贤.深度学习与人工神经网络[J].科技经济导刊,2018,26(31):13-15.

[9]　Sun K,Wei X,Jia G,et al. Large-scale Artificial Neural Network:MapReduce-based Deep Learning[J]. Computer Science,2015.

[10]　胡航.语音信号处理[M].哈尔滨:哈尔滨工业大学出版社,2000.

[11]　聂晓飞,赵禹,詹庆才.一种基于模板匹配的语音识别算法[J].电子设计工程,2011,19(19):58-60.

[12]　周挺,杨荣.多媒体网络语音音调数据特征智能识别方法[J].自动化与仪器仪表,2019(9).

[13] 谢秋云,肖铁军.语音 MFCC 特征提取的 FPGA 实现[J].计算机工程与设计,2008,29(021): 5474-5475.

[14] 曹孝玉.说话人识别中的特征参数提取研究[D].长沙:湖南大学.

[15] 陈向民,张军,韦岗.基于语谱图的语音端点检测算法[J].电声技术,2006,000(004):46-49.

[16] Sun M,Snyder D,Gao Y,et al.Compressed Time Delay Neural Network forSmall-Footprint Keyword Spotting[C].Conference of the International Speechcommunication Association,2017:3607-3611.

[17] 周飞燕,金林鹏,董军.卷积神经网络研究综述[J].计算机学报,2017(6).

第7章

文字高手——写作机器人

本章学习目标
- 了解写作机器人的产业现状
- 了解写作机器人的核心算法
- 熟练掌握机器人写作的应用开发

本章首先介绍国内外写作机器人的产品现状,接着介绍写作机器人的核心算法,最后介绍平台型机器人写作应用以及基于 RNN 的机器人写作应用实践。

写作是人类传递知识、表达情感、凝聚思想的基本手段,对人类精神生活和实践活动有着十分重要的意义。各行各业、各种职业都会用到写作技能。机器写作(写作机器人)属于人工智能自然语言生成,指的是能够模仿人类的思考和行为方式,生成特定领域的文本。目前写作机器人被广泛应用在一些媒体、金融、分析机构,甚至在文学创作和设计领域,例如写诗、写歌词、写对联、写广告、写小说、写剧本、写教材、写段子、写辩论稿等。谷歌在 2001 年推出个性化新闻推荐,为机器选编新闻开了先河。而新闻机器写作的应用要追溯到 2007 年美联社应用新闻编写软件 WordSmith,它能够实现输入数据自动生产报道。当前,一秒出快讯,三秒完成一次内容聚合,一分钟内出分析文章,日更新 500 篇,只要有需求,一年写出几十万篇文字作品都不在话下。AI 写作机器人正在深入我们的生活。

写作机器人正在朝着特色化信息、人机协作优势互补、聚焦财经、金融、体育等垂直领域、大数据分析产业化开发等方向发展,具有巨大经济价值和市场潜力。然而,目前写作机器人更像玩文字组合游戏,按照某些方式将文字与数据组合起来形成新闻。写作机器人无法思考文字的真正含义,无法理解文字对于现实世界的指代关系,无法挖掘文字背后的情感诉求和审美价值,更好地理解和阐释文字对于人类社会和特定个体的意义。

7.1 写作机器人研究与产业现状

机器写作(machine writing)指的是通过计算机自动实现对输入的文本或者采集到的语料进行前期加工处理,从而实现自动文本生成,或者是将其作为一种辅助工具辅助人类写作[1]。机器人写作的核心技术是自然语言处理,同时涉及数据挖掘、机器学习、搜索技术、知识图谱等多项人工智能技术。近十年来,硬件设备(如智能手机)普及、软件环境(如移动互联网)崛起、算法技术发展、数据资源(如社会化大数据)丰富、交互场景(如虚拟现实、人机对话)变革等,这些因素为"机器写作"的快速发展提供了环境铺垫。

机器写作可以帮助人类完成机械性、重复性的材料收集、数据计算和文字校对工作,进而完成那些有着固定数据来源与写作模板的内容创作,也在内容聚合、内容分析和内容创作等方面向人类发起挑战。随着机器学习以及深度学习的不断发展,机器写作也变得越来越多元化,更加贴近用户的真正需求。其中,写作机器人已经被广泛地应用于新闻写作内容生产,成为人类记者、编辑的"新同事"。新闻写作机器人普遍运用到国内外各大新闻媒体机构,机器人新闻报道在整个新闻报道中所占的比例将越来越大[2-3]。接下来以新闻写作机器人为例展示写作机器人的产业现状。

7.1.1　国外写作机器人产品现状

新闻机器人写作在国外早已有之,2014 年 7 月,美联社用 WordSmith 负责部分板块的新闻写作时,每篇稿子还要经过专门的编辑审核,以确保新闻的正确性和规范性。三个月后,WordSmith 就已经通过自主学习掌握了新闻写作的基本规范,将纠错的可能性控制到最低。福布斯使用自动化写作服务 Narrative Science 来做财报和房地产报道。韩国《金融新闻》编辑部启用的人工智能记者,0.3 秒就能完成一篇股市行情的新闻报道。

此外,《纽约时报》数字部门开发了 Blossomblot,主要做筛选工作,辅助编辑挑选出潜在热文。经过 Blossomblot 筛选的文章单击量是普通文章的 38 倍,其推送文章实现了"病毒式"传播。《华盛顿邮报》使用 Truth Teller 机器人核实新闻的准确性,将音频转换为文字,并与数据库中的资料进行对比,从而验证事实。如果演讲者在撒谎,软件可以立即以广告或其他形式展示言论的真实性。《洛杉矶时报》的机器人专注于处理地震突发新闻。路透社利用名为 Open Calais 的智能解决方案帮编辑审稿。《卫报》则利用机器人筛选网络热文,生成实验性纸媒产品,每月发行 5 000 份[4]。典型的新闻写作机器人产品列举如下。

1. 美联社 Automated Insights Wordsmith

1)产品介绍

Automated Insights 是一家由美联社及其他投资者共同出资的科技公司,成立于 2007 年,总部位于美国北卡罗来纳州的德汉姆(Durham)。2014 年,Wordsmith 为其客户创造出了 10 多亿篇文章和报道,其中包括美联社、雅虎和康卡斯特等,平均每秒能产生 2 000 篇。以美联社为例,通过与 Automated Insights 合作,使用人工智能的 Wordsmith 平台撰写财报文章(图 7-1)。采用基于算法的机器新闻写作后,在无须增加新的人手的情况下,美联社的商业新闻中关于企业季度经营状况的报道量,将从原先每季度 300 篇上升到 4 400 篇,得以解放相关员工 20% 的时间,重置报道工作流程,将人力投入到更具有深度性和创造性的新闻策划和新闻源拓展工作上来,得到员工和客户的认可。雅虎曾用 Wordsmith 生产 Fantasy Football 报道,受众群体约 3 000 万人。

2)Wordsmith 自动化新闻的特点及优势

(1)规模化生产。Wordsmith 平台以自动化技术为基础,能接受任何格式的数据,通过算法运算生成图文并茂的报道,最后通过云服务进行多渠道实时发布。Wordsmith 超强的数据采集、分析与处理能力能够大幅度提高效率,使新闻报道实现规模化生产。从数量上来

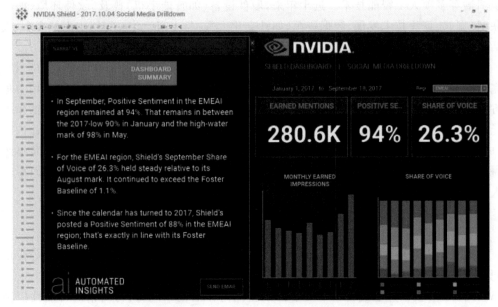

图 7-1　Wordsmith 写作机器人结合 nvidia 生成运营简报

看,美联社的季度财报稿件从 300 篇上升到 4 400 篇,这种高效率、规模化的新闻生产方式是前所未有的突破。

(2) 精确个性化。近年来,"众筹新闻"作为一种新型的新闻生产方式,其优势逐步下降,因为它能满足小部分受众群体的新闻需求。如果说"众筹新闻"是依照"受众→传播者→受众"的传播路径,进行"面→点→面"的内容生产,那么 Wordsmith 自动化新闻则是从"受众→传播者→受众",进行"点 →点→点"的精确个性化内容生产。

(3) 高度时效性。时间是新闻的生命,新闻的时效性凸显新闻价值,这次美联社在最短时间内发布苹果公司的财报新闻,其时效性远超其他媒体。Wordsmith 采用制式化新闻撰写方式,只需要将采集的数据输入已有的程序,便可立刻生产出新闻稿件,即时通过 Twitter、E-mail 等渠道发布,加快传播速度。高度的时效性所创造的新闻价值,使美联社在此类报道中脱颖而出。

3) Wordsmith 自动化新闻发展障碍

(1) 技术壁垒导致成本过高。Wordsmith 平台需要不断地投入进行程序更新才能适应各种新闻话题、结构与形式的变化要求。AI 公司对 Wordsmith 拥有专利权,由于专利保护所造成的技术壁垒,使该技术的可推广性与可复制程度低,导致媒体运营成本过高。由于有雄厚的资金实力作支撑,美联社才有能力与 AI 公司合作。而其他资金实力相对弱小的媒体机构,会由于生产成本过高,而对 Wordsmith 平台望而止步。

(2) 定位受众存在难题。虽然新闻媒体在长期的发展过程中,形成了年龄、兴趣爱好、心理偏向、个性追求等相似的受众群体。然而,具体到每个个体,他们又呈现出多、散、易变化的特点。Wordsmith 只有通过长时间、大量的数据收集才能把握一部分忠诚度高、参与性强的受众的特点,进行有效的个性化。内容生产与新闻推送。而对于那些忠诚度低、参与性不强的受众,Wordsmith 可能会受到数据有限性的影响,因掌握的信息不对称造成认知偏差,所产生的新闻内容和采用的表达方式反而会对他们丧失吸引力。

(3) 报道领域受限。Wordsmith 自动化新闻的生产制作流程,是将数据通过程序输入,融合结构化的语言来进行内容生产,这就将新闻报道的范围限定在需要进行数据处理和话题策划性较强的新闻,例如体育新闻、财经新闻等,而对于突发的,不需要运用数据处理的新闻则无法报道,从而限制了新闻报道的范围与领域。

2. 纽约时报 Blossom

1)产品介绍

纽约时报数字部门的科学团队研发出了机器人 Blossom,它能够预测哪些内容更具有社交推广效应,以及帮编辑挑选出适合推送的文章和内容,通过机器甚至可以独立制定标题、摘要文案、配图等(图 7-2)。根据纽约时报内部统计的数据结果显示,经过 Blossom 筛选后自动推荐的文章的单击量是普通文章的 38 倍[4]。

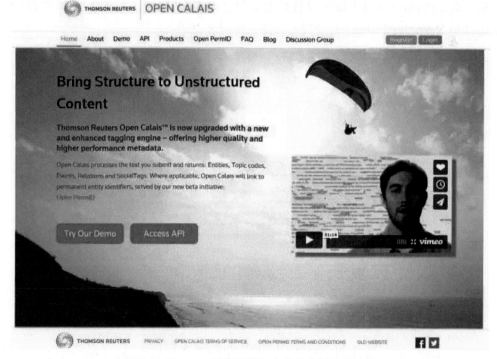

图 7-2 Blossom 写作机器人实现文章标签自动化

2)Blossom 的特点

(1) 数据分析处理。通过信息整合和大数据分析,Blossom 可以帮助编辑们找到各部门发布的文章的相关旧材料,突出说明这些故事首次发表时观众可能错过的文章。Blossom 还具备一些被称为复活节彩蛋(Easter egg)的日常查询功能,以鼓励纽约时报的编辑们探索并熟悉该工具。

(2) 热点预测。纽约时报数字部门的科学团队研发的新闻机器人 Blossom,则是基于消息传递应用程序 Slack 上的一个虚拟智能机器人。该工具试图通过对数据及其结构的分析,进而对社交平台热点进行预测。基于 Facebook 这类社交平台上所推送的海量文章的大数据分析,它能够预测哪些内容更具有社交推广效应,从而帮助编辑挑选出适合推送的文章和图片集。

3) 技术支持

Blossom 的后端通过 Java、Python 等语言和 Map Reduce 程序的支持,融合复杂的算法,形成较为先进的机器学习能力。其前端则将内容通过直接接口整合到纽约时报 Slack 账号的频道中。目前,Blossom 暂时未拥有自然语言的理解能力,但编辑可以使用已设定的命令与 Blossom 沟通[4]。

3. Narrative Science Quill

Narrative Science 位于芝加哥。该公司的技术能够对大量数据进行分析,并自动创作新闻报道。例如,福布斯网站曾使用 Narrative Science 来自动制作财报。公司 CEO 斯图亚特·弗兰克尔（Stuart Frankel)称,该公司的 Quill 平台可以分析结构化数据,从而理解这些数据的重要性,最终可以无限生成接近完美的书面内容,如图 7-3 所示。《福布斯》等 20 多家媒体是 Narrative Science 自动撰写新闻系统的客户[2]。

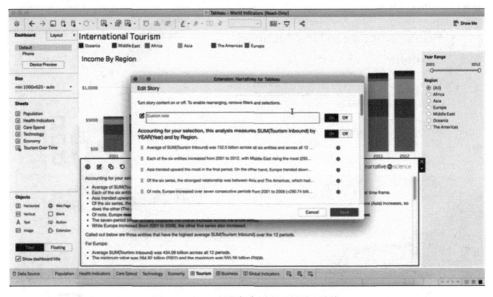

图 7-3　Quill 平台自动撰写新闻系统

4. 洛杉矶时报 Quakebot

Quakebot 是洛杉矶时报自己内部研发的一个程序,能实时监控美国地质调查局(USGS)的信息,一旦出现警报(表示发生了一定级别以上的地震),就自动提取相关数据,并置入一个预先写好的模板,自动生成一篇文稿,并进入洛杉矶时报的内容管理系统,等待编辑的审查和发布。在此之前,他们还有另外一个类似的机器人程序,专门自动报告洛杉矶发生的凶杀案。另外,Quakebot 系统写作了关于一场 4.4 级地震的报道,整个过程耗时仅3 分钟,洛杉矶时报由此成为最快报道这一突发事件的媒体(图 7-4)。

图 7-4　Quakebot 写作关于地震的新闻报道

7.1.2　国内写作机器人简介

国内写作机器人发展的稍晚一些,2015 年 9 月,腾讯财经推出了 Dreamwriter 自动化新闻写作机器人,用一分钟的时间完成了编辑生涯的第一篇文章《8 月 CPI 涨 2% 创 12 个月新高》。随后,新华社也上线了写稿机器人"快笔小新",完成了有关体育赛事的中英文稿件和财经信息的稿件。2016 年 8 月 12 日,今日头条与北京大学计算所(万小军团队)联合研发的机器人"张小明"开始上岗,实时撰写里约奥运会新闻稿件,平均每天产出 30～40 篇稿件,主要报道以乒乓球、网球、羽毛球和女足的比赛短讯。2017 年 5 月 4 日,"封面新闻"自主开发的"小封"机器人 1.0 版发布。"小封"的主要功能是为用户提供个性化的新闻搜索推荐,辅助报社记者编辑的写作,并能就某些题材的新闻进行自主写作。国内主要的新闻写作机器人列举如下。

1. 腾讯 Dreamwriter

1)产品介绍

2015 年 9 月 10 日腾讯发布的一篇财经稿件《8 月 CPI 同比上涨 2.0% 创 12 个月新高》引起了传媒行业的广泛关注。这篇稿件报道了中国国家统计局当日发布的 8 月份 CPI(居民消费价格指数)数据,并援引了国家统计局高级统计师、银河证券分析报告、交通银行金融研究中心、民族证券宏观分析师和申银万国首席宏观分析师的观点,之后穿插中国降息的背景,并介绍了 CPI 的含义。一个月后,Dreamwriter 再次"神速"出稿,与国家统计局同步,输出三个版本的稿件(分别是"新闻通稿""研判版"和"民生版",此外还包括一个精要版)。三篇文章文风各异、针对不同目标用户个性化需求,其中民生版语言更为"人性"。Dreamwriter 的基本原理仍是大数据分析。图 7-5 列出了 Dreamwriter 撰写新闻的一个例子。

2)Dreamwriter 的特点

Dreamwriter 进行写作的整个流程主要经历五个环节:数据库的建立、机器对数据库的学习、就具体项目进行写作、内容审核、分发。通俗来说,即是腾讯要先通过购买或自己创建数据库,然后让 Dreamwriter 机器对数据库内的各项数据进行学习,生成相对应的写作手

图 7-5　Dreamwriter 撰写新闻

法,全部学习完之后便可以进行与数据库相关联的新闻事件的报道写作,写作完成后经过审核环节,最后通过腾讯的内容发布平台到达用户端[5]。其挑战包括:①段落结构的连接性障碍;②事实与观点的逻辑错位;③现实与历史叙事相结合等。

3) 技术支持

(1) 数据库:Dreamwriter 写作的基石。机器人写作的重要前提是数据库的购买和建立。没有数据库,机器也无法自动量化生成生动的文章。目前,腾讯已经购买了大量的国内外数据库。例如,从 15-16 赛季开始,腾讯买断了五年 NBA 在中国大陆市场新媒体的独播权,同时采购了 NBA 的全套数据。购买 NBA 的数据是因为 NBA 的数据最翔实(球赛的每小节的数据都能实时传送过来)。数据越翔实、“颗粒”越细致就越适合机器抓取生成文章。另外,除了大量购买外来数据库,腾讯公司自身也有丰富的数据库资源,比如腾讯开发的股市行情 App“自选股”,本身就是一个股市、股民信息的数据库。

(2) 机器学习:写作能力的培养过程。机器的写作能力不是天生就有的。有了某一项目的数据库,机器就要进入最关键的下一步“机器学习”。所谓机器学习,即是专门的技术人员通过算法设计和数据分析技术让 Dreamwriter 去理解数据库。这种理解不只是对数据本身的理解,还要理解每一项数据所对应的写作模板。因此,这也要求技术人员不断丰富写作模板。目前 Dreamwriter 还拥有一套“连接词数据库”,因此在写作时形成了一套自己的章法,几乎相当于人工写作。机器学习的过程并不是一蹴而就,学习的时间取决于项目的大小。类似 NBA 这样的体育赛事,大概需要机器学习一个多月的时间,并且这样的学习是没有终点的[6]。

2. 新华社"快笔小新"

1) 产品介绍

2015年11月7日新华社正式推出机器人写稿项目"快笔小新"。新华社"快笔小新"写稿流程分数据采集、数据加工、自动写稿、编辑签发四个环节。技术上则通过根据各业务板块的需求定制发稿模板、数据自动抓取和稿件生成、各业务部门以"三步走"来实现。记者写的新闻和未来机器人写的新闻会长期博弈并共存。有软件公司负责人预测,在5年之内机器人所撰写的文章就能获得普利策新闻奖,并称将来90%新闻稿由机器撰写[7]。图7-6列出了新华网机器人写稿产品的示意图。

图7-6 新华网机器人写稿产品

2) "快笔小新"的特点

(1) 数据分析规律。"快笔小新"已经可以每天实时监控超过近100多个数据源的变化,并对每个数据源的变化进行实时跟踪和分析。例如,"快笔小新"可以实时监控和捕获近几十种股票指数是不是已经冲破整数关口,实时计算各个股票的涨跌停数,实时获取近3 000家上市公司是否发布了最新万方数据的财报并抽取出最重要的数据迅速生成稿件;也可以实时计算比赛结束后各球队的积分和排名等。而以前,这些烦琐的事情都在浪费着我们编辑记者宝贵的时间。

(2) 一职多任。针对财经和体育报道,机器人"快笔小新"现在可以胜任多个角色。对失业经济数据、股价报盘、人民币汇率报价、上市公司公告和财报、个股资金净流入流出、融资融券数据、中超比赛结果和积分公报、CBA比赛结果和积分公报等任务,"快笔小新"都能出色和准确地完成。在此基础上,"快笔小新"还能紧跟英国CPI、英国失业率情况、欧元区失业率数据,并且对于由欧元区CPI初值以及终值数据生成相应的快讯类稿件这样的任务完成起来都不在话下。

3) 技术支持

从技术上,"快笔小新"的写稿可以分为"采集清洗""计算分析""模板匹配"三个流程,依托大数据技术对数据进行实时的采集、清洗和数据的标准化,再根据业务的需求设计相应的算法模型对数据进行实时的计算和分析,根据计算和分析的结果选取合适的模板生成符合标准规范的稿件并自动写入待编稿库,编辑审核后再进行签发。

(1) 利用模板智能筛选生成灵活多样的新闻信息稿件。机器人写的稿件往往会出现格式单一,内容单调乏味的问题。为了解决这个问题,一方面是通过为每个报道场景建立领域知识库,对每个知识点对应的模板赋予不同的权重,自动匹配出多种报道形式的稿件,提高"快笔小新"对同一个场景新闻写作的灵活性和多样性。另一方面建立完善的历史数据库,例如财经类的季报、年报、历史报价等数据库,体育类的赛事、运动员基本资料等数据库,并针对业务报道需求,研发计算同比、环比、指数、累计进球数、积分排名等各种指标的历史统计模型,趋势分析模型等,提高"快笔小新"新闻报道内容的丰富性。同时结合建立的各上市公司的财报,历史价格等数据库,通过各种模型指标的计算对上市公司进行量化的描述,机器人自动对数据进行分析,选取合适的模板和相应的指标,这样一篇完整的新闻稿件便出炉了。

(2) 运用文本摘要技术来实现上市公司公告摘要的撰写工作。国内上市公司每天都要发布大量上市公司公告,我们的编辑记者很难对每篇公告都进行阅读和跟踪。通过使用文本摘要技术,按照设计的算法模型,自动分析和摘取其中的要点和知识点,输出短小的摘要(通常包含几句话或上百字),可以极大地降低编辑记者的工作量。目前机器人使用的文本摘要技术基于句子抽取技术,对于原文中的句子分析、评估和抽取,初步实现了自动摘要的功能。"快笔小新"自动将每日上市公司公告进行摘要,为编辑记者提供素材服务。随着语义分析技术的深度发展,相信未来真正基于语义理解的结果,并深度分析该结果,最后可以实现更精确的摘要[8]。

3. 第一财经"DT 稿王"

1) 产品介绍

"DT 稿王"是阿里巴巴战略入股第一财经后,双方共同酝酿、联合推出的一款在 DT(数据技术)时代帮助财经记者快速及时写稿的智能写稿系统,用机器代替人完成实时监控信息源,利用文本解析和信息抽取技术实现自动信息抽取,采用机器学习算法并融合第一财经编辑记者团队的经验、智慧,以模板和规则知识库的方式根据实时抽取的信息做出判断,输出相应的模板及规则知识库内容从而产生新闻,以此应对海量、高速、多样的大数据产生的信息。这种具有学习能力的智能系统加上人脑创造力的辅助,使得"DT 稿王"成为写稿机器人中的"尖子生"[9]。图 7-7 列出了关于"DT 稿王"写作报道的截图。

2) "DT 稿王"的特点

(1) "多"方面。"DT 稿王"通过海量抓取、海量分析,主要针对上市公司公告、财务报表、官方发布、社交平台、证券行情等信息源,日阅读 3 000 万字,30 天可写完一部四库全书。

(2) "快"方面。"DT 稿王"利用多台服务器分布式地对发布的公告进行扫描,可以即时对公告进行分类筛选出待写新闻稿的公告,并通过后台的信息提取算法提取出该公告的重要信息,机器写稿平均阅读 7 471 字/秒=448 275 字/分钟,是普通人阅读速度的 50 倍。然后,按新闻稿成稿格式重新组织输出,机器写稿为 28 字/秒=1 680 字/分钟,普通人打字的35 倍。

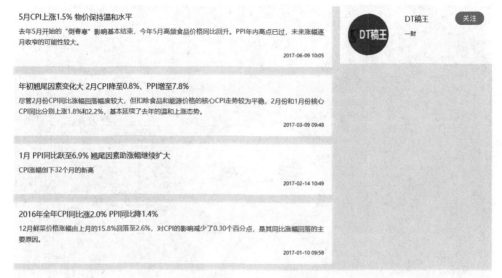

图 7-7 "DT 稿王"写作报道

（3）"好"方面。"DT 稿王"生成的稿件语句流利通顺，完全符合人类自然语言的语法。解决了目前机器人写稿的最大问题，即语句不通顺不流畅。而且"DT 稿王"在海量的信息中抓住重点信息本身的重点，协助决策的快速实施。如以东旭光电科技股份有限公司 5 月 14 日所发布的公告为例，全文 2 274 字，总结成 113 字的核心内容和 23 字的标题，同时不是盲目地抓取公告中的大标题。

3）技术支持

从人工智能的角度来看，"DT 稿王"有三个阶段，第一个阶段是描述性的逻辑，主要是以 CM Web 为代表的，把很多实体之间的关系用一种很简单的方式描述出来。第二个阶段是第一阶逻辑。这个可以嫁接很多跨界、跨域逻辑之间的关系，能够进行推理。第三个阶段是基于深度学习或者机器学习，描述的是非线性的逻辑，一些看似完全没有关系的事情，可以通过数据、非线性的模型建立起来。

4. 封面新闻"小封机器人"

在 2017 年 11 月 16 日的移动媒体大会上，封面新闻为其自主开发的"小封机器人"授予了工牌工号。"小封机器人"不仅可以极速写作，更能够应用语音识别、意图识别等 AI 技术，基于新闻、兴趣、生活与用户展开互动（图 7-8）。封面新闻把技术作为融合发展的核心驱动，瞄准人工智能时代的前沿科技发力，以此推动产品迭代和升级。封面新闻的算法推荐技术比肩国内一流互联网资讯产品，利用数据挖掘、机器学习、兴趣推荐算法等，让资讯传播"因人而异"和"千人千面"，引领个性化阅读潮流。开发的封面云和 CMS 系统走在了媒体融合应用技术的前列。开发的数据 BI 分析系统，可以清晰地看到用户增长数、用户使用时长等用户数据。2017 年 5 月 4 日，封面新闻 3.0 迭代上线，自主开发的"小封机器人"1.0 版与用户见面，成为国内报业集团中首家拥有聊天机器人的 App。与此同时，封面新闻算法推荐更加成熟和优化，机器人写作技术不断完善，朝着"AI＋媒体"的前沿领域进军。为封面新闻用户运营和产品运营提供数据支持。开发的"小封机器人"写作在 2016 年 12 月成功测试。2017 年 5 月 4 日迭代的 3.0 版率先在全国新闻客户端中实现了聊天机器人功能[10]。

图 7-8 "小封机器人"的画像信息

5. 今日头条"张小明"

1) 产品介绍

张小明是今日头条实验室研发的 AI 机器人,首次露面是在里约奥运上。它可以通过两种文本生成技术产出新闻:一是针对数据库中的表格数据和知识库生成自然语言的比赛结果报道,即简讯;二是利用体育比赛的文字直播精炼合成比赛过程的总结报道,即资讯。张小明平均每天产出 30~40 篇稿件,以短讯为主。图 7-9 列出了张小明创作的新闻截图。

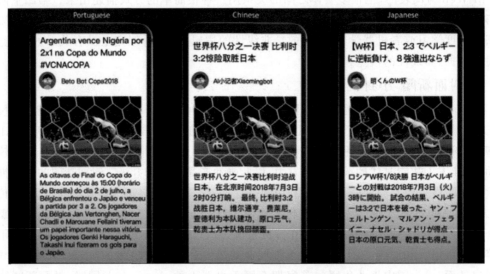

图 7-9 张小明创作的新闻

2) "张小明"的特点

(1) 速度快:在数据库数据更新的 2 秒之内,即可生成新闻稿并完成发布。

（2）样式多：既可以生成长的详细比赛描述总结，也可以生成简明扼要的快讯简报，以前的自动体育新闻只能生成较短的文章。

（3）自适应：根据比赛选手的排名，赛前预测与实际赛果的差异，比分悬殊程度，可以自动调整生成新闻的语气，并使用感情色彩的词语，如"实力不俗""笑到了最后"等。

（4）自动配图：以前的自动新闻都只能生成文本，通过自动选图技术，张小明可以给新闻配图，更加生动形象。

3）技术支持

这是国内第一款可以报道奥运赛事的人工智能机器人，在结合了最新的自然语言处理、机器学习和视觉图像处理的技术之后，通过语法合成与排序学习生成新闻。相比国内第一代写稿机器人——腾讯的 Dreamwriter 和第一财经的"DT 稿王"，张小明的写稿技术已经进入第二代写稿水平[11]。

6. 智搜 Giiso 写作机器人

1）产品介绍

智搜信息技术有限公司成立于 2013 年，是中国领先的"人工智能＋资讯"领域的国家级高新技术企业，其自主研发的 Giiso 写作机器人是可以从各个行业领域快速编辑写稿的人工智能机器人。Giiso 机器人通过 AI 技术来智能化提供文本的分类、分词、关键词提取等工作，极大提高了文本处理效率。智能化的资讯频道定制服务专家，无须人工编辑，资讯内容自动化生成。助力资讯运营"无人化编辑"，实现内容的 7×24 小时实时更新，是企业内容运营的好帮手。图 7-10 列出了 Giiso 写作机器人能力展示页面。

图 7-10　Giiso 写作机器人能力展示页面

2）Giiso 写作机器人的特点

（1）AI 赋能。依托人工智能智能语义技术，自动生成内容资讯频道。

（2）服务多元。通过集成 SDK、URL 接入以及调用 API 等接入方式，快速组建资讯频道。

（3）千人千面。基于用户画像，提供个性化的热点资讯和主题追踪阅读服务。

（4）效率提升。无需人工，资讯自动生成，节约成本，提升运营效率。

（5）应用场景。四大应用场景，智能定制个性化内容资讯频道、官网、微信公众号、QQ

公众号、App等。

2）技术支持

（1）智能语义。基于深度学习打造的智能语义，让机器理解自然语言的关键技术，其核心是基于大数据和深度学习构建机器可以理解人类表达语义的模型。语义识别最高精度达到92.67%，平均精度为84.22%，在同类方法中最高。

（2）知识图谱。通过一系列的机器学习技术，把非结构化数据转化成机器可以理解的结构化知识的过程。机器人基于知识图谱技术，可以快速学习和进化到普通人对内容的运用水平。基于知识图谱构建的追踪引擎最高精度为95.06%，平均精度为94.52%，远高于传统的搜索算法。

7. 京东"李白"

1）产品介绍

"李白"写作机器人是京东商城研发部推出的一款人工智能写作产品，凭借部门多年自主研发的自然语言生成技术，基于京东商城大量的商品库和优质素材库，旨在为用户打造更新快、覆盖全、质量高的内容生态圈。同时，京东也将从电商延伸到更多领域，全面探索商用AI写作技术的应用场景。

2）"李白"特点

（1）创作效率高。机器自动生成、速度快、可秒级输出大量文章。

（2）素材库专业。京东海量优质数据作为写作素材，覆盖全面。写作素材更新及时，永不过时。

（3）文章质量好。从句子乃至段落层面，做语义解析、训练模型和语言生成，并通过深度学习、强化学习等自动学习算法，及时形成知识积累。独立审核算法，自动把关，保证输出文章符合要求。

（4）应用灵活。根据需求定制写作模型，输出多样化文章；可配置个性规则；接入方式灵活，支持接口调用，主动推送。

京东"李白"的特点如图7-11所示。

图7-11 "李白"特点

3）技术支持

基于人工智能的自然语言生成（NLG）技术和京东商城大量的商品库和优质素材库。

7.2　写作机器人核心算法

对于人类来说,传统的写作有两个必要的条件,一个是需要人类平常通过学习日积月累的能力,另一个是每个人拥有的创造力和逻辑判断能力。目前,越来越多的数据资源可以被存储和利用,研究者们正在利用这些海量的数据资源,通过人工智能自然语言处理等技术让机器像人类一样具有写作的能力。机器写作是自然语言处理中的一个重要的应用领域,实现文本的自动生成,对于人工智能来说,也是其走向成熟一个重要标志。文本生成或者自然语言生成是较为学术的说法,经常在电视或者新闻媒体上见到的"机器人写古诗""自动对话生成""机器人写作""人工智能写作"等,都可以被视为文本生成的范畴。

在现阶段,根据不同的输入信息,可以将文本自动生成分为四种,包括:①意义到文本的生成,②文本到文本的生成,③数据到文本的生成,④图像到文本的生成等。进一步地,从输入信息和输出信息的容量来区分,文本生成文本具有两个方向的应用,包括:①由多到少,比如关键词、关键短语、自动摘要的提取,②由少到多的文本生成,包括通过关键词或者主题生成文章或者段落,句子的复述等。AI学习了足够多的文本,就可以模拟人类的写作思维和行文风格,生成特定应用或个性化风格的文章。写作机器人也能根据场景、对象、形式和媒介,随时自动撰写稿子,各种语言自由切换。形式方面,可以通过风格迁移技术,将散文秒变议论文或诗歌等。

任何一篇由算法驱动的"自动生成"的文本创作类写作流程分以下几个步骤:①获取数据、信息输入。理解消化关于数据和写作输出物有关系的各种数据,并能从各种形式的数据和素材中找到跟目标输出物有关的数据、信息。它可以是API,也可以是各种格式的数据、算法、服务。②分析数据,解析数据以及其内在关联、关系以及找到合理的数据结构表述,对数据及目标输出的表示进行归纳。③构建输出结构,对于不同类型和目标诉求的输出物,要求在输出结构的定义、输出结果的语义表示上进行合理化表达,当然引入用户画像进行个性化表达是更合理的。而进行语义表示则离不开知识图谱的约束或者支持,把数据放在输出对象的知识图谱背景框架下表示。④展示优化,遣词造句、语言修饰,是否用可视性元素装饰等,比如特别典型的这几种场景闲聊会话、长文、摘要、短新闻、通讯报道、故事、可视化图表为主的内容、微博、标题等。不同应用方式,优化的方向和方法也是不同的。⑤根据内容特点,选择内容出版分发通路,并且自动化输出到对应的媒介上,个性化展现、个性化分发,传递价值到用户和消费端。

上述流程中的技术环节是文本生成算法。目前,新闻报道仍然是机器写作最大的应用场景。接下来以新闻写作机器人为例阐述写作机器人的核心算法,主要有模板式、抽取式和生成式这三种技术方向[12]。

7.2.1　模板式写作

模板式是目前应用最成熟、也是最容易理解的一种实现方法。这种模式首先预先设置好文章模板,再将数据库中的结构化信息包括具体数字、百分比等填充进去,进行传统意义上的"照本宣科"工作,就像让机器人做填空题一样。新闻报道的基本结构和文字表述都是人类记者和编辑预先设置好的,只是在文中的部分地方留出"空格",让机器人填充。机器人在互联网上抓取数据,如人名、地名和数字等,对数据进行相应的计算或其他形式的处理,然后填充到人类预先设置好的文字模板中。比如,机器人要写作一篇基于模板的单只股票的报道,编辑们已经设置好了如下模板,"** 年 ** 月 ** 日,** 股份股价进一步(拉升 / 下跌),上涨 **,截至发稿,该股报 ** 元每股,成交 ** 手,换手率 **,振幅 **。",这里的" ** "部分就是机器人需要从互联网上抓取数据、计算并填充进入模板中的。括号中(拉升/ 下跌)的文字部分需要机器人对数据计算后进行选择判断。这种写作模式适合于由数据驱动的财经新闻、体育新闻和天气新闻。

针对同一个主题预先设置好的模板可以有多个,机器人会根据获得的数据选择使用具体的模板。当前模板式的机器人写稿方法,主要是通过利用优化算法,智能选择不同的模板组合进行新闻生成。具体的实现过程包括:基于输入的知识点与模板库进行候选模板检索;利用优化算法进行智能模板筛选,确定最终真正使用的模板;基于筛选得到的模板进行新闻文本生成。地震写稿机器人、腾讯的 Dreamwriter 等,都是这一类典型产品。

7.2.2　抽取式写作

这种模式是提取长文本中的关键信息,重新组织语言后输出。机器人在互联网上自动获取特定主题下的大量新闻报道,在分析处理之后,提取同一主题下多篇报道中最能表现主题的精华摘要,然后进行整合写作,形成一篇新的报道。对机器人而言,抽取式写作可以看作是基于自动摘要的二次创作。当然为了体现创新性,会对语言做一些处理,比如句子的压缩、同义词的替换等。自动新闻摘要就是用正文中的一些关键语句来概括整篇新闻报道的大致内容,用户通过阅读摘要就可以了解原报道的主要意思。自动摘要方法"基于一个假设,一篇文章的核心思想可以用文档中的某一句或某几句话来概括,那么摘要的任务就变成了找到文档中最重要的几句话,也就是一个排序的问题"[13]。自动文摘生成主要由三个步骤构成,如图 7-12 所示。

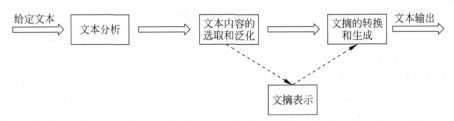

图 7-12　自动文摘步骤图

图 7-12 中的文本分析过程是对原文本进行分析处理,识别冗余信息;文本内容的选取和泛化过程是从文档中辨认出重要信息,通过摘录或概括的方法压缩文本,或者通过计算分析的方法形成文摘表示;文摘的转换和生成过程实现对原文内容的重组或者根据文本内部位置表示信息来生成文摘,确保文摘的连贯性。

一种典型的自动摘要模型是机器人程序对报道中的所有句子打分,得分高的句子按照顺序组合在一起。对句子打分的标准分为三部分。第一,句子位置。根据句子在全文中的位置给出分数。比如第 1 句话的得分最高,第 2 句话次之,第 3 句话的得分又稍低。当然,每段第 1 句话也可以赋予较高的分数。第二,文章内容与文章标题的关系。句子是否包含标题词?包含多少标题词?根据句子中包含标题词的多少以及对标题意义的呼应程度来打分。第三,句子关键词。首先对文章进行分词,统计每个词语的频率,将排名前5或者前10的有意义的词语提取出来,作为关键词,通过统计句子中包含关键词的情况以及关键词之间的间隔距离来打分。除了这种摘要模式,还有其他的摘要模式,都有一定的合理性与不足。自动生成的摘要可由人类进一步编辑、修正和充实初稿,辅助人类编写更加有效和专业的文本。抽取式写作主要用于话题盘点、事件脉络、热门要闻回顾、新闻搜索引擎等资讯聚合类文章。

7.2.3　生成式写作

这种模式不需要预先定制好的模板引导,也不会只是将获得的摘要进行简单组合,而是在对新闻素材进行语义解析的基础上进行真正意义上的全新创作。这种模式是纯算法生成,通常需要训练语言模型,对语言进行数学建模,然后根据输入的内容生成最符合原意且看起来流畅的文字。这个模式的核心是机器学习,即通过有监督学习方式,从训练数据中寻找特征、发现规则、构建模型。比如把某日报过去10年每期的所有文章标题,以及专业人士对这些标题的评判结果作为训练数据,训练出深度学习模型,则可以实现标题评价机器人。另外,通过序列的深度学习和增强学习技术,对获取的海量的新闻报道进行深度解析,分析与梳理出新闻报道中字词的搭配、语句的衔接以及段落的过渡方式,进而模仿人类的新闻写作模式,学习出名记者的写作风格。在训练完成之后,可以实现完全自主的数据抓取、新闻线索发掘以及新闻写作。从上面的示例可以看出,只要给AI一定数量的训练语料,AI就能进行模式学习。这种写作不需要去了解各个字背后的关系,只需要学习出文字在编辑上的规则,理论上这是可以由机器来做的。

生成式写作的典型技术是序列深度学习模型Seq2Seq。Seq2Seq模型基于输入序列,预测未知输出序列。模型由两部分构成,一个编码阶段的Encoder和一个解码阶段的Decoder。如图7-13的简单结构所示。Encoder的RNN每次输入一个字符代表的embedding向量,如依次输入x_1, x_2, x_3, x_4,输入序列依次通过隐层h_1, h_2, h_3, h_4编码成一个固定长度的向量C;之后解码阶段的RNN神经网络会依次通过一个一个字符地解码,依次输出预测值y_1, y_2, y_3, y_4。总之,Encoder通过编码输入序列获得语义编码C,Decoder通过解码C获得输出序列。seq2seq模型的输入和输出长度可以不一样。

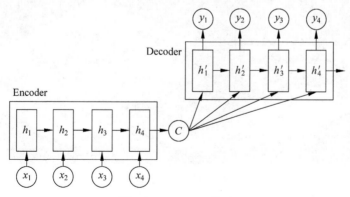

图 7-13　Seq2Seq 模型

近年来,自然语言预训练模型GPT(Generative Pre-Training)系列也在生成式写作中表现惊艳。GPT模型2018年出自OpenAI,本质上是一个性能优异的Encoder-Decoder模

型,允许扩展输入层和输出层,从而实现高性能的文本分类、文本蕴含、相似度、多项选择等问题[14]。2019 年推出的 GPT-2 模型在给定开头的基础上,AI 已经能够续写以假乱真的故事。2020 年推出的 GPT3 是一个超级大的自然语言处理模型,将学习能力转移到同一领域的多个相关任务中,既能做组词造句,又能做阅读理解,核心是文本生成,可以根据上文提示,自动补齐下文。GPT-3 涵盖了 1 750 亿个参数,远超 GPT-2 和其他 AI 文本生成模型,其写作水平能够与人类媲美。任何领域的专业问题,它都能自动生成相互匹配的下文。GTP-3 被形容为"如果 iPhone 的出现,是将全世界的知识装进了您的口袋,那么 GPT-3 则为你提供了 10 000 个能够与你在任何话题上交流的博士。"

当前比较热门的 AI 生成文本的场景有:用莎士比亚的作品来做训练,模型就能生成类似莎士比亚的句子;利用汪峰的歌词做训练,模型也能生成类似歌词的句子来;或者是自动生成新闻标题等。当然,人类目前对于大脑的运作机制的认识还不是很深刻,对于自我意识的本质还没有搞清楚,因此,人工智能的算法不能完全模拟人类的思考和行为方式,生成式新闻写作还处于初级阶段,还没有成功落地的产品。

这三种写作模式并不是截然分开的,很多时候是有机融合在一起的。就目前而言,前两种写作模式已经投入了新闻传媒业的实践应用,一定程度上替代了新闻采编人员的低端重复劳动,引导新闻采编人员从事更有创造力、更有价值的新闻活动。第三种写作模式目前还处在探索和萌芽阶段,但却是最有发展前景的机器人写作模式。

7.3　写作机器人开发案例

7.3.1　Giiso 平台体验

首先我们登录到 Giiso 的平台网址 http://www.giiso.com/index.html,可看到如图 7-14 所示的 Giiso 首页图。

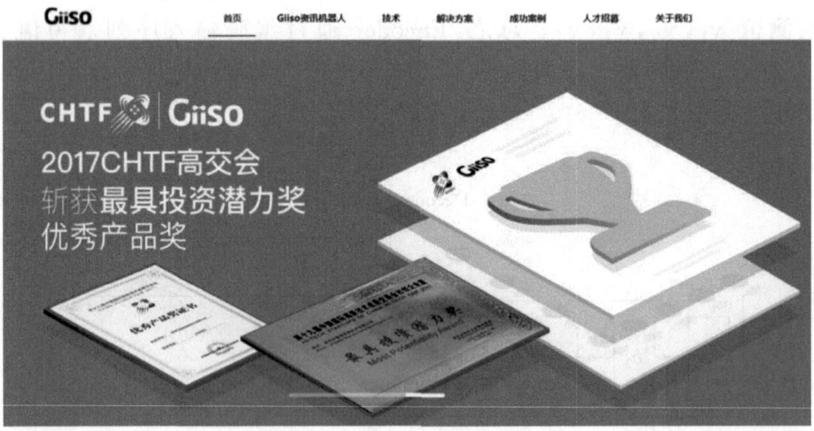

图 7-14　Giiso 首页图

Giiso 平台有两种机器人可供体验。

第一种:写作机器人小智

小智机器人(图 7-15)提供了四种选择方式(图 7-16),我们可以通过输入关键词来让它

帮助我们创作出一篇文章。

图 7-15 写作机器人小智

试着给它一个"超级英雄"的关键词让它帮我们创作一个热点（图 7-17）。

由此可见，它可以结合最新的资讯创作出一篇让人认可的文章。

第二种：资讯机器人

图 7-18 给出了 Giiso 资讯机器人页面截图。通过 Giiso 资讯机器人，只需要简单的两步就可以快速生成一个个性资讯频道，如图 7-19 和 7-20 所示。

图 7-16 Giiso 写作功能图

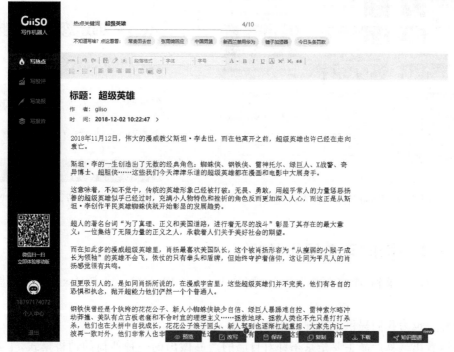

图 7-17 "超级英雄"关键词创作效果图

图 7-18　Giiso 资讯机器人

图 7-19　Giiso 资讯机器人设置 1

图 7-20　Giiso 资讯机器人设置 2

7.3.2　京东"李白写作"体验

首先我们登录到"李白写作"的平台网址 https://libai.jd.com/index.html，如图 7-21 所示。

同样它也为我们提供了四种创作方式(图 7-22)。

可以看出这款产品主要是京东针对自己的产品做出的一种便捷的销售模式，主要以产品的介绍为主。我们试着选择一个商品让它生成一篇文章。

图 7-21　李白写作平台

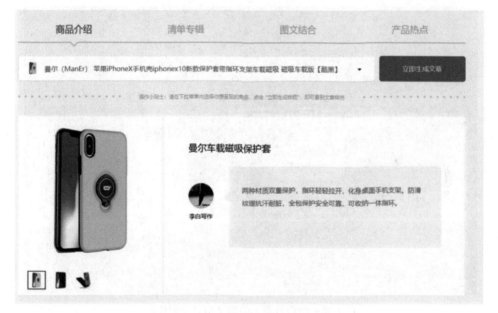

图 7-22　李白机器人提供的四种创作方式

（1）商品介绍（乔丹休闲鞋，如图 7-23 所示）。

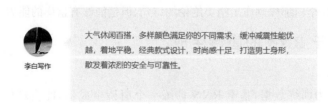

图 7-23　李白机器人的商品介绍功能展示

（2）清单专辑（如图 7-24 所示）。

时尚牛仔夹克，彰显型男魅力

现如今的牛仔夹克，结合现代的破洞，水洗，猫须等等潮流元素的点缀，深受都市型男的追崇，谁的衣橱又怎能没有几件牛仔夹克呢？试试以下这几款夹克，需要购买的朋友们可以快快围观选购了。

图 7-24　李白机器人的清单专辑功能展示

（3）图文结合（如图 7-25 所示）。

图 7-25　李白机器人的图文结合功能展示

（4）产品热点（如图 7-26 所示）。

对于一件商品进行简单的描述就可以让我能够了解这件商品的基本信息。此外，"李白写作"还可以为商品做出一首诗，图 7-27 是为口红做的一首诗。

虽然不能像诗仙李白那样创作出精美绝伦的诗句，但是能够有这样的能力也足以令人惊叹。

7.3.3　基于 RNN 的唐诗生成

1. 问题描述

使用《唐诗》作为训练数据，基于 RNN 训练一个唐诗生成器，能实现的功能是：给定起始首字段，模型能自动生成一首唐诗。

三只松鼠坚果炒货休闲零食蒜香豌豆90g/袋

果肉饱满　　果香原色

图 7-26 李白机器人的产品热点功能展示

2. 唐诗生成原理

（1）将一个唐诗文本序列依次输入到循环神经网络；

（2）对于给定前缀序列的序列数据，对序列中将要出现的下一个词的概率分布建立模型；

（3）这样就可以每次产生一个新的词。

如图 7-28 所示，我们想要从给定序列"床前明月光"中生成"床前明月光"。每次输入到循环神经网络中一个词，并计算其概率分布。所以每个词的出现概率分布都是基于前面历史序列得到的，如第二个"前"的概率是通过历史信息"床"得出。在输出层可以通过最大似然或者条件随机场等规则选择结果。再经过不断的迭代和优化训练出文本生成的模型。

图 7-27 李白机器人的作诗功能

— 训练过程(训练language model):输入原文本{START,X_1,X_2,$\cdots$,X_n},模型输出 {Y_1,Y_2,$\cdots$,Y_{n-1},END}。模型输出和原文本{X_1,X_2,$\cdots$,X_n,END}利用交叉熵计算cost

— 生成过程:输入开始符START,预测下一个字,然后将预测结果作为输入,至到预测结束符

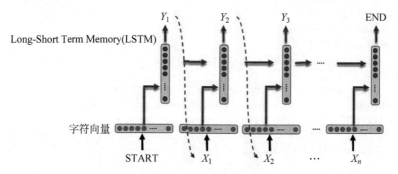

图 7-28 LSTM 训练示意图

配置说明：

```python
import collections
import numpy as np
import tensorflow as tf
import os
```

数据读取过滤，存放在项目文件下：

```python
poetry_file = os.getcwd() + '/poetry.txt'
poetrys = []
with open(poetry_file, "r",encoding = 'utf - 8') as f:
    for line in f:
        try:
            #line = line.decode('UTF - 8')                              #转化为 unicode
            line = line.strip(u'\n')                                    #删除左右全部空格
            title, content = line.strip(u' ').split(u':')              #将句子拆分为标题与内容
            content = content.replace(u' ',u'')                        #空格去除
            if u'_' in content or u'(' in content or u'(' in content or u'《' in content or u'[' in content:
                continue                                                #过滤掉不符合规范的内容
            if len(content) < 5 or len(content) > 79:
                continue                                                #过滤长度不符的内容
            content = u'[' + content + u']'                            #内容添加开始符'['与结束符']'
            poetrys.append(content)
        except Exception as e:
            pass
```

词典搭建，词向量处理。

```python
#按诗的字数排序
poetrys = sorted(poetrys,key = lambda line: len(line))
print('The total number of the tang dynasty: ', len(poetrys))

#统计每个字出现次数
all_words = []
for poetry in poetrys:
    all_words += [word for word in poetry]
counter = collections.Counter(all_words)
count_pairs = sorted(counter.items(), key = lambda x: - x[1])
words, _ = zip( * count_pairs)

#取前多少个常用字
words = words[:len(words)] + (' ',)
#每个字映射为一个数字 ID
word_num_map = dict(zip(words, range(len(words))))
#把诗转换为向量形式
to_num = lambda word: word_num_map.get(word, len(words))
poetrys_vector = [ list(map(to_num, poetry)) for poetry in poetrys]
#[[314, 3199, 367, 1556, 26, 179, 680, 0, 3199, 41, 506, 40, 151, 4, 98, 1],
#[339, 3, 133, 31, 302, 653, 512, 0, 37, 148, 294, 25, 54, 833, 3, 1, 965, 1315, 377, 1700,
562, 21, 37, 0, 2, 1253, 21, 36, 264, 877, 809, 1]
#....]
```

模型定义：

```
input_data = tf.placeholder(tf.int32, [batch_size, None])
output_targets = tf.placeholder(tf.int32, [batch_size, None])
#定义循环神经网络模型，默认使用LSTM，RNN_size为128，层数为2
def neural_network(model = 'lstm', rnn_size = 128, num_layers = 2):
#选择网络类型
    if model == 'rnn':
        cell_fun = tf.contrib.rnn.BasicRNNCell
    elif model == 'gru':
        cell_fun = tf.contrib.rnn.GRUCell
    elif model == 'lstm':
        cell_fun = tf.contrib.rnn.BasicLSTMCell

    cell = cell_fun(rnn_size, state_is_tuple = True)          #定义单个单元
    cell = tf.contrib.rnn.MultiRNNCell([cell] * num_layers, state_is_tuple = True)
                                                    #多层单元堆叠

    initial_state = cell.zero_state(batch_size, tf.float32)      #初始单元初始状态，0初始化
    #
    with tf.variable_scope('rnnlm'):
        softmax_w = tf.get_variable("softmax_w", [rnn_size, len(words)])
        softmax_b = tf.get_variable("softmax_b", [len(words)])
        with tf.device("/cpu:0"):
            #词向量初始化，维度为[词典大小，网络宽度]
            embedding = tf.get_variable("embedding", [len(words), rnn_size])
            #词向量嵌入，维度为[batch_size，句子长度，网络宽度]
            inputs = tf.nn.embedding_lookup(embedding, input_data)
    #使用动态解码
outputs, last_state = tf.nn.dynamic_rnn(cell, inputs, initial_state = initial_state, scope =
'rnnlm')
#对于输出层使用softmax激活函数
    output = tf.reshape(outputs, [-1, rnn_size])
    logits = tf.matmul(output, softmax_w) + softmax_b
probs = tf.nn.softmax(logits)
#返回logits，上下文状态，最大化概率，网络单元，初始状态
    return logits, last_state, probs, cell, initial_state
```

数据批处理：

```
#每次取64首诗进行训练
batch_size = 64
#计算需要迭代次数
n_chunk = len(poetrys_vector) // batch_size
#定义数据集函数进行批处理
class DataSet(object):
    #函数变量初始化
    def __init__(self,data_size):
        self._data_size = data_size
        self._epochs_completed = 0
```

```
        self._index_in_epoch = 0
        self._data_index = np.arange(data_size)
    # 定义获得下一批数据函数
    def next_batch(self,batch_size):
        start = self._index_in_epoch
        # 如果最后剩下的数量不够随机取 batch_size 个数据，够的话按 batch_size 数量增加取数据
        if start + batch_size > self._data_size:
            np.random.shuffle(self._data_index)
            self._epochs_completed = self._epochs_completed + 1
            self._index_in_epoch = batch_size
            full_batch_features ,full_batch_labels = self.data_batch(0,batch_size)
            return full_batch_features ,full_batch_labels
        else:
            self._index_in_epoch += batch_size
            end = self._index_in_epoch
            full_batch_features ,full_batch_labels = self.data_batch(start,end)
            if self._index_in_epoch == self._data_size:
                self._index_in_epoch = 0
                self._epochs_completed = self._epochs_completed + 1
                np.random.shuffle(self._data_index)
            return full_batch_features,full_batch_labels
    # 定义取 batch_size 个数据函数，从 0 开始，依次以 batch_size 增长
    def data_batch(self,start,end):
        batches = []
        for i in range(start,end):
            batches.append(poetrys_vector[self._data_index[i]])
        # 计算 batch 中最大长度
        length = max(map(len,batches))

        xdata = np.full((end - start,length), word_num_map[' '], np.int32)
        for row in range(end - start):
            xdata[row,:len(batches[row])] = batches[row]
        # 唐诗生成输入与输出相同，只是输入少了起始符‘[’，输出多了结束符‘]’
        ydata = np.copy(xdata)
        ydata[:,:-1] = xdata[:,1:]
        return xdata,ydata
```

加载模型：

```
如果已存在训练好的模型直接加载最新，无则初始化模型全部变量
def load_model(sess, saver,ckpt_path):
    latest_ckpt = tf.train.latest_checkpoint(ckpt_path)
    if latest_ckpt:
        print ('resume from', latest_ckpt)
        saver.restore(sess, latest_ckpt)
        return int(latest_ckpt[latest_ckpt.rindex('-') + 1:])
    else:
        print ('building model from scratch')
        sess.run(tf.global_variables_initializer())
        return - 1
```

开始训练：

```
# 定义训练函数
def train_neural_network():
    # 调用已定义好的 neural_network 模型
    logits, last_state, _, _, _ = neural_network()
targets = tf.reshape(output_targets, [-1])
# 使用 sequence_loss_by_example 函数计算序列损失
loss = tf.contrib.legacy_seq2seq.sequence_loss_by_example([logits], [targets], [tf.ones_
like(targets, dtype = tf.float32)], len(words))
# 计算平均损失
cost = tf.reduce_mean(loss)
# 优化学习率定义
    learning_rate = tf.Variable(0.0, trainable = False)
tvars = tf.trainable_variables()
# 使用梯度截断，防止梯度爆炸。默认值为 5
    grads, _ = tf.clip_by_global_norm(tf.gradients(cost, tvars), 5)
# 使用 Adam 优化策略
    optimizer = tf.train.AdamOptimizer(learning_rate)
train_op = optimizer.apply_gradients(zip(grads, tvars))
# 允许 tf 自动选择一个存在并且可用的设备来运行操作
Session_config = tf.ConfigProto(allow_soft_placement = True)
# 动态申请显卡
    Session_config.gpu_options.allow_growth = True
    # 读取数据
    trainds = DataSet(len(poetrys_vector))


    with tf.Session(config = Session_config) as sess:
        with tf.device('/gpu:2'):
            sess.run(tf.initialize_all_variables())

            saver = tf.train.Saver(tf.all_variables())
            last_epoch = load_model(sess, saver, 'model/')
            # 开始训练，默认 100epoch 迭代。
            for epoch in range(last_epoch + 1,100):
                sess.run(tf.assign(learning_rate, 0.002 * (0.97 ** epoch)))

                all_loss = 0.0
                for batche in range(n_chunk):
                    x, y = trainds.next_batch(batch_size)
                    train_loss, _, _ = sess.run([cost, last_state, train_op], feed_dict = {input_
                    data: x, output_targets: y})

                    all_loss = all_loss + train_loss
                    # 每 50 次输出一次结果
                    if batche % 50 == 1:
                        # print(epoch, batche, 0.01, train_loss)
                        print(epoch, batche, 0.002 * (0.97 ** epoch), train_loss)
                # 每 epoch 保存模型
                saver.save(sess, 'model/poetry.module', global_step = epoch)
                print (epoch, 'Loss: ', all_loss * 1.0 / n_chunk)
```

预测函数定义：使用模型时首先应该加载出该模型使我们方便使用。

已知一首诗的开始标志字为"["，设其初始状态为 0，由此开始载入模型，迭代可以求得整首古诗，古诗的结束标志为"]"，出现了此输出结果表示古诗生成完毕，退出循环，打印结果。

```python
# 使用训练完成的模型
def gen_poetry():
    _, last_state, probs, cell, initial_state = neural_network()
    Session_config = tf.ConfigProto(allow_soft_placement = True)
    Session_config.gpu_options.allow_growth = True
    with tf.Session(config = Session_config) as sess:
        with tf.device('/gpu:1'):
            sess.run(tf.initialize_all_variables())
            saver = tf.train.Saver(tf.all_variables())
            saver.restore(sess, 'model/poetry.module - 99')
            state_ = sess.run(cell.zero_state(1, tf.float32))

            x = np.array([list(map(word_num_map.get, '['))])
            [probs_, state_] = sess.run([probs, last_state], feed_dict = {input_data: x,
            initial_state: state_})
            # 使用最大概率作为结果
            word = words[np.argmax(probs_)]
            poem = ''
            # 如果未出现结束符'']'则不断的迭代
            while word != ']':
                poem += word
                x = np.zeros((1, 1))
                x[0, 0] = word_num_map[word]
                [probs_, state_] = sess.run([probs, last_state], feed_dict = {input_data:
                x, initial_state: state_})
                word = to_word(probs_)
                # word = words[np.argmax(probs_)]
            return poem
```

应用模型，在主函数里先调用函数 train_neural_network 开始训练，之后调用函数 gen_poetry 直接预测模型。

```python
if __name__ == '__main__':
    train_neural_network()
print(gen_poetry())
```

效果如图 7-29 所示。

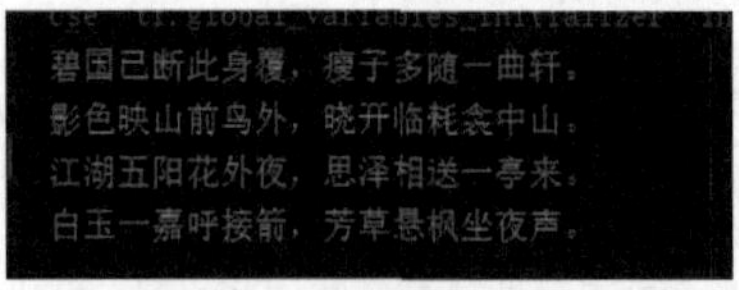

图 7-29　基于 RNN 的唐诗生成模型应用效果

7.3.4　图片描述生成

图像描述生成(image caption)是一个融合计算机视觉、自然语言处理和机器学习的综合问题,它类似于翻译一幅图片为一段描述文字[15]。该任务对于人类来说非常容易,但是对于机器却非常具有挑战性,它不仅需要利用模型去理解图片的内容并且还需要用自然语言去表达它们之间的关系。除此之外,模型还需要能够抓住图像的语义信息,并且生成人类可读的句子。

本项目采用 2015 年发表在 *IEEE Transactions on Pattern Analysis and Machine Intelligenc* 的论文"Show and tell: Lessons learned from the 2015 mscoco image captioning challenge"[16]中的模型实现中文图片描述。其采用了 VGG15 结合 LSTM 来生成图片描述。数据集来自 mscoco image captioning challenge①。这里我们使用已训练的图片特征向量,所以只需训练 LSTM 部分。

1. 模型框架

具体的模型框架图,如图 7-30 所示。

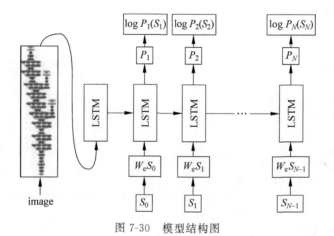

图 7-30　模型结构图

2. 数据介绍

我们的数据集对给定的每一张图片有五句话的中文描述。描述句子符合自然语言习惯,点明了图像中的重要信息,涵盖主要人物、场景、动作等内容。此次发布的图像描述数据集以中文描述语句为主,与同类科研任务常见的英文数据集相比,中文描述通常在句法、词法上灵活度较大,算法实现的挑战也较大。数据集包含 30 万张图片,150 万句中文描述。训练集: 210 000 张,验证集: 30 000 张,测试集 A: 30 000 张,测试集 B: 30 000 张。其中数据形式包含图像和对应 5 句中文描述,以图 7-31 为例。

中文描述:

(1) 蓝天下一个穿灰色 T 恤的帅小伙以潇洒的姿势上篮;

(2) 蔚蓝的天空下一位英姿飒爽的男孩在上篮;

---

① https://pan.baidu.com/s/1LDHc6Fx7VHR4zhkzdRRc7Q#list/path=%2F&parentPath=%2F

图 7-31　数据样例图

（3）蓝天下一个腾空跃起的男人正在奋力地灌篮；

（4）一个穿着灰色运动装的男生在晴朗的天空下打篮球；

（5）一个短头发的男孩在篮球场上腾空跃起。

3. 模型代码

工具包定义 Utils.py。

```python
#加载所需配置包
import jieba
from collections import Counter
import numpy as np
import h5py
#加载图片数据函数
def load_img(path):
    with h5py.File(path, 'r') as f:
        return f['train_set'][()], f['validation_set'][()], f['test_set'][()]


#加载文本数据函数
def load_text(path):
    with open(path, 'r', encoding = 'utf - 8 - sig') as f:
        ids, sentences = [], []
        idx = 0
        for i, line in enumerate(f):
            s = line.strip()
            try:
                idx = int(s)
            except ValueError:
                ids.append(idx)
                sentences.append(s)
        return ids, sentences

#定义分词函数,使用jieba分词除去符号,或者除去非中文字符
punctuations = {',', '、', '。', '，'}
def segmentation(sentence, ignore_non_chinese):
    if ignore_non_chinese:
```

```
        return [word for word in jieba.cut(sentence, HMM = False) if any('\u4e00' <= char
        <= '\u9fff' for char in word)]
    else:
        return [word for word in jieba.cut(sentence, HMM = False) if word not in punctuations]

#处理文本数据函数
def encode_text(sentences, vocab = None, max_size = None, ignore_non_chinese = True, with_
begin_end = True):
    no_vocab = vocab is None
    tokens = []
for s in sentences:

        words = segmentation(s, ignore_non_chinese = ignore_non_chinese)
        if with_begin_end:
            #添加标识符'<BEG>''
            tokens.append(['<BEG>'] + words + ['<BEG>'])
        else:
            tokens.append(words)
    #如果如默认词典,则建立词典
    if no_vocab:
        word_count = Counter(word for seq in tokens for word in seq)
        freq_list = sorted(word_count.items(), key = lambda p:p[1], reverse = True)
        #最大词典数筛选
        if max_size is not None:
            top_words = [word for word, freq in freq_list[:max_size - 2]]
        else:
            top_words = [word for word, freq in freq_list]
        vocab = dict(zip(top_words, range(1, len(top_words) + 1)))
        vocab['<NUL>'] = 0
        vocab['<UNK>'] = len(vocab)


# 文本数据编码
ret = []
    for s in tokens:
        ret.append([vocab.get(word, vocab['<UNK>']) for word in s])
    #反向词典建立
    vocab_inverse = dict((idx, word) for word, idx in vocab.items())
    if no_vocab:
        return ret, vocab, vocab_inverse
    else:
        return ret
#函数:将编码后的id序列转为词序列
def decode_text(seqs, vocab_inv, sep = ''):
    return [sep.join(vocab_inv.get(idx) for idx in s) for s in seqs]
#将数据转为矩阵形式,以当前批次数据最大长度为矩阵列数
def seq2array(seqs, dtype = np.int64):
    max_len = max(len(s) for s in seqs)
    ret = np.zeros((len(seqs), max_len), dtype = dtype)
    seqlen = np.zeros(len(seqs), dtype = np.int64)
    for i, s in enumerate(seqs):
```

```
        ret[i, :len(s)] = s
        seqlen[i] = len(s)
    return ret, seqlen
# 函数:将矩阵转为序列 list
def array2seq(arr, stopper):
    ret = []
    for i in range(arr.shape[0]):
        pos_end = np.nonzero(arr[i, :] == stopper)[0]
        if pos_end.shape[0] > 0:
            ret.append(list(arr[i, :pos_end[0]]))
        else:
            ret.append(list(arr[i, :]))
return ret
```

模型训练 Trian. py。

```
# 导入相应包
import tensorflow as tf
import tensorlayer as tl
import numpy as np
from datetime import datetime
import os
导入 utils 包中的函数
from utils import *


# 模型参数配置,使用 FLAGS 定义参数命名
flags = tf.app.flags
FLAGS = flags.FLAGS
flags.DEFINE_integer('n_epoch', 10, 'Number of epoches to train')
flags.DEFINE_integer('n_hidden', 512, 'Dimension of hidden states in LSTM')
flags.DEFINE_integer('n_embed', 512, 'Dimension of word embedding vectors')
flags.DEFINE_integer('k_beam', 3, 'Width of beam in beam search')
flags.DEFINE_float('lam', 0.1, 'Regularization factor on alpha (attention strength)')
flags.DEFINE_float('end_penalty', 1.0, 'Penalty of each timestep after <END> in beam search')
flags.DEFINE_boolean('use_partial_val', False, 'Set this only when comparing results with
validation set agreement')
flags.DEFINE_boolean('print_val', True, 'Print generated captions for selected images of
validation set in log')
flags.DEFINE_boolean('output_test', True, 'Output generated captions for test set')
flags.DEFINE_string('output_dir', datetime.now().strftime('%y%m%d%H%M'), 'Name of output
directory')


# 模型参数初始化
d_local = 512
a_local = 7
n_epoch = FLAGS.n_epoch
n_hidden = FLAGS.n_hidden
n_embed = FLAGS.n_embed
```

```
keep_prob = 0.5
k_beam = FLAGS.k_beam
lam = FLAGS.lam
end_penalty = FLAGS.end_penalty
use_partial_val = FLAGS.use_partial_val
print_val = FLAGS.print_val
output_test = FLAGS.output_test
output_dir = FLAGS.output_dir
# 新建保存输出的文件夹 results
try:
    os.mkdir(os.path.join('results', output_dir))
except FileExistsError:
Pass



# 读取图像数据
train_img, val_img, test_img = load_img('./data/image_vgg19_block5_pool_feature.h5')
n_val = val_img.shape[0]
n_test = test_img.shape[0]


# 处理训练文本数据，对应数据 ID 与文本，其中 ID 对应图像 ID
train_idx, train_sentences = load_text('./data/train.txt')
train_dict = {}
for idx, stc in zip(train_idx, train_sentences):
    train_dict.setdefault(idx, []).append(stc)
for idx in train_dict.keys():
    if len(train_dict[idx]) < 5:
        orig = train_dict[idx][:]
        shuffle_idx = np.random.permutation(len(orig))
        for i in range(5 - len(orig)):
            train_dict[idx].append(orig[shuffle_idx[i % len(orig)]])
train_pairs = [(idx, stc) for idx, stcs in train_dict.items() for stc in stcs]
train_idx = np.array([idx for idx, stc in train_pairs])
train_sentences = [stc for idx, stc in train_pairs]
# 将所得的训练集传入 encode_text 获得句子序列、词典、反向词典
train_seq, vocab, vocab_inv = encode_text(train_sentences)

# 处理验证文本数据
val_idx, val_sentences = load_text('./data/valid.txt')
# 验证数据无需加起始符与结束符，所以 with_begin_end = False
val_seq = encode_text(val_sentences, vocab = vocab, ignore_non_chinese = False, with_begin_
end = False)
val_dict = {}
val_test = {}
for idx, seq in zip(val_idx, val_seq):
    if val_dict.get(idx) is None:
        if use_partial_val:
            val_test[idx] = seq
            val_dict[idx] = []
```

```
        else:
            val_dict[idx] = [seq]
    else:
        val_dict[idx].append(seq)
for idx in val_dict.keys():
    if len(val_dict[idx]) == 0:
        val_dict[idx] = [val_test[idx]]

#将数据转成矩阵形式
train_seq, train_len = seq2array(train_seq)
max_step = train_seq.shape[1]
n_train = len(train_idx)


sess = tf.InteractiveSession()
#模型输入变量定义
img_local = tf.placeholder(tf.float32, shape = [None, a_local, a_local, d_local], name = 'img')
seq_in = tf.placeholder(tf.int64, shape = [None, None], name = 'seq_in')
seq_len = tf.placeholder(tf.int64, shape = [None], name = 'seq_len')
seq_max_len = tf.shape(seq_in)[1]
seq_truth = tf.placeholder(tf.int64, shape = [None, None], name = 'seq_truth')
#输入层定义,输入图片特征
init_net = tl.layers.InputLayer(inputs = img)
#带 sigmoid 激活函数的全连接层
init_net = tl.layers.DenseLayer(init_net,
    n_units = n_hidden,
    act = tf.sigmoid,
    name = 'init_transform')


#embedding 层
network = tl.layers.EmbeddingInputlayer(
    inputs = seq_in,
    vocabulary_size = len(vocab),
    embedding_size = n_embed,
    name = 'embedding')
    #对模型添加 Dropout 层
network = tl.layers.DropoutLayer(network, keep = keep_prob, name = 'lstm_in_dropout')


    #初始化初始状态
init_state_c = tf.placeholder(tf.float32, shape = [None, n_hidden], name = 'init_state_c')
init_state_h = tf.placeholder_with_default(init_net.outputs, shape = [None, n_hidden], name
= 'init_state_h')
    #动态解码层
network = tl.layers.DynamicRNNLayer(network,
    cell_fn = tf.contrib.rnn.BasicLSTMCell,
    n_hidden = n_hidden,
    sequence_length = seq_len,
    initial_state = tf.contrib.rnn.LSTMStateTuple(init_state_c, init_state_h),
    name = 'lstm')
    #定义模型最后输出
```

```
state_outputs = network.final_state
#对 network 输出添加 DropoutLayer
network = tl.layers.DropoutLayer(network, keep = keep_prob, name = 'lstm_out_dropout')
#将 network 输出重构为[batch_size,n_hidden]
network = tl.layers.ReshapeLayer(network, shape = [-1, n_hidden], name = 'lstm_out_reshape')
#对输出添加全连接层,转为字典大小
network = tl.layers.DenseLayer(network,
    n_units = len(vocab),
    act = tf.identity,
    name = 'unembedding')
#重构为[batch_size,seq_max_len, len(vocab)]
network = tl.layers.ReshapeLayer(network, shape = [-1, seq_max_len, len(vocab)], name =
'unembed_reshape')


#因为使用 beam_search 搜索方法输出,所以保留 k_top
k_top = tf.placeholder_with_default(1, shape = [], name = 'k_top')
top_k_loglike, top_k_ind = tf.nn.top_k(tf.nn.log_softmax(network.outputs), k = k_top)
#使用 sparse_softmax_cross_entropy_with_logits 函数计算损失函数
loss_per_word = tf.nn.sparse_softmax_cross_entropy_with_logits(labels = seq_truth, logits =
network.outputs, name = 'cross_entropy')
#序列 mask 只计算对于长度 loss
seq_mask = tf.sequence_mask(seq_len, max_step - 1, dtype = tf.float32)
loss = tf.reduce_sum(loss_per_word * seq_mask)


dropout_dict = {** network.all_drop, ** init_net.all_drop}
#将 network 与 init_net 模型参数都添加至最后优化
train_vars = network.all_params + init_net.all_params
train_op = tf.train.AdamOptimizer().minimize(loss, var_list = train_vars)


#函数:验证与预测生成文本。使用 Beam_search 方法搜索
def generate_seq(batch_img, k_beam = 1):
    batch_size = batch_img.shape[0]
    first_dim = batch_size * k_beam
    batch_img_in = np.repeat(batch_img, k_beam, axis = 0)
    batch_seq_in = np.zeros((first_dim, 1), dtype = np.int64)
    batch_seq_len = np.ones((first_dim,), dtype = np.int64)
    batch_res = np.zeros((first_dim, max_step - 1), dtype = np.int64)
    batch_loglike_sum = np.zeros((first_dim,), dtype = np.float32)
    zero_state = np.zeros((first_dim, n_hidden), dtype = np.float32)
    for t in range(max_step - 1):
        if t == 0:
            batch_seq_in[:, 0] = vocab['<BEG>']
            feed_dict = {img: batch_img_in, k_top: k_beam,
                    seq_in: batch_seq_in, seq_len: batch_seq_len, init_state_c: zero_state}
        else:
            batch_seq_in[:, 0] = new_step
            feed_dict = {img: batch_img_in, k_top: k_beam,
                    seq_in: batch_seq_in, seq_len: batch_seq_len, init_state_c: new_c,
                    init_state_h: new_h}
            #测试时关闭 dropout,把 probabilities 全设为 1,放入 feed_dict
```

```
            feed_dict.update(tl.utils.dict_to_one(dropout_dict))
            step_loglike, step_ind, step_state = sess.run([top_k_loglike, top_k_ind, state_
            outputs], feed_dict = feed_dict)

            new_batch_res = np.zeros((first_dim, max_step - 1), dtype = np.int64)
            new_batch_loglike_sum = np.zeros((first_dim,), dtype = np.float32)
            new_step = np.zeros((first_dim,), dtype = np.int64)
            new_c = np.zeros((first_dim, n_hidden), dtype = np.float32)
            new_h = np.zeros((first_dim, n_hidden), dtype = np.float32)
            for i in range(batch_size):
                if t > 0:
                    for j in range(k_beam):
                        if batch_res[i * k_beam + j, t - 1] == vocab['<END>']:
                            step_loglike[i * k_beam + j, 0, 0] = - end_penalty
                            step_loglike[i * k_beam + j, 0, 1:] = - np.inf
                            step_ind[i * k_beam + j, 0, 0] = vocab['<END>']
                cand_loglike = batch_loglike_sum[i * k_beam:(i + 1) * k_beam].reshape((- 1, 1)) \
                        + step_loglike[i * k_beam:(i + 1) * k_beam, 0, :]
                if t == 0:
                    cand_top_k = np.arange(k_beam)
                else:
                    cand_top_k = np.argsort(cand_loglike, axis = None)[- 1: - k_beam - 1: - 1]
                for rank, ind in enumerate(cand_top_k):
                    row = ind // k_beam
                    col = ind % k_beam
                    new_batch_res[i * k_beam + rank, :t] = batch_res[i * k_beam + row, :t]
                    new_step[i * k_beam + rank] = step_ind[i * k_beam + row, 0, col]
                    new_batch_loglike_sum[i * k_beam + rank] = cand_loglike[row, col]
                    new_c[i * k_beam + rank] = step_state.c[i * k_beam + row, :]
                    new_h[i * k_beam + rank] = step_state.h[i * k_beam + row, :]
            new_batch_res[:, t] = new_step
            batch_res = new_batch_res
            batch_loglike_sum = new_batch_loglike_sum
            all_end = np.all(np.any(batch_res == vocab['<END>'], axis = 1))
            if all_end:
                break
        best_res = batch_res[::k_beam, :]
        seqs = array2seq(best_res, vocab['<END>'])
        texts = decode_text(seqs, vocab_inv)
        return seqs, texts


# 开始训练
sess.run(tf.global_variables_initializer())
batch_size = 20
zero_state = np.zeros((batch_size, n_hidden), dtype = np.float32)
# 计算所需轮数
batch_per_epoch = n_train // batch_size
# 计算验证与测试的 batch 数
n_batch_val = n_val // batch_size
n_batch_test = n_test // batch_size
```

```
accum_loss = 0
#根据总训练样本打乱 ID,相当于打乱数据
shuffle_idx = np.random.permutation(n_train)
for i_epoch in range(n_epoch):
    for i_batch in range(batch_per_epoch):
        batch_idx = shuffle_idx[i_batch * batch_size:(i_batch + 1) * batch_size]
        batch_img = train_img[train_idx[batch_idx] - 1, :]
        batch_seq_in = train_seq[batch_idx, :-1]
        batch_seq_truth = train_seq[batch_idx, 1:]
        batch_seq_len = train_len[batch_idx] - 1
        #传入模型参数
        feed_dict = {img: batch_img, seq_in: batch_seq_in, seq_len: batch_seq_len, seq_
        truth: batch_seq_truth, init_state_c: zero_state}
        #训练时启动 dropout
        feed_dict.update(dropout_dict)
        _, batch_loss = sess.run([train_op, loss], feed_dict = feed_dict)
        accum_loss += batch_loss
        #每 100 轮输出训练结果
        if (batch_per_epoch * i_epoch + i_batch + 1) % 100 == 0:
            print('[TRAIN]', 'E = % d/ % d' % (i_epoch + 1, n_epoch), 'B = % d/ % d' % (i_batch +
            1, batch_per_epoch), 'loss = % f' % (accum_loss/100))
            accum_loss = 0


    bleu_counter = BLEUCounter()
    rouge_l_sum = 0
    cider_d_sum = 0
    #训练一轮后开始验证
    val_file_path = os.path.join('results', output_dir, 'val_meteor_E % 02d.txt' % (i_epoch + 1))
    with open(val_file_path, 'w', encoding = 'utf8') as f:
        for i_batch in range(n_batch_val):
            batch_img = val_img[i_batch * batch_size:(i_batch + 1) * batch_size]
            seqs, texts = generate_seq(batch_img, k_beam = k_beam)
            text_seged = decode_text(seqs, vocab_inv, sep = ' ')
            for i, seq in enumerate(seqs):
                idx = i_batch * batch_size + i + 8001
                print(text_seged[i], file = f)
                if idx % 20 == 3 and print_val:
                    print('[ VAL ]', idx, texts[i])
                bleu_counter.add(seq, val_dict[idx])
                rouge_l_sum += rouge_l(seq, val_dict[idx])
                cider_d_sum += cider_d(seq, val_dict[idx], idf, n_val)
    print('[ VAL ]', 'EPOCH % d/ % d' % (i_epoch + 1, n_epoch))
    #此处计算文本评价指标,可省略
    bleus = bleu_counter.get_bleu()
    for n in range(1, 5):
        print('[ VAL ]', 'BLEU - % d = % f' % (n, bleus[n - 1]))
    print('[ VAL ]', 'METEOR = % f' % meteor(val_file_path, 'data/valid_meteor.txt'))
    print('[ VAL ]', 'ROUGE - L = % f' % (rouge_l_sum / n_val))
    print('[ VAL ]', 'CIDEr - D = % f' % (cider_d_sum / n_val))
    if output_test:
```

```
    with open(os.path.join('results', output_dir, 'test_E%02d.txt'%(i_epoch + 1)),
    'w', encoding = 'utf8') as f:
        for i_batch in range(n_batch_test):
            batch_img = test_img[i_batch * batch_size:(i_batch + 1) * batch_size]
            _, texts = generate_seq(batch_img, k_beam = k_beam)
            for s in texts:
                print(s, file = f)
```

7.4　实践作业

"基于人工智能的小说生成"。根据人工智能文本生成模型创建一个基于人工智能的小说生成应用,阐述问题、算法原理、代码解析和成果展示。

参考文献

[1]　徐桢虎."机器写作"驱动智媒时代[J].青年记者,2017,000(031):54-55.

[2]　商艳青.媒体的未来在于"智能+"[J].新闻与写作,2016(1):17-20.

[3]　刘子闻,钞涛涛.进击的机器人:开辟写作领土[J].上海信息化,2016(9):25-28.

[4]　汤天甜,李琪.智能机器人如何辅助编辑生产社交媒体爆款——以纽约时报 Blossom 为例[J].传媒评论,2017(9):27-28.

[5]　王江涛.机器人新闻写作的局限与不足——基于腾讯财经写作机器人 Dreamwriter 作品的分析[J].传媒观察,2016(7):12-14.

[6]　李鹏.封面新闻 3.0:"AI+媒体"的探索者[J].传媒,2017(15).

[7]　熊立波,钟盈炯,林波."快笔小新"与机器人写作[J].新闻与写作,2016(2):10-12.

[8]　王悦,支庭荣.机器人写作对未来新闻生产的深远影响——兼评新华社的"快笔小新"[J].新闻与写作,2016(2):12-14.

[9]　汤开智.DT 稿王——新一代智能写稿机器人[J].传媒,2017(32).

[10]　陈荷.机器人写作的应用现状与展望——以"封面新闻"机器人"小封"为例[J].中国广播,2019.

[11]　杨晨.浅析人工智能技术对新闻业的重塑[J].新闻研究导刊,2019(14).

[12]　邢旭东.弱人工智能背景下新闻机器人的写作模式[J].新媒体研究,2019,5(13):24-27.

[13]　刘挺,吴岩,王开铸.基于信息抽取和文本生成的自动文摘系统设计[J].情报学报,1997(S1):31-36.

[14]　Radford A,Narasimhan K,Salimans T,et al. Improving Language Understanding by Generative Pre-Training[J]. OpenAI,2018:1-12

[15]　Xu K,Ba J,Kiros R,et al. Show, attend and tell: Neural image caption generation with visual attention[C]//International conference on machine learning. 2015:2048-2057.

[16]　Vinyals O,Toshev A,Bengio S,et al. Show and tell: Lessons learned from the 2015 mscoco image captioning challenge[J]. IEEE transactions on pattern analysis and machine intelligence,2016,39(4):652-663.

一秒钟变大师——基于风格迁移的艺术创作

本章学习目标

- 了解人工智能绘画的发展与现状
- 了解基于风格迁移的人工智能绘画算法原理
- 熟练掌握基于风格迁移的人工智能绘画模型开发

本章旨在探索 AI 在艺术领域所产生的思想和技术的变革,以人工智能绘画为例介绍 AI 在艺术中的应用,展示 AI 与艺术的相互触动。首先介绍人工智能绘画艺术的发展与现状,接着以风格迁移为着力点介绍人工智能绘画的算法原理和模型开发过程。

人工智能不纯粹是一种人工机器,但也不能等同于具有独立思维活动的主体。2016 年谷歌发布了 Magenta 项目计划,从音乐、视频和其他视觉媒介方面探索人工智能的创造性。基于当下的实践现实与技术期待,人工智能几乎涉足文学艺术领域的各个门类,人工智能创作的"作品"似乎已成既定事实[1]。从能够模仿莫扎特风格交响乐的"音乐智能试验",到艺术家科恩与具有高度自主性绘画软件的合作项目"亚伦";从写诗、写新闻稿、绘画、编曲的微软"小冰",到阿里巴巴的编剧机器人,不胜枚举。人类艺术创作是通过作品反思现实社会和自我的过程,是创作主体、客体与工具之间的相互发展、适应与妥协的结果。科学技术支撑的工具一直在影响着艺术的变迁,甚至于,摄影、电影等艺术直接依托于影像技术本身的发展。而数字媒体技术和互联网的诞生,也在创作、传播、接受方式、风格等多个维度上直接影响了艺术。人工智能"艺术创作"是在大数据技术基础上,以人工智能算法为技术工具实现的数字输出。人工智能研究者、网站 CreativeAI 的创始人萨米姆·威尼格(Samim Winiger)说,创造性是一种运作方式,而不是某种火花或者继承而来的天赋。"这跟创造过程有关,它是一种做事的方式。你学着变得有创造性,跟你学着演奏吉他一样。"威尼格这样说,"从这个角度来看,它就不那么神秘了,而你可以试着利用这些工具去优化你自己的流程。"

艺术的核心价值不只是美学价值,更有批判思维和创意思维带来的人文和创新价值。算法不是局限于工科或者科学领域的概念,可以孕育在政治(诸如选举)、经济(诸如证券交易)、文化(诸如交友信息匹配)等领域,能决定了整个社会的规则,改变人的群体模式、行为模式。技术一旦具有势不可挡的力量,彼时的文化艺术必然随之变化。当下的人们越来越依赖数据和人工智能,习惯透过机器来看这个世界。机器人将来会逐渐成为艺术创作的主角和载体。用科技作为艺术语言,理解机器观察的现实世界,站在机器的角度理解机器艺术,对传统文化艺术的拓新、普及与传承也大有裨益。

正在兴起的人工智能艺术挑战了人们对于艺术创作过程以及艺术观念的理解。如果我们赋予机器特权,让它理解我们的推理方式,探知我们感知器官的特性,读取人类文化的无穷无尽的艺术资料,则机器能帮助人类实现艺术创作。也就是说,由机器创造的艺术可以看作是用计算机创造的人类艺术,艺术创作者是计算机程序员。可见,当艺术家使用计算机进行创作时,真正的作者是艺术家,而不是计算机。机器创造艺术的理念是一种艺术传统,这一传统远远早于目前用人工智能创造艺术的趋势。然而,人工智能的发展也将促使机器产生具有独立意志、意图和决定的机器艺术。绘画是人工智能艺术里最具有视觉艺术优势、最直接、最有表现力的艺术媒介、材料和主体。

8.1 人工智能绘画发展与现状

8.1.1 传统计算机绘画

计算机与绘画相结合的历史可以追溯到 19 世纪。1952 年,美国爱荷华数学家本·拉波斯基首创了名为《电子抽象》的黑白电脑图像(图 8-1),形成了世界上第一幅计算机"绘画"作品。"计算机图像之父"约翰·惠特尼(John Whitney Sr.,1918—1996)最早开始了对计算机图形图像系统的研究和开发。他是将计算机图像引入电影工业的第一人,为后期发展奠定了基础。

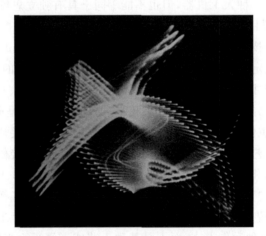

图 8-1   本·拉波斯基首创的《电子抽象》黑白电脑图像

越来越多的画家和科学家投入这一领域中来。1965 年 4 月,迈克尔·诺尔(A. M. Noll)博士在纽约市 Howard Wise 画廊举办了数字绘画展(图 8-2),这场展览是在美国及世界上最早的数字绘画展览之一。1968 年,道格拉斯·特拉姆伯尔(Douglas Trumbu)为电影《2001 太空漫游》设计了狭缝摄影机,标志着计算机首次介入商业电影特技的制作。由于使用早期的计算机系统创作动画和图像很不方便,许多早期的创作人员对创作作品的过程投入的努力要比对作品本身的内容和形式投入的努力多。尽管有这些限制,但这些绘画先锋们有效地使用了可用的技术。他们在科技和绘画领域的不倦探索和努力追求,使得数字媒体绘画进入兴起和蓬勃发展的时代。20世纪70年代是开发计算机图像和三维计算机动画很有意义的十年。如数学家曼德勃罗(Mandelbrot)1975年出版了他的专著《分形对象形、机遇和维数》,这是分形(Fractal)理论诞生的标志[2]。如今分形已经成为通过数学模拟大自然和表现抽象美的重要绘画形式。此时也开始出现了最早的计算机绘画软件。1972年,施乐公司帕洛阿尔托研究中心的理查德·肖普(Richard G Shoup)博士编写了世界上第一个8位的彩色计算机绘画程序SuperPaint。20世纪80年代中期苹果公司推出的带有视窗和鼠标的Macintosh计算机风靡一时,Macintosh计算机和Adobe公司PostScript版的激光打印机成为印刷出版业革命的先锋,Adobe Illustrator和Photoshop软件的发行使得计算机绘画与图像处理走入了新时代。

图8-2　A.M.Noll博士和他在六十年代创作的计算机图案和动画

21世纪是数字媒体绘画的多元化深入时期。其"多元化"在于其独特的跨媒体表示形式和绘画风格多样化和个性化。多维化和全息化技术的发展从听觉、视觉、触觉等方面为人类带来更加直观的感受,为绘画设计者提供了更为有力的表达形式,丰富了刻画对象的细节,甚至可以通过虚拟现实和增强现实技术建立虚拟环境,切身体验设想,突破传统绘画表达的局限性,产生更有冲击力的视觉感受,在计算机及绘画领域都具有极为有意义的发展前景。

8.1.2　基于深度学习的计算机绘画

深度学习通过局部特征抽取和逐层特征抽象等优势,也渗透到艺术创作领域,协助人类创作绘画作品,有效建立艺术作品和创作者的桥接,使其更容易地创作出自己想要的艺术作品。2015年6月,谷歌推出了一款图像识别工具Deep Dream[3],这个工具是在人工神经网络算法的基础上,将人类输入的图像转化为机器经过诠释某些特征后识别出的画风奇特的图像(图8-3)。

如今深度学习是如何创造艺术的呢? 一般而言,机器大量收集人类的艺术行为——即

图 8-3　Deep Dream 处理的《蒙娜丽莎的微笑》画作

训练数据。然后将数据输入到机器中,机器把各类艺术行为编码为数字(特别是矢量和矩阵),然后在训练数据的过程中"理解"这些模式。机器基于这些模式进行解码(就是将第一步"编码"反着做一遍),就能创造出类似的艺术品。在当今先进的算法设计下,训练出来的深度学习模型可以产出超现实的,甚至还是高度写实的,让人难以置信的效果。人类有的时候甚至还无法区分它们是人造还是机器创造的。

　　2016 年 11 月,谷歌推出了一款绘画小程序 Quick,Draw![4]。乍看这只是一个涂鸦游戏——它会随机显示一个名词,要求用户在 20s 内把它画出来。玩家需要用鼠标简单地把这个物体勾勒出轮廓,然后 Quick,Draw! 会判断你画得到底像不像。图 8-4 给出了Quick,Draw! 绘画示意图。实际上它是谷歌近期发布的一系列工具中的其中一个 AI 试验工具,背后是神经网络算法构建的图像识别模型。该模型用于识别类似于人类概括归纳抽象的概念,比如"自行车"的广义概念,而不是画特定的物品。为此,谷歌建立了数百万幅庞大图像数据集来进行训练。

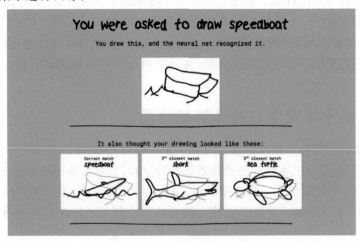

图 8-4　Quick,Draw! 绘画示意

在上述训练集基础上,采用 SketchRNN[5] 来训练识别模型。SketchRNN 巧妙地集合了机器学习中最近开发的许多最新的工具和技术,例如 Variational Autoencoders[6]、HyperLSTMs[7](一个用于 LSTM 的 HyperNetwork)、自回归模型,Layer Normalization[8]、Recurrent Dropout[9]、Adam optimizer[10] 等。SketchRNN 系统基于 seq2seq 的自动编码框架,能通过训练隐向量(latent vector)将输入序列编码为浮点数向量的网络,以此在尽可能逼真地模拟输入序列的情况下,利用解码器重构输出序列。实验首先模型训练人类所画的物体简笔画,也就是在学习了输入特征后,重新按照理解再画图。训练完成后可获得隐层向量以表达出抽象的概念,从而实现对各种概念类型的编码。

紧接着,基于 Quick, Draw! 数据的研究成果,谷歌推出了具有自动识别功能的绘画工具 AutoDraw[7](图 8-5),随便几笔简笔画,该工具就能识别出你可能想要画什么图案,提供出优化的图像,为设计画作带来了极大的便利。

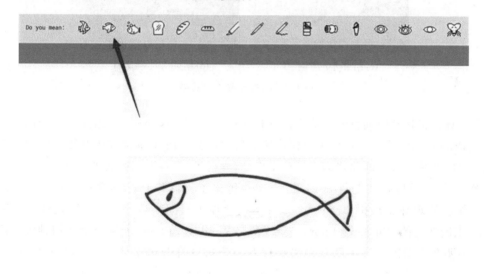

图 8-5　AutoDraw 绘画示意

以动物为例,研究者画出身体部分,AutoDraw 将不同部位的隐向量进行相加,就能得到多个相关的动物(猫头＋身子＝全身猫)。由此可见,SketchRNN 可用于图案设计,设计者们能够用该网络生成非常多看起来相似,但实际上又有各自特色、能用于不同场景的设计图案,让机器作为人类灵感的来源。

智能绘画还需要关注风格迁移。有三个德国研究员想把计算机调教成梵高。他们研发了一种算法,模拟人类视觉的处理方式。具体是通过训练多层卷积神经网络(CNN)抽象出给定绘画作品里一些高级的隐藏特征用来模仿绘画风格,并把这个绘画风格应用到新的图片上。比如让 CNN 识别并学会梵高的"风格",然后将任何一张普通的照片变成梵高的《星空》,如图 8-6 所示。

他们把自己的发现写成了两篇论文：A Neural Algorithm of Artistic Style(艺术风格的神经算法)[11] 和利用神经卷积网络进行纹理合成 (Texture Synthesis Using Convolutional Neural Networks)[12],在学术圈引起极大的讨论。在此基础上,2016 年初,

(a) 原图　　　　　　　　　　　(b) 风格

(c) 结果(小尺寸刷子)　　　　　　(d) 结果(大尺寸刷子)

图 8-6　风格迁移绘画效果

俄罗斯计算机工程师阿列克谢·莫伊谢延科夫(Alexei Moiseyenkov)组建了一个四人团队研发了 Prism App,为用户提供更简便快速的免费服务。Prisma 能在十几秒之内把一张再普通不过的照片变成不同风格的现代艺术作品,囊括了 35 种不同的名画风格。

随后,俄罗斯最大社交网站 VKontakte 也推出了一款和 Prisma 类似的产品 Vinci,两者的功能和外观都非常相似。Vinci 不仅将图片加工时间缩短到了 2s 钟,还快速覆盖到了 Prisma 未能涉足的 Windows Phone 领域,成为 Windows Phone 上第一个运用神经网络的软件。而不久之后国内湖南欧斐网络科技有限公司也打造出了具有相似功能的 App"深黑"。图 8-7 分别显示了 Prisma、Vinci、深黑(由左至右)。

图 8-7　Prisma、Vinci、深黑(由左至右)

紧接着,Prisma 的直接竞品 Artisto 发布,这是一款结合神经网络和人工智能技术的视频处理软件,可以为视频添加动态的艺术特效。虽然视频长度不能超过 10s,但名画风格的图像"动起来"确实赏心悦目。图 8-8 是阿塔莫诺娃接连在 Facebook 上发布 Artisto 制作的视频。

图 8-8 阿塔莫诺娃接连在 Facebook 上发布 Artisto 制作的视频

2017 年,美国罗格斯大学、Facebook AI 实验室和查尔斯顿学院的研究人员合作,在生成对抗网络(GAN)的基础上,对损失函数稍作修改,提出了创意生成网络(CAN),能够生成"具有创意"的画作(图 8-9)。实验发现,人类参与者认为 CAN 生成的图像和人类艺术家画作在创意程度上不相上下[8]。

图 8-9 CAN 创作的艺术画

　　2017年美图公司也推出了绘画机器人Andy,核心是基于生成网络Draw Net,通过深度学习技术对大量图像数据进行精准分析与学习,不断增强机器人的绘画能力。当用户输入自己的图片,Andy便可直接画出相应的插画像,属于真正在画画。

　　智能绘画创作的另一个典型代表是自动上色Paintschainer[①]。它能够识别漫画线稿的内容。例如,一张美少女人像,它可以识别某部分属于皮肤,某部分是头发,某部分是衣服,某部分是背景,然后分别涂上适当的颜色(图8-10)。不仅如此,它的上色范围还相当精准,尽管线稿没有封闭,但颜色依然会保留在适当的范围。这个技术由日本早稻田大学2016年发表,在原来深度模型的基础上,加了了"分类网络"来预先确定图像中物体的类别,以此为"依据"再进行颜色填充。此类工作还可用于黑白电影的颜色恢复。

图8-10　自动上色

　　在人工智能＋中国画方面,典型代表是道子智能绘画系统,这是一款中国水墨画风格迁移应用,由清华大学未来实验室推出。道子在学习了数百张徐悲鸿画的马和真实马的照片后,能创作出风格融合的马绘画作品,如图8-11所示。

　　如图8-11所示,最左边是一张马的照片,最右边是一张徐悲鸿画的马,中间是道子系统生成的绘画图像。以马蹄部分为例,道子确实学习到了徐悲鸿的艺术变形习惯,虽然照片上的马蹄是一团黑,但生成的绘画上马蹄却用了留白和墨线勾轮廓的技法。另外马的鬃毛部分也和输入照片有了很大不同,按照徐悲鸿的风格习惯对于鬃毛的长度和飘逸程度都做了艺术夸张的表现手法。

　　语义涂鸦是人工智能艺术创作中非常有趣的一个研究方向,用户手绘语义地图,直接将语义布局(semantic layout)作为深度神经网络的输入,然后通过卷积、归一化和非线性层的

---

① http://www.xiugif.com/57992.html

图 8-11　道子智能绘画系统风格融合效果展示

处理,输出合成图像,属于语义迁移绘画。基于手动涂鸦的语义迁移构建流程如下:用户标注出(或者软件系统收集了)大师作品中的风格元素(画作中的布局区域)。用户根据需求抓取这些元素进行 DIY 组合定义,则智能算法能自动生成完整的、协调的艺术画作。如图 8-12 所示,(a)是大师作品,(b)是画作风格元素标注,(c)是用户 DIY 组合这些风格元素,(d)是智能算法自动生成完整的、风格一致的艺术画作。

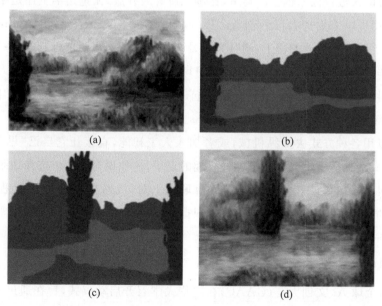

图 8-12　(a)大师作品,(b)画作风格元素标注,(c)用户 DIY 组合的风格元素,
(d)智能算法自动生成完整的、风格一致的艺术画作

如图 8-13 所示,Nvdia 公司推出的语义涂鸦软件可手动添加语义生成涂鸦,进行高效风格迁移,同时不丢失内容。该软件扩展了语义涂鸦算法的功能范围,无论是人像摄影或风景等都可以进行模拟,是一种互动绘画工具。

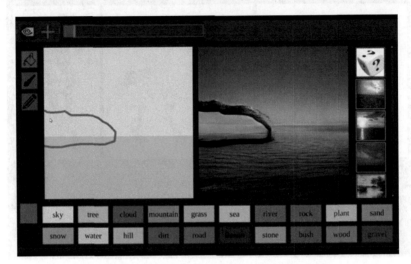

图 8-13　Nvdia 公司推出的语义涂鸦软件演示

8.1.3　人工智能绘画相关的比赛

1. Robotart

国际机器人艺术大赛(International Robotic Art Competition),简称 Roboart,是一项主张用机器帮助人进行艺术创作的赛事,比赛对所有人开放,无论是学生还是相关领域的研究者、爱好者都可以来发挥自己的创意。Roboart 比赛始于 2016 年,由 Andrew Conru 创办,他是机械工程设计专业的博士,同时又热爱艺术。这个比赛要求机器"手持"真正实体的画笔完成创作,而不能只是制作数字版或者打印出来。在今年的比赛中,机器人们可以使用最多 8 种颜料,机器可以把这些颜料混在一起进行调色,但人不能手动代劳。图 8-14 列出了 Robotart 部分获奖作品一览。

人们可以用各种方式去操纵机械,或者加入人工智能,直接让它自己"思考"要如何下笔。事实上,参赛的队伍也确实想了各种有趣的点子,比如说有的队伍选择用眼球运动的捕捉系统来向机器发出指令,也有的让人们在互联网上对"机器艺术家"给出远程建议。临摹和完全原创的作品都是可以参加的,最终会根据用到的技术、人们对作品的投票等因素来评出获奖作品。

2. GAAC

2019 年,全球 AI 文创大赛(GAAC)在清华大学召开启动仪式,旨在通过 AI 技术与文创、艺术创作的跨界融合,挖掘 AI 文创的全面落地场景,赋能新文创,激发新活力,推动 AI 文创的发展,提升文创产业社会化创新效能。图 8-15 展示了部分 GAAC 获奖作品。

图 8-14 Robotart 部分获奖作品一览

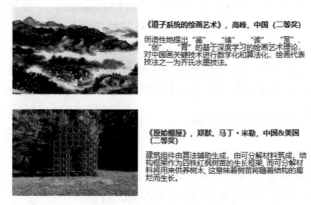

图 8-15 GAAC 获奖作品

8.2 人工智能绘画范例——风格迁移

8.2.1 算法原理

风格迁移(style transfer)最近两年非常火,是深度学习领域很有创意的研究成果[13]。它主要是通过神经网络,将一幅艺术风格画(style image)和一张普通的照片(content image)巧妙地融合,形成一张融合风格和内容的图片(图 8-16)。

风格迁移需要将两张图片融合在一起,这个时候就需要定量分析两张图片怎么样才算融合在一起。首先需要的就是内容上是相近的,然后风格上是相似的。第一需要计算融合图片和内容图片的相似度,或者说差异性,然后尽可能降低这个差异性;同时也需要计算融合图片

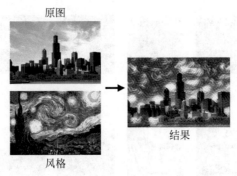

原图

风格

结果

图 8-16　风格迁移绘画示意图

和风格图片在风格上的差异性,并降低这个差异性。这样就能够实现风格迁移的目标。

对于内容的差异性如何定义呢? 其实能够很简答地想到是两张图片每个像素点进行比较,也就是求差,因为简单地计算它们之间的差会有正负,所以我们可以加一个平方,使得差全部是正的,也可以加绝对值,但是数学上绝对值会破坏函数的可微性,所以大家都用平方。对于风格的差异性如何定义呢? 可采用 Gram 矩阵计算风格的差异。一张图片通过卷积网络之后可以得到对应的特征图,$M \times N$ 表示一个特征图,一般有 C 个 $M \times N$ 这样的矩阵叠在一起。Gram 矩阵就是在这些特征图上面定义出来的。Gram 矩阵的大小是有特征图的厚度决定的,等于 $C \times C$。每一个 Gram 矩阵的元素即 Gram(i, j)是把特征图中第 i 层和第 j 层取出来,得到了两个 $M \times N$ 的矩阵,然后将这两个矩阵对应元素相乘求和就得到了Gram(i, j)。同理 Gram 的所有元素都可以通过这种方式得到。这样 Gram 中每个元素都可以表示两层特征图的一种组合,可以定义为它的风格。风格差异就是两幅图的 Gram 矩阵的差异,类似于内容的差异的计算方法,计算两个矩阵的差就可以量化风格的差异。

8.2.2　风格迁移开发案例

1. 数据集介绍

使用 MSCOCO 数据集[29]的 train2014 部分,共 82 612 张图片。这些图片作为输入的内容图片,对图片具体内容没有任何要求,也不需要任何标注。

2. 代码实现

这里选择使用 TensorFlow 实现快速图像风格迁移(fast neural style transfer)。

加载库

```
1.   import tensorflow as tf
2.   import numpy as np
3.   import cv2
4.   from imageio import imread, imsave
5.   import scipy.io
6.   import os
7.   import glob
8.   from tqdm import tqdm
9.   import matplotlib.pyplot as plt
10.  % matplotlib inline
```

查看风格图片,共 10 张。

```
1.  style_images = glob.glob('styles/*.jpg')
2.  print(style_images)
```

加载内容图片,去掉黑白图片,处理成指定大小,暂时不进行归一化,像素值范围为 0 至 255 之间。

```
1.  def resize_and_crop(image, image_size):
2.      h = image.shape[0]
3.      w = image.shape[1]
4.      if h > w:
5.          image = image[h // 2 - w // 2 : h // 2 + w // 2, :, :]
6.      else:
7.          image = image[:, w // 2 - h // 2 : w // 2 + h // 2, :]
8.      image = cv2.resize(image, (image_size, image_size))
9.      return image
10. X_data = []
11. image_size = 256
12. paths = glob.glob('train2014/*.jpg')
13. for i in tqdm(range(len(paths))):
14.     path = paths[i]
15.     image = imread(path)
16.     if len(image.shape) < 3:
17.         continue
18.     X_data.append(resize_and_crop(image, image_size))
19. X_data = np.array(X_data)
20. print(X_data.shape)
```

加载 VGG19 模型,并定义一个函数,对于给定的输入,返回 VGG19 各个层的输出值,就像在 GAN 中那样,通过 variable_scope 重用实现网络的重用。

```
1.  vgg = scipy.io.loadmat('imagenet-vgg-verydeep-19.mat')
2.  vgg_layers = vgg['layers']
3.
4.  def vgg_endpoints(inputs, reuse=None):
5.      with tf.variable_scope('endpoints', reuse=reuse):
6.          def _weights(layer, expected_layer_name):
7.              W = vgg_layers[0][layer][0][0][2][0][0]
8.              b = vgg_layers[0][layer][0][0][2][0][1]
9.              layer_name = vgg_layers[0][layer][0][0][0][0]
10.             assert layer_name == expected_layer_name
11.             return W, b
12.
13.         def _conv2d_relu(prev_layer, layer, layer_name):
14.             W, b = _weights(layer, layer_name)
15.             W = tf.constant(W)
16.             b = tf.constant(np.reshape(b, (b.size)))
17.             return tf.nn.relu(tf.nn.conv2d(prev_layer, filter=W, strides=[1, 1, 1, 1],
                    padding='SAME') + b)
```

```
18.
19.          def _avgpool(prev_layer):
20.              return tf.nn.avg_pool(prev_layer, ksize = [1, 2, 2, 1], strides = [1, 2, 2, 1],
                 padding = 'SAME')
21.
22.          graph = {}
23.          graph['conv1_1'] = _conv2d_relu(inputs, 0, 'conv1_1')
24.          graph['conv1_2'] = _conv2d_relu(graph['conv1_1'], 2, 'conv1_2')
25.          graph['avgpool1'] = _avgpool(graph['conv1_2'])
26.          graph['conv2_1'] = _conv2d_relu(graph['avgpool1'], 5, 'conv2_1')
27.          graph['conv2_2'] = _conv2d_relu(graph['conv2_1'], 7, 'conv2_2')
28.          graph['avgpool2'] = _avgpool(graph['conv2_2'])
29.          graph['conv3_1'] = _conv2d_relu(graph['avgpool2'], 10, 'conv3_1')
30.          graph['conv3_2'] = _conv2d_relu(graph['conv3_1'], 12, 'conv3_2')
31.          graph['conv3_3'] = _conv2d_relu(graph['conv3_2'], 14, 'conv3_3')
32.          graph['conv3_4'] = _conv2d_relu(graph['conv3_3'], 16, 'conv3_4')
33.          graph['avgpool3'] = _avgpool(graph['conv3_4'])
34.          graph['conv4_1'] = _conv2d_relu(graph['avgpool3'], 19, 'conv4_1')
35.          graph['conv4_2'] = _conv2d_relu(graph['conv4_1'], 21, 'conv4_2')
36.          graph['conv4_3'] = _conv2d_relu(graph['conv4_2'], 23, 'conv4_3')
37.          graph['conv4_4'] = _conv2d_relu(graph['conv4_3'], 25, 'conv4_4')
38.          graph['avgpool4'] = _avgpool(graph['conv4_4'])
39.          graph['conv5_1'] = _conv2d_relu(graph['avgpool4'], 28, 'conv5_1')
40.          graph['conv5_2'] = _conv2d_relu(graph['conv5_1'], 30, 'conv5_2')
41.          graph['conv5_3'] = _conv2d_relu(graph['conv5_2'], 32, 'conv5_3')
42.          graph['conv5_4'] = _conv2d_relu(graph['conv5_3'], 34, 'conv5_4')
43.          graph['avgpool5'] = _avgpool(graph['conv5_4'])
44.
45.          return graph
```

选择一张风格图,减去通道颜色均值后,得到风格图片在 VGG19 各个层的输出值,计算四个风格层对应的 Gram 矩阵。

```
1.   style_index = 1
2.   X_style_data = resize_and_crop(imread(style_images[style_index]), image_size)
3.   X_style_data = np.expand_dims(X_style_data, 0)
4.   print(X_style_data.shape)
5.
6.   MEAN_VALUES = np.array([123.68, 116.779, 103.939]).reshape((1, 1, 1, 3))
7.
8.   X_style = tf.placeholder(dtype = tf.float32, shape = X_style_data.shape, name = 'X_style')
9.   style_endpoints = vgg_endpoints(X_style - MEAN_VALUES)
10.  STYLE_LAYERS = ['conv1_2', 'conv2_2', 'conv3_3', 'conv4_3']
11.  style_features = {}
12.
13.  sess = tf.Session()
14.  for layer_name in STYLE_LAYERS:
15.      features = sess.run(style_endpoints[layer_name], feed_dict = {X_style: X_style_data})
```

```
16.        features = np.reshape(features, (-1, features.shape[3]))
17.        gram = np.matmul(features.T, features) / features.size
18.        style_features[layer_name] = gram
```

定义转换网络,典型的卷积、残差、逆卷积结构,内容图片输入之前也需要减去通道颜色均值。

```
1.  batch_size = 4
2.  X = tf.placeholder(dtype = tf.float32, shape = [None, None, None, 3], name = 'X')
3.  k_initializer = tf.truncated_normal_initializer(0, 0.1)
4.
5.  def relu(x):
6.      return tf.nn.relu(x)
7.
8.  def conv2d(inputs, filters, kernel_size, strides):
9.      p = int(kernel_size / 2)
10.     h0 = tf.pad(inputs, [[0, 0], [p, p], [p, p], [0, 0]], mode = 'reflect')
11.     return tf.layers.conv2d(inputs = h0, filters = filters, kernel_size = kernel_size,
            strides = strides, padding = 'valid', kernel_initializer = k_initializer)
12.
13. def deconv2d(inputs, filters, kernel_size, strides):
14.     shape = tf.shape(inputs)
15.     height, width = shape[1], shape[2]
16.     h0 = tf.image.resize_images(inputs, [height * strides * 2, width * strides * 2],
            tf.image.ResizeMethod.NEAREST_NEIGHBOR)
17.     return conv2d(h0, filters, kernel_size, strides)
18.
19. def instance_norm(inputs):
20.     return tf.contrib.layers.instance_norm(inputs)
21.
22. def residual(inputs, filters, kernel_size):
23.     h0 = relu(conv2d(inputs, filters, kernel_size, 1))
24.     h0 = conv2d(h0, filters, kernel_size, 1)
25.     return tf.add(inputs, h0)
26.
27. with tf.variable_scope('transformer', reuse = None):
28.     h0 = tf.pad(X - MEAN_VALUES, [[0, 0], [10, 10], [10, 10], [0, 0]], mode = 'reflect')
29.     h0 = relu(instance_norm(conv2d(h0, 32, 9, 1)))
30.     h0 = relu(instance_norm(conv2d(h0, 64, 3, 2)))
31.     h0 = relu(instance_norm(conv2d(h0, 128, 3, 2)))
32.
33.     for i in range(5):
34.         h0 = residual(h0, 128, 3)
35.
36.     h0 = relu(instance_norm(deconv2d(h0, 64, 3, 2)))
37.     h0 = relu(instance_norm(deconv2d(h0, 32, 3, 2)))
38.     h0 = tf.nn.tanh(instance_norm(conv2d(h0, 3, 9, 1)))
39.     h0 = (h0 + 1) / 2 * 255.
40.     shape = tf.shape(h0)
41.     g = tf.slice(h0, [0, 10, 10, 0], [-1, shape[1] - 20, shape[2] - 20, -1], name = 'g')
```

将转换网络的输出即迁移图片,以及原始内容图片都输入到 VGG19,得到各自对应层的输出,计算内容损失函数。

```
1.  CONTENT_LAYER = 'conv3_3'
2.  content_endpoints = vgg_endpoints(X - MEAN_VALUES, True)
3.  g_endpoints = vgg_endpoints(g - MEAN_VALUES, True)
4.
5.  def get_content_loss(endpoints_x, endpoints_y, layer_name):
6.      x = endpoints_x[layer_name]
7.      y = endpoints_y[layer_name]
8.      return 2 * tf.nn.l2_loss(x - y) / tf.to_float(tf.size(x))
9.
10. content_loss = get_content_loss(content_endpoints, g_endpoints, CONTENT_LAYER)
```

根据迁移图片和风格图片在指定风格层的输出,计算风格损失函数。

```
1.  style_loss = []
2.  for layer_name in STYLE_LAYERS:
3.      layer = g_endpoints[layer_name]
4.      shape = tf.shape(layer)
5.      bs, height, width, channel = shape[0], shape[1], shape[2], shape[3]
6.
7.      features = tf.reshape(layer, (bs, height * width, channel))
8.      gram = tf.matmul(tf.transpose(features, (0, 2, 1)), features) / tf.to_float(height *
        width * channel)
9.
10.     style_gram = style_features[layer_name]
11.     style_loss.append(2 * tf.nn.l2_loss(gram - style_gram) / tf.to_float(tf.size(layer)))
12.
13. style_loss = tf.reduce_sum(style_loss)
```

计算全变差正则,得到总的损失函数。

```
1.  def get_total_variation_loss(inputs):
2.      h = inputs[:, :-1, :, :] - inputs[:, 1:, :, :]
3.      w = inputs[:, :, :-1, :] - inputs[:, :, 1:, :]
4.      return tf.nn.l2_loss(h) / tf.to_float(tf.size(h)) + tf.nn.l2_loss(w) / tf.to_float
        (tf.size(w))
5.
6.  total_variation_loss = get_total_variation_loss(g)
7.
8.  content_weight = 1
9.  style_weight = 250
10. total_variation_weight = 0.01
11.
12. loss = content_weight * content_loss + style_weight * style_loss + total_variation_
    weight * total_variation_loss
```

定义优化器,通过调整转换网络中的参数降低总损失。

```
1.  vars_t = [var for var in tf.trainable_variables() if var.name.startswith('transformer')]
2.  optimizer = tf.train.AdamOptimizer(learning_rate = 0.001).minimize(loss, var_list =
    vars_t)
```

训练模型，每轮训练结束后，用一张测试图片进行测试，并且将一些 tensor 的值写入
events 文件，便于使用 tensorboard 查看。

```
1.  style_name = style_images[style_index]
2.  style_name = style_name[style_name.find('/') + 1:].rstrip('.jpg')
3.  OUTPUT_DIR = 'samples_%s' % style_name
4.  if not os.path.exists(OUTPUT_DIR):
5.      os.mkdir(OUTPUT_DIR)
6.
7.  tf.summary.scalar('losses/content_loss', content_loss)
8.  tf.summary.scalar('losses/style_loss', style_loss)
9.  tf.summary.scalar('losses/total_variation_loss', total_variation_loss)
10. tf.summary.scalar('losses/loss', loss)
11. tf.summary.scalar('weighted_losses/weighted_content_loss', content_weight * content_loss)
12. tf.summary.scalar('weighted_losses/weighted_style_loss', style_weight * style_loss)
13. tf.summary.scalar('weighted_losses/weighted_total_variation_loss', total_variation_
    weight * total_variation_loss)
14. tf.summary.image('transformed', g)
15. tf.summary.image('origin', X)
16. summary = tf.summary.merge_all()
17. writer = tf.summary.FileWriter(OUTPUT_DIR)
18.
19. sess.run(tf.global_variables_initializer())
20. losses = []
21. epochs = 2
22.
23. X_sample = imread('sjtu.jpg')
24. h_sample = X_sample.shape[0]
25. w_sample = X_sample.shape[1]
26.
27. for e in range(epochs):
28.     data_index = np.arange(X_data.shape[0])
29.     np.random.shuffle(data_index)
30.     X_data = X_data[data_index]
31.
32.     for i in tqdm(range(X_data.shape[0] // batch_size)):
33.         X_batch = X_data[i * batch_size: i * batch_size + batch_size]
34.         ls_, _ = sess.run([loss, optimizer], feed_dict = {X: X_batch})
35.         losses.append(ls_)
36.
37.         if i > 0 and i % 20 == 0:
38.             writer.add_summary(sess.run(summary, feed_dict = {X: X_batch}), e * X_data.
                shape[0] // batch_size + i)
39.             writer.flush()
40.
```

```
41.        print('Epoch %d Loss %f' % (e, np.mean(losses)))
42.        losses = []
43.
44.        gen_img = sess.run(g, feed_dict = {X: [X_sample]})[0]
45.        gen_img = np.clip(gen_img, 0, 255)
46.        result = np.zeros((h_sample, w_sample * 2, 3))
47.        result[:, :w_sample, :] = X_sample / 255.
48.        result[:, w_sample:, :] = gen_img[:h_sample, :w_sample, :] / 255.
49.        plt.axis('off')
50.        plt.imshow(result)
51.        plt.show()
52.        imsave(os.path.join(OUTPUT_DIR, 'sample_%d.jpg' % e), result)
```

保存模型。

```
1.    saver = tf.train.Saver()
2.    saver.save(sess, os.path.join(OUTPUT_DIR, 'fast_style_transfer'))
```

最后的风格迁移结果如图 8-17 所示。

图 8-17　风格迁移绘画实验结果展示

8.3　实践作业

"智能艺术模型与应用"。根据智能艺术的应用流程，创建一个基于人工智能的艺术应用，阐述问题、算法原理、代码解析和成果展示。

参考文献

[1]　汤克兵. 作为"类人艺术"的人工智能艺术[J]. 西南民族大学学报（人文社科版），2020，41（5）：178-183.

[2]　朱华，姬翠翠. 分形理论及其应用[M]. 北京：科学出版社，2011.

[3]　Suzuki K, Roseboom W, Schwartzman D J, et al. A deep-dream virtual reality platform for studying altered perceptual phenomenology[J]. Scientific Reports, 2017, 7(1): 15982.

[4]　Wheatley G. Quick draw[J]. Tallahassee,Fla. ：Math-ematics Learning,1996.

[5]　Ha D,Eck D. A neural representation of sketch drawings[J]. arXiv preprint arXiv：1704. 03477,2017.

[6]　Doersch C. Tutorial on variational autoencoders[J]. arXiv preprint arXiv：1606. 05908,2016.

[7]　Chen J,Qiu X,Liu P,et al. Meta multi-task learning for sequence modeling[C]//Thirty-Second AAAI Conference on Artificial Intelligence. 2018.

[8]　B a J L,Kiros J R,Hinton G E. Layer normalization[J]. arXiv preprint arXiv：1607. 06450,2016.

[9]　Semeniuta S,Severyn A,Barth E. Recurrent dropout without memory loss[J]. arXiv preprint arXiv：1603. 05118,2016.

[10]　Bello I,Zoph B, Vasudevan V, et al. Neural optimizer search with reinforcement learning[C]// Proceedings of the 34th International Conference on Machine Learning-Volume 70. JMLR. org,2017：459-468.

[11]　Gatys L A,Ecker A S,Bethge M. A neural algorithm of artistic style[J]. arXiv preprint arXiv：1508. 06576,2015.

[12]　Gatys L,Ecker A S, Bethge M. Texture synthesis using convolutional neural networks[C]// Advances in neural information processing systems. 2015：262-270.

[13]　Shih Y C,Paris S,Barnes C,et al. Style transfer for headshot portraits[J]. ACM Transactions on Graphics (TOG),2014,33(4)：1-14.

第 9 章

无中生有——人工智能数据生成

本章学习目标

- 了解生成式对抗网络的原理
- 熟练掌握基于 GAN 的图像生成模型开发

本章介绍基于对抗生成网络的人工智能数据生成算法及其应用,旨在探讨人工智能创造的价值和意义。首先介绍生成式对抗网络 GAN 的算法原理,其次介绍基于 GAN 的手写数字生成实践。

自从人工智能崛起以来,科学家一直在探索机器产生诗歌、故事、笑话、音乐、绘画等人类创意产品的能力,以及对于创造能力的解决方案。这种能力才是真正显示人工智能算法是否智能的基础。人工智能在创作过程中不需要涉及到人类,但仍然将人类创意产品融入到学习过程中。因为人类的创作过程也要利用艺术的先前经验,将过去艺术的知识与他们产生新形式的能力结合在一起。人工智能可以分为两部分,一部分是"理解";另一部分是"创造"。"理解"是模式学习,即让机器人学习出常见的语音、图像、文字识别等数据的特征,从而能够进行模式识别、聚类分析、趋势预测等任务。而"创造"就是生成模型,机器人在理解之后可以合成语音、生成图片、生成文字甚至创造知识等。

人工智能自主的知识创造,将可能动摇人在知识创造中的主体地位,也为技术获取拟人化角色提供了可能。2017 年 10 月 26 日,由香港汉森公司生产的"女性"机器人"索菲亚"被沙特政府正式授予公民身份,成为史上首个获得公民身份的机器人。在游戏行业(Second Life 等)新社交世界中创建的虚拟角色正在成为社会生活中的网红,人工智能主播也在迅猛发展起来。2016 年 12 月 22 日,微软公司研发的人工智能机器人小冰,亮相东方卫视晨间新闻节目《看东方》,完成了人类历史上首个人工智能主播的首秀。2018 年 11 月 7 日,新华社联合搜狗在第五届世界互联网大会上发布全球首个合成新闻主播——"AI 合成主播",具有与真人主播同样的播报能力。2019 年全国两会期间,科大讯飞推出了全球首个人工智能多语种虚拟主播小晴,其能够用日语、韩语、英语播报两会新闻。2020 年 5 月 21 日,搜狗联合新华社推出全球首个 3D AI 合成主播"新小微",支持多机位多景深,360°任意角度呈现内容。

人工智能生成模型被广泛应用于图像生成、文本生成、视频生成和音频合成等任务。以生成逼真的虚拟人像为例,区别于文字生成的序列学习,其主要对文字之间的编辑信息和语义信息进行学习,也区别于风格迁移的图像混合,其主要着力在图像的特征提取和融合方面,图像生成是对整个图像数据集的模仿学习,其过程是从空白图像开始,逐渐生成与现有图像数据集相类似的图像。就像画家绘制肖像画,首先在空白画布中勾勒轮廓,然后逐步增添细节,最终创作出逼真的肖像画。由 Goodfellow 等在 2014 年提出的生成式对抗网络(Generative Adversarial Network,GAN)被认为是最具潜力的人工智能生成模型。它能学习到数据集中样本的分布特征,进而基于该分布生成各种复杂的数据。

9.1 生成式对抗网络(GAN)原理

9.1.1 GAN 的概念

生成式对抗网络(Generative Adversarial Networks,GAN)是由 Ian Goodfellow 等人于 2014 年提出的一种深度学习模型,用于生成和训练数据相似但不一致的数据表达,如图像、文本、音频等[1]。GAN 可以看作是由多个神经网络组合的组合学习框架,主要由生成器(Generator)和判别器(Discriminator)两部分组成,应用示意图如图 9-1 所示。其中,生成器的作用是把一个随机噪声(Noise)输入通过多次迭代后生成逼真的图像,当结束迭代优化后,生成器输出的图像就是 GAN 模型的最终输出,即创造的逼真数据表达。判别器的作用是在每一次迭代过程中,对生成器生成的图像和真实世界的图像进行判别。如果输出为 1,就代表 100%是真实的图片,而输出为 0,就代表不可能是真实的图片。

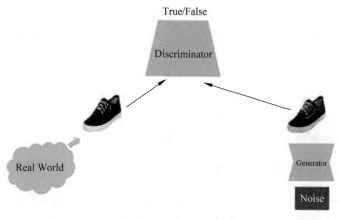

图 9-1 GAN 的结构

9.1.2 GAN 的原理

GAN 在结构上受博弈论中的二人零和博弈(即二人的利益之和为零,一方的所得正是另一方的所失)的启发,它设定参与游戏双方分别为一个生成器和一个判别器。生成器的目的是尽量去学习和捕捉真实数据样本的潜在分布,并生成新的数据样本;判别器是一个二分类器,目的是尽量正确判别输入数据是来自真实数据还是来自生成器。为了取得游戏胜利,这两个游戏参与者需要不断优化,各自提高自己的生成能力和判别能力,这个学习优化过程就是一个极小极大博弈(mini-max-game)问题,目的是寻找二者之间的一个纳什均衡,就是每个博弈者的平衡策略都是为了达到自己期望收益的最大值,并且其他所有博弈者也遵循这样的策略,最终使得生成器估测到真实世界的数据样本分布,从而能够遵照这个分布产生全新的数据。其优化原理如图 9-2 所示。

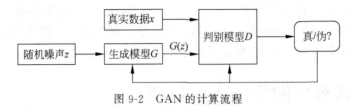

图 9-2 GAN 的计算流程

在最理想的情况下,生成器 G 可以生成足以"以假乱真"的图片 $G(z)$,使得判别器 D 难以判定 G 生成的图片究竟是不是真实的,GAN 的目标函数可以描述如下:

$$V(D,G) = \mathbb{E}_{x \sim p_{\mathrm{data}(x)}}\left[\log D(x)\right] + \mathbb{E}_{z \sim p_z(z)}\left[\log(1 - D(G(z)))\right]$$

其中,$x \sim p_{\mathrm{data}}(x)$ 表示 x 取自真实的分布,$z \sim p_z(z)$ 表示 z 取自模拟的分布;$G(z)$ 表示 G 网络生成的图片;$D(x)$ 表示 D 网络判断图片是否真实的概率(这个值越接近 1 代表 D 判定结果是真实图片)。而 $D(G(z))$ 是 D 网络判断 G 生成的图片的是否真实的概率。

G 希望自己生成的图片越接近真实越好。也就是说,G 的优化目标是使 $D(G(z))$ 尽可能得大,因此 G 的更新函数如下:

$$\nabla_{\theta_g} \frac{1}{m} \sum_{i=1}^{m} \log(1 - D(G(z^{(i)})))$$

D 希望自己能有效地分辨出图像是来自真实世界还是来自 G 的生成图像,因此 D 的优化目标是 $D(x)$ 应该大,x 代表真实图像,$D(G(z))$ 应该小。D 的更新函数如下:

$$\nabla_{\theta_d} \frac{1}{m} \sum_{i=1}^{m} \left[\log D(x^{(i)}) + \log(1 - D(G(z^{(i)})))\right]$$

对于由 G 网络和 D 网络组成的组合网络,GAN 的迭代优化过程是 G 和 D 交替进行的,即 D 进行 K 次,G 才进行一次更新。之所以这样做,是因为 D 的训练是一个非常耗时的操作,且在有限的集合上,训练次数过多容易过拟合。

9.1.3 GAN 模型的改进

现有的基于生成模型的图像生成方法大致可以分为四类。第一类是从随机噪声(比如高斯噪声)中采样生成图像。第二类是从文本描述生成图像,要求所生成的图像符合本文的描述。第三类是图像迁移。它将一个域的图像转化为另一个域的图像。比如,输入苹果的图像,输出橘子的图像。第四类是通过人机交互控制图像生成。比如,用鼠标操作控制图像生成。下面列举一些 GAN 的改进模型及其在特定场景下的应用。

1. 条件 GAN(Conditional GAN,CGAN)

在原始 GAN 中,无法控制要生成的内容,因为输出仅依赖于随机噪声。我们可以将条件输入 c 添加到随机噪声 z,以便生成的图像由 $G(c,z)$ 定义。通常条件输入矢量 c 与噪声矢量 z 直接连接即可,并且将得到的矢量原样作为发生器的输入,就像它在原始 GAN 中一样。条件 c 可以是图像的类、对象的属性或嵌入想要生成的图像的文本描述,甚至是图片。

CGAN 结构[2]如图 9-3 所示。

2. C-RNN-GAN

由于音乐是一种比较多变和主观性的序列数据,采用 GAN 处理音乐数据需要特定的 GAN 改进模型,如 C-RNN-GAN[3]、WaveGAN[4] 和 GANSynth[5]。C-RNN-GAN 是一种基于 LSTM 的 GAN 网络模型,C-RNN-GAN 是通过对抗训练来模拟真实样本序列的整个联合概率,从而生成数据序列。在该论文中,作者使用了 MIDI 格式的古典音乐序列来进行训练并演示,使用了如音阶一致性和音域等指标来进行评估。

1) C-RNN-GAN 的模型结构

C-RNN-GAN 是一种能够进行对抗性训练的递归神经网络,该神经网络的生成器与判别器分

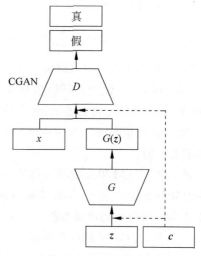

图 9-3　CGAN 的结构

别由两个不同的深度递归神经模型组成(图 9-4)。在该模型中,生成器 G 是一个深度为 2 的单向 LSTM 网络,其中每个 LSTM 单元都具有 350 个隐藏单元。判别器 D 是一个深度为 2 的双向 LSTM 网络,每个 LSTM 单元同样具有 350 个隐藏单元。在判别器中,每个 LSTM 单元的输出都会被输入到一个全连接层,该层具有在全时间段共享的权重。在全连接层将每个 LSTM 单元输出的数值进行 Sigmoid 操作之后再对各个全连接层的输出进行均值操作,最后根据该均值进行最终的决策。

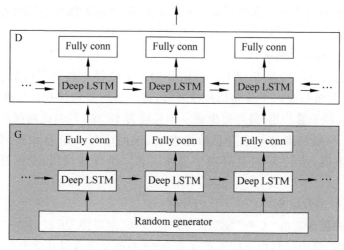

图 9-4　C-RNN-GAN 模型结构

在 C-RNN-GAN 中使用了时间反向传播(backpropagation through time)和小批量随机梯度下降法。学习速率设置为 0.1,并对生成器和判别器中的权值进行 L_2 正则化处理。在该模型中,生成器的损失函数 L_G 为:

$$L_G = \frac{1}{m} \sum_{i=1}^{m} \log(1 - D(G(z^{(1)})))$$

判别器的损失函数 L_D 为：

$$L_D = \frac{1}{m}\sum_{i=1}^{m}\left[-\log D(x^{(i)}) - (\log(1 - D(G(z^{(i)})))\right]$$

2）C-RNN-GAN 的数据集

C-RNN-GAN 使用的训练数据集来自由 Web 收集的 160 位不同古典音乐作曲家的 3 697 个 midi 文件。将这些 midi 文件加载并保存 note on 时间中的"时延""音调""音速"和"上一次音调开始时间"，从而构建一个四元特征数组。音调数据在内部是使用相应的声音频率来表示的。

每一个 LSTM 单元的输入都是一个由四元特征所组成的向量 v，向量 v 的每一个维度都均匀分布在[0,1]中。在将该向量 v 与前一个时间步长的输出连接在一起后，形成了该 LSTM 单元所使用的序列数据。

3）C-RNN-GAN 的评价指标

C-RNN-GAN 采用生成器输出序列的多个测量指标来进行加权的综合性评价，测量值分别为：①复调：测量至少两个音调同时演奏的频率（它们开始的时间完全相同）。②音阶一致性：计算标准音阶中音调的比例，获取所有音阶中的最佳匹配比例的大小。③重复率：计算小节重复数量。④音程：计算最高音和最低音的半音步数。

3. WaveGAN

WaveGAN[4] 是一种基于 CNN 的 GAN 网络模型，WaveGAN 使用反卷积网络作为生成器，通过反卷积操作生成时长一秒的音频的波形和频谱图，再将生成样本输入由卷积网络组成的判别器，进行概率的判断。在该论文中，作者使用了时长一秒的鼓、鸟叫声、钢琴声和由人所朗诵的单个单词作为训练样本集。该论文采用了"最近邻比较"和"人工双盲测评"作为评价标准。

1）WaveGAN 的模型结构

WaveGAN 的模型结构基于 DCGAN（图 9-5）。生成器与判别器均是基于卷积神经网络。在该模型中，生成器是一个反卷积神经网络，每一层的卷积核都是长度为 25 的一维滤波器，步长为 4，有四个卷积层，最终可生成一个长度为 16 384 的一维时间序列，略高于每秒 16kHz 的音频。判别器则是一个卷积神经网络，该网络每一层卷积核同样是一个长度为 25 的一位滤波器，步长为 4，具有四个卷积层和一个全连接层，全连接层用于进行概率的计算。

2）WaveGAN 的数据集

WaveGAN 的数据集由"人声""鼓声""鸟叫声"和"钢琴声"组成，其中"人声"数据集总时长为 2.4 个小时，其中包括由不同人朗读的 0～9 的英文字母以及单个英文字母。"鼓声"总时长为 0.7 小时，采集自不同鼓手的敲击。"鸟叫声"总时长 12.2 个小时，采集自野外的不同种类鸟的野外录音。"钢琴声"总时长 0.3 小时，采集自不同专业演奏家演奏的巴赫乐曲。WaveGAN 将数据集切割为时长 1 秒的 16kHz 的音频文件，并按照声音来源依次归类，分别送入 WaveGAN 进行训练。每一轮生成器接收到的都是一个维度为 100 的随机向量，通过反卷积生成一个长度为 16384 的音频序列。而判别器接收到的都是一个长度为 16384 的向量，通过卷积操作输出一个概率值。

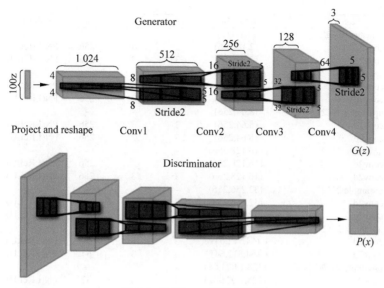

图 9-5 DCGAN 的模型结构

3）WaveGAN 的评价标准

WaveGAN 采用了"最近邻比较"和"人工双盲测评"作为测量指标进行综合性评价：①最近邻比较：使用欧氏距离计算该样本最近的 1 000 个样本的距离，如果这 1 000 个样本都来自真实样本，那么就将该测量指标值置为 0，否则根据该样本和所有真实样本的总距离以及所有非真实样本的总距离进行综合性计算。②人工双盲评测：将生成音频文件和真实音频文件随机地给测试者播放，要求测试者依次判断他们所听到的音频文件是真实的还是生成的。最后根据测试者的判断计算这一批音频文件的分类的准确性。

4. GANSynth

GANSynth[5]是一种对 WaveNet 进行改进的神经网络，该模型从一个球面高斯函数中抽取一个随机向量，通过一系列的反卷积操作生成一个音频样本，再将样本送入卷积判别器网络中估计该样本的属于真实样本的概率。图 9-6 展示了生成器的反卷积操作。在该论文中，作者使用了来自 1 000 种不同乐器的 300 000 个音符，这些音符都采集自 NSynth 数据集。

1）GANSynth 的模型结构

GANSynth 的生成器是由反卷积网络组成，首先根据给定的 MIDI 文件的音符进行球面插值法获取一批长度为 256 的音符向量，再将 MIDI 的音高进行 one-hot 展开获取到一批 61 维的音高向量，将音符向量与音高向量进行合并，获取到一批长度为 317 的序列向量，并将这一批向量作为反卷积网络的输入。具体如下：

该模型最终可以获取到一个（128，1 024，2）的输出矩阵。再将该矩阵进行梅尔频谱转换，获取到一个（128，1 024，1）的矩阵，最后将该矩阵进行短时傅里叶变换，获取到一个长度为 64 000 的音频文件。判别器则是由一个卷积网络组成，通过对生成器的反转操作并经过最后的全连接层从而获取到该样本属于真实样本的概率。

2）GANSynth 的数据集

GANSynth 使用的数据来自 1 000 种不同乐器演奏的 300 000 的音符。每一个样本时

Generator	Output Size	k_{Width}	k_{Height}	$k_{Filters}$	Nonlinearity
concat(Z,Pitch)	(1,1,317)	-	-	-	-
conv2d	(2,16,256)	2	16	256	PN(LReLU)
conv2d	(2,16,256)	3	3	256	PN(LReLU)
upsample 2×2	(4,32,256)	-	-	-	-
conv2d	(4,32,256)	3	3	256	PN(LReLU)
conv2d	(4,32,256)	3	3	256	PN(LReLU)
upsample 2×2	(8,64,256)	-	-	-	-
conv2d	(8,64,256)	3	3	256	PN(LReLU)
conv2d	(8,64,256)	3	3	256	PN(LReLU)
upsample 2×2	(16,128,256)	-	-	-	-
conv2d	(16,128,256)	3	3	256	PN(LReLU)
conv2d	(16,128,256)	3	3	256	PN(LReLU)
upsample 2×2	(32,256,256)	-	-	-	-
conv2d	(32,256,128)	3	3	128	PN(LReLU)
conv2d	(32,256,128)	3	3	128	PN(LReLU)
upsample 2×2	(64,512,128)	-	-	-	-
conv2d	(64,512,64)	3	3	64	PN(LReLU)
conv2d	(64,512,64)	3	3	64	PN(LReLU)
upsample 2×2	(128,1 024,64)	-	-	-	-
conv2d	(128,1 024,32)	3	3	32	PN(LReLU)
conv2d	(128,1 024,32)	3	3	32	PN(LReLU)
generator output	(128,1 024,32)	1	1	2	Tanh

图 9-6　生成器的反卷积操作

长都为 4s,采样频率为 16kHz,维度为 64 000。这些乐器主要有弦乐、铜管乐、木管乐和木槌。所有样本主要采集了 14 种特征。

3）GANSynth 的评价指标

GANSynth 采用了"人工测评""NDB 分数""音高准确率与信息熵""初始分值"作为测量指标进行综合性评价：①人工测评：人工进行双盲评测。②NDB 分数：将生成样本与真实样本映射到对数谱图空间。将真实样本采用 k-Means 方法进行聚类,每个聚类内都有固定的 50 个样本。将生成样本归并到离它最近的聚类中,对每个聚类进行双样本二项式检验,获取与真实样本有显著差异的生成样本的数量。③音高准确率与信息熵：将预训练数据与训练数据的音高进行准确率与信息熵计算。④初始分值：计算出预训练样本和训练样本音高的平均 KL 散度。

5. GAN-CLS-INT

GAN-CLS-INT[6]是 GAN 结构的一个扩展,它能够将人工编写的一句描述性文本直接转换成为图像。这篇论文主要解决了两个问题：①学习能够捕捉到重要视觉细节的文本特征表达；②使用这些特征来合成一些让人们误以为真的图片。主要贡献就是实现了一个简单高效的 GAN 架构和训练策略,使得从人工编写的描述文本合成鸟与花的图片成为可能。

1）GAN-CLS-INT 的结构

论文中提出的 GAN-CLS-INT 结构如图 9-7 所示。

此结构是一种基于条件 GAN 的结构,所以生成器的输入不止有随机采样的噪声 $z \sim N(0,1)$,还有文本特征向量（即图中蓝色部分）。这个文本特征向量是由文本编码器 φ 生成的,生成的文本特征就是 $\varphi(t)$。通常情况下,需要将描述文本使用一个全连接层压缩到一个较小维度之后（一般是 128 维）,使用 leaky ReLU 再与噪声向量 z 拼接在一起,作为生成器的整体的输入。然后通过卷积神经网络生成一张图片 $\hat{x}$,再来看判别器 D。前面几层

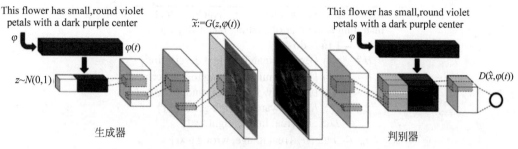

图 9-7　GAN-CLS-INT 的结构

使用了 stride-2 卷积并使用了 leaky ReLU 和 spatial batch normalization，并且 φ 仍然像以前一样使用一个全连接层接上一个修正器(rectifier)来减少 $\varphi(t)$ 的维度。当判别器的维度是 4×4 时，将 $\varphi(t)$ 复制多份，并在深度上与图片进行拼接(如图 9-10 中绿蓝相接部分)。然后在拼接之后的新张量(tensor)上继续执行一个 1×1 卷积再进行纠正，然后进行 4×4 卷积再计算得分。

2）处理文本的方法

文本特征的计算可采用以下公式：

$$\frac{1}{N}\sum_{n=1}^{N}\Delta(y_n,f_v(v_n))+\Delta(y_n,f_t(t_n))$$

$$f_v(v)=\arg\max_{y\in\mathcal{Y}}\mathbb{E}_{t\sim\mathcal{T}(y)}[F(v,t)]$$

$$f_t(t)=\arg\max_{y\in\mathcal{Y}}\mathbb{E}_{v\sim\mathcal{V}(y)}[F(v,t)]$$

$$F(v,t)=\boldsymbol{\theta}(v)^{\mathrm{T}}\varphi(t)$$

其中，v_n、t_n、y_n 分别是图像、文本描述、类标签。f_v 和 f_t 分别是图像和文本分类器。$F(v,t)$ 是文章中定义的兼容函数(compatibility function)。$\boldsymbol{\theta}(v)$ 是图像特征，$\varphi(t)$ 是文本特征。image 和 text 分类器共用这个函数。如果分类器能够正确分类，那么图像和与之匹配的文本的分数应该明显高于其他不能匹配上的分数。论文图像分类器用的是 GoogLeNet，文本分类器用的是 LSTM 和 CNN。

3）GAN-CLS

训练条件 GAN 的最直接方法就是将图片和文本特征看作是联合的样本，通过观察判别器判断“生成的图片＋文本”这个整体是真的还是假的。不过这个方法并没有在训练中给判别器提供“是否按照描述正确生成了图像”的信息，在这种情况下，判别器将观察到两种不同的输入：正确的图片并且配上了正确的文本，以及错误的图片配上了随意的文本。所以，需要分开记录这两种不同的错误来源：不真实的图片(配上任何文本)，以及真实图片但条件信息匹配错误。作者修改了 GAN 的训练算法来将这两种不同的错误分开。除了真和假这两种输入以外，作者又增加了第三种输入“真实的图片配上错误的文本”，而判别器也必须要能把这种错误给区分出来。训练算法如图 9-8 所示。

其中，第 3 到 5 行完成对文本图像和噪声的编码，在第 6 行生成一个假图像，第 7 行的 S_r 表示将真实图像与其对应的句子关联的 score，第 8 行的 S_w 表示真实图像与任意句子的关联分数，第 9 行的 S_f 表示一个假图与对应句子的关联分数，第 10 行，判别器的损失函

```
1: Input: minibatch images x, matching text t, mis-
    matching t̂, number of training batch steps S
2: for n = 1 to S do
3:     h ← φ(t) {Encode matching text description}
4:     ĥ ← φ(t̂) {Encode mis-matching text description}
5:     z ∼ N(0,1)^Z {Draw sample of random noise}
6:     x̂ ← G(z, h) {Forward through generator}
7:     s_r ← D(x, h) {real image, right text}
8:     s_w ← D(x, ĥ) {real image, wrong text}
9:     s_f ← D(x̂, h) {fake image, right text}
10:    L_D ← log(s_r) + (log(1 − s_w) + log(1 − s_f))/2
11:    D ← D − α∂L_D/∂D {Update discriminator}
12:    L_G ← log(s_f)
13:    G ← G − α∂L_G/∂G {Update generator}
14: end for
```

图 9-8　训练算法

数,更新判别器,第 11 行表示 D 目标相对于其参数的梯度,第 12 行,生成器的损失函数,更新生成器。

4) GAN-INT(插值)

对于根据描述去生成图片的问题,文本描述数量相对较少是限制合成效果(多样性)的一个重要因素。所以,论文提出通过简单的插值方法来生成大量新的文本描述。这些插值得到的文本特征是无法直接对应到人工文本标注上的,所以这一部分数据是不需要标注的。想要利用这些数据,只需要在生成器的目标函数上增加这样一项:

$$\mathbb{E}_{t_1,t_2 \sim p_{\text{data}}}\left[\log(1 - D(G(z, \beta t_1 + (1-\beta)t_2)))\right]$$

其中,β 表示在文本特征 t_1 和 t_2 之间插值,通常在实际应用中使用 $\beta=0.5$ 时就有很好的效果。

5) 风格迁移

如果输入的文本包含的是图像内容信息的话,那么为了生成逼真的图像,噪声样本 z 应该捕获诸如姿势和背景颜色的风格因素。在做风格迁移的时候,可以训练卷积网络以反转 G 以从样本回退到 z,可以使用简单的平方损失来训练风格编码器:

$$\mathcal{L}_{\text{style}} = \mathbb{E}_{t,z \sim \mathcal{N}(0,1)} \| z - S(G(z, \varphi(t))) \|_2^2$$

其中,S 是风格编码器网络。从图像 x 到文本 t 的风格迁移表示如下:

$$s \leftarrow S(x), \quad \hat{x} \leftarrow G(s, \varphi(t))$$

其中,x 是我们选择的图片,$S()$ 是风格提取器,得到 x 的风格。然后生成器的输入变成了 s 和文本,然后得到风格图(图 9-9)。

将风格从顶行(真实)图像传输到查询文本中的内容,其中 G 充当确定性解码。底部的三行是由人工写的。可以看到,大部分生成图片还是能将背景和位置从风格图片中继承下来。

6) 实验结果

从图 9-10 和图 9-11 的实验结果可以看出,GAN 和 GAN-CLS 生成的图像与文本内容比较接近,但是图片真实度不够。而 GAN-INT 和 GAN-INT-CLS 生成的图片虽然看上去更真实,但是可能只匹配部分文本信息。在花的数据集上的效果方法看上去效果都比较好,

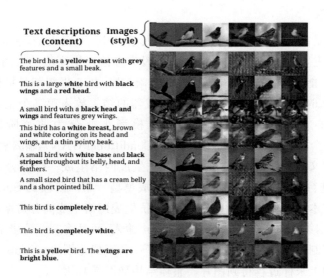

图 9-9　风格迁移

可能是因为对于判别器 D 来说，鸟的结构比较强，更容易判断出假的图片。

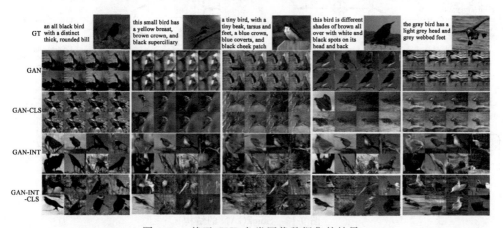

图 9-10　基于 CUB 鸟类图像数据集的结果

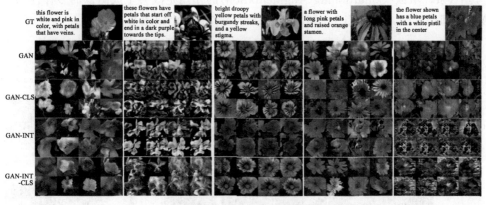

图 9-11　基于 Oxford-102 花类图像数据集的结果

6. StackGAN

StackGAN[7]是由 Han Zhang、Tao Xu 等人于 2016 年提出的，StackGAN 也是基于
CGAN 的改进，它主要想解决的问题是，CGAN 没有办法产生高清的大图，StackGAN 希望
输入一个描述语 c，能够产生一张 256×256 的清晰大图，核心思想就是搭建两个生成器，第
一个产生一个 64×64 的小图，然后把第一个生成器的结果放入第二个生成器中，在第二个
生成器中产生 256×256 的大图。StackGAN 模型主要分为两个阶段。第一阶段的
StackGAN 就是一个标准的条件对抗生成网络(Conditional-GAN)，输入就是随机的标准正
态分布采样的 z 和文本描述刻画的向量 c。对抗生成网络生成一个低分辨率的 64×64 的
图片和真实数据进行对抗训练得到粗粒度的生成模型。第二阶段的 StackGAN 将第一阶
段的生成结果和文本描述作为输入，用第二个对抗生成网络生成高分辨率的 256×256 的图
片。需要注意的是，第二阶段的生成器并没有噪声输入，而是将第一阶段生成的低分辨率图
像下采样以后与复制的 c 连接起来作为输入。经过若干残差模块(residual blocks)，再进行
与第一阶段相同的上采样过程得到图片。整体结构如图 9-12 所示。

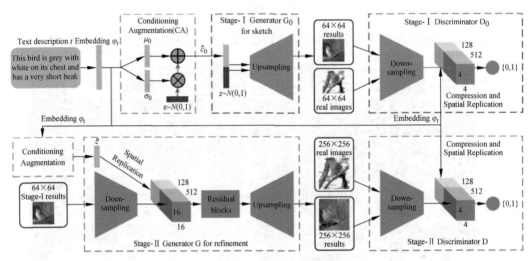

图 9-12　StackGAN 的结构

其中，条件增强(Conditioning Augmentation)的作用是改善生成图像的多样性，并稳定
CGAN 的训练过程。StackGAN 和 GAN-CLS-INT 的对比如图 9-13 所示。

图 9-13　StackGAN 和 GAN-CLS-INT 的对比

7. TAC-GAN

TAC-GAN[8]是由 Dash 等人于 2016 年提出的,它是一种条件 GAN,它以类别标签为条件,并且鉴别器不仅仅区分真实图片和合成图片,还给它们分配标签。TAC-GAN 使用文本合成了分辨率 128×128 的图像。相比 StackGAN,它的 Inception 分数有了 7.8% 的提升。不过分辨率没有 StackGAN 的高(256×256),TAC-GAN 的体系结构如图 9-14 所示,两种 GAN 的实验结果对比如图 9-15 所示。C_r 和 C_w 是 Image-real 和 Image-wrong 的 One-hot 编码类标签,其中(I, C, L)分别是(图片、类别、文本描述)。L_G 和 L_D 是两个神经网络,其作用是为文本的特征生成潜在表示。D_s 提供是真的还是假的概率分布,D_c 提供类别的概率分布。

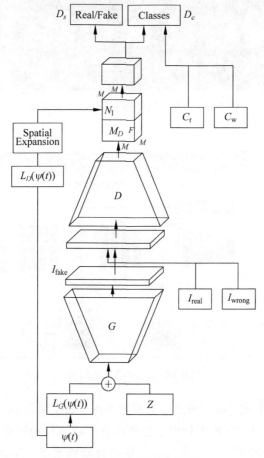

图 9-14　TAC-GAN 的结构

8. AttnGAN

AttnGAN[9]通过引入 Attentional Generative Network,借助文本描述生成包含充分细节的图像,利用注意力驱动的、多阶段改进、GAN 三种方法来生成理想的图片,建立了文本描述到图片细节的注意力机制,提出了细粒度的图像生成。使用条件 GAN 作为图像生成模型,并设计了三个阶段的 GAN 来逐渐细粒度的精炼生成图像。其结构如图 9-16 所示。

图 9-15　TAC-GAN 和 StackGAN 的对比

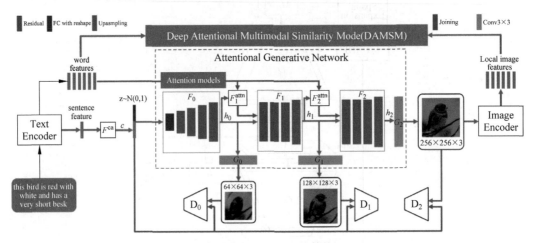

图 9-16　AttnGAN 的结构

在 F_0 阶段对全局生成目标四分之一分辨率的图片，F_1 阶段利用注意力机制生成目标二分之一分辨率的图片，F_2 阶段再利用注意力机制生成目标相同分辨率的图片，其中 F_0、F_1、F_2 分别对应一个神经网络。每个注意力模型自动检索用于生成图像的不同子区域的条件（即最相关的单词矢量）。AttnGAN 结构中的一个核心是深度注意力多模态相似模型（DAMSM），DAMSM 将图像和集合作为输入，并提供关于两者"匹配"的反馈。如下所示。

（1）使用标准的卷积神经网络，图像被转换成一组特征映射。每个特征映射基本上是表示图像的一些概念/子区域。

（2）特征映射的维数与词嵌入的维数相等，因此它们可以被视为等价的实体。

（3）根据说明文本中的每个标记（token），将注意力应用于特征映射上，用来计算它们的加权平均值。这个注意力矢量实际是代表了图像对标记的抽象。

（4）最后，DAMSM 被训练以最小化上述注意力向量（词的视觉描绘）和词嵌套（词的文本含义）之间的差异。你实际是试图把图像的"绿色"部分尽可能地变成"绿色"。

DAMSM 被称为"多模态"（multimodal）的原因是因为它定义了一个结合两种理解模式（视觉和文本）的目标。一旦 DAMSM 已经在数据集上进行了充分的训练，就可以将其与分步的判别器结合使用，为 AttnGAN 提供丰富的目标进行优化，如图 9-17 所示。

图 9-17　AttnGAN 基于 CUB 鸟类数据集生成的图像

9. 总结

生成对抗网络（GAN）的提出使得图像生成的研究取得了显著的进展，它将博弈论的思想应用于神经网络中，将判别器和生成器用对抗的方式来分别训练自己，在原始 GAN 理论中，并不要求生成器 G 和判别器 D 都是神经网络，只需要是能拟合相应生成和判别的函数即可。但实用中一般均使用深度神经网络作为 G 和 D。一个优秀的 GAN 应用需要有良好的训练方法，否则可能由于神经网络模型的自由性而导致输出不理想。

9.2　基于 GAN 的手写数字生成实践

问题描述：通过 GAN 生成类似 MNIST 中的手写体数字。

1. 实验环境

Python3、TensorFlow 1. x、Jupyter notebook。

2. 导入第三方包与实验数据集 MNIST

1）导入包

```
import tensorflow as tf
import numpy as np
import pickle
import matplotlib.pyplot as plt        #用于数据可视化的第三方包
% matplotlib inline
```

2）加载数据集
由于 MNIST 在 TensorFlow 中已经存在，因此可以直接加载：

```
from tensorflow.examples.tutorials.mnist import input_data
mnist = input_data.read_data_sets('mnist/')
```

执行完上述程序后,工程文件夹中将出现一个 mnist 子目录,其中存放着我们的数据集,如图 9-18 所示。

名称 ∧	修改日期	类型	大小
t10k-images-idx3-ubyte.gz	2019/7/22 16:47	WinRAR 压缩文件	1,611 KB
t10k-labels-idx1-ubyte.gz	2019/7/22 16:47	WinRAR 压缩文件	5 KB
train-images-idx3-ubyte.gz	2019/7/22 16:40	WinRAR 压缩文件	9,681 KB
train-labels-idx1-ubyte.gz	2019/7/22 16:40	WinRAR 压缩文件	29 KB

图 9-18　数据集文件夹截图

如需要也可以自行下载 MNIST 数据集,然后放到工程文件夹下的 mnist 目录。我们现在查看数据集中的照片长什么样,结果如图 9-19 所示。

```
img = mnist.train.images[7]            # 索引号为 7 的照片
plt.imshow(img.reshape((28, 28)), cmap = 'Greys_r')
```

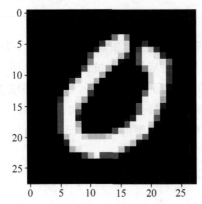

图 9-19　MNIST 数据集中的图像数据展示

3. 构建模型

我们需要构建以下 5 个函数,包括输入 inputs()、生成器 Generator()、判别器 Descriminator()、损失函数 Loss()、优化函数 optimizer()。

1) 输入函数

在输入图像时,要区分是真实图像(real_img)还是生成图像(noise_img)。

```
def get_inputs(real_size, noise_size):
    real_img = tf.placeholder(tf.float32, [None, real_size], name = 'real_img')
    noise_img = tf.placeholder(tf.float32, [None, noise_size], name = 'noise_img')
    return real_img, noise_img
```

2) 生成器函数

生成器将用于生成图像。在生成器中,我们使用双切正切函数(tanh)作为激活函数,还有带泄露线性整流函数(Leak ReLU)。图 9-20 是生成器的结构。

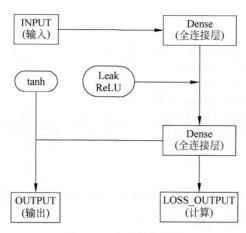

图 9-20 生成器的结构

其中，tanh 公式为 $\tanh(x) = \dfrac{1 - e^{-2x}}{1 + e^{-2x}}$，Leak ReLU 的表达式为

$$f(x) = \begin{cases} x, & x > 0 \\ \lambda x, & x \leqslant 0 \end{cases}$$

其中，λ 是大于 1 的固定常数。

```
def get_generator(noise_img, n_units, out_dim, reuse = False, alpha = 0.01):
    """

    noise_img：生成器的输入
    n_units：隐层单元个数
    out_dim：生成器输出 tensor 的 size，这里应该为 32 × 32 = 784
    """
    with tf.variable_scope("generator", reuse = reuse):
        # 隐层 1
        hidden1 = tf.layers.dense(noise_img, n_units)
        # 将 aplha 与传入的隐层值相乘，实现 LeakReLU
        hidden1 = tf.maximum(alpha * hidden1, hidden1)
        # dropout
        hidden1 = tf.layers.dropout(hidden1, rate = 0.2)
        # logits & outputs
        logits = tf.layers.dense(hidden1, out_dim)
        outputs = tf.tanh(logits)
    return logits, outputs
```

4. 判别器函数

判别器将用于判别图像是真实图片还是生成的图片。其结构与生成器差不多，不同的地方就是将激活函数替换为 Sigmoid 函数。

```
def get_discriminator(img, n_units, reuse = False, alpha = 0.01):
    """

    n_units：隐层节点数量
```

```
    alpha: Leaky ReLU 系数
    """
    with tf.variable_scope("discriminator", reuse = reuse):
        hidden1 = tf.layers.dense(img, n_units)
        hidden1 = tf.maximum(alpha * hidden1, hidden1)
        logits = tf.layers.dense(hidden1, 1)
        outputs = tf.sigmoid(logits)
    return logits, outputs
```

5. 损失函数

因为 GAN 中有两个神经网络,生成器和判别器,所以分别计算它们的损失函数。定义损失函数之前,我们需要先实例化一个网络。

```
# 定义一些必要的参数
img_size = mnist.train.images[0].shape[0]
noise_size = 100
g_units = 128
d_units = 128
alpha = 0.01
learning_rate = 0.001
smooth = 0.1
# 构建网络
tf.reset_default_graph()
real_img, noise_img = get_inputs(img_size, noise_size)
# 生成器
g_logits, g_outputs = get_generator(noise_img, g_units, img_size)
# 判别器
d_logits_real, d_outputs_real = get_discriminator(real_img, d_units)
d_logits_fake, d_outputs_fake = get_discriminator(g_outputs, d_units, reuse = True)
```

对于生成器,我们希望它生成的所有图片都被判别器打上 real 的标签(即为 1),生成器的损失函数定义如下:

```
g_loss = tf.reduce_mean(tf.nn.sigmoid_cross_entropy_with_logits(logits = d_logits_fake,
labels = tf.ones_like(d_logits_fake)) * (1 - smooth))
```

对于判别器的损失函数,我们希望它能给所有的真实图片打 1,给生成的图片打 0。判别器的损失函数定义如下:

```
# 识别真实图片的损失
d_loss_real = tf.reduce_mean(tf.nn.sigmoid_cross_entropy_with_logits(logits = d_logits_
real, labels = tf.ones_like(d_logits_real)) * (1 - smooth))
# 识别生成的图片
d_loss_fake = tf.reduce_mean(tf.nn.sigmoid_cross_entropy_with_logits(logits = d_logits_
fake, labels = tf.zeros_like(d_logits_fake)))
# 总体 loss
d_loss = tf.add(d_loss_real, d_loss_fake)
```

6. 优化函数

和损失函数一样,我们也要分别定义生成器和判定器的优化函数。

```
train_vars = tf.trainable_variables()
#生成器
g_vars = [var for var in train_vars if var.name.startswith("generator")]
#判别器
d_vars = [var for var in train_vars if var.name.startswith("discriminator")]
#优化函数
d_train_opt = tf.train.AdamOptimizer(learning_rate).minimize(d_loss, var_list = d_vars)
g_train_opt = tf.train.AdamOptimizer(learning_rate).minimize(g_loss, var_list = g_vars)
```

7. 训练

```
#批处理参数
batch_size = 64
#训练迭代轮数
epochs = 300
#抽取样本数
n_sample = 25
#存储测试样例
samples = []
#存储loss
losses = []
#保存生成器变量
saver = tf.train.Saver(var_list = g_vars)
#开始训练
with tf.Session() as sess:
    sess.run(tf.global_variables_initializer())
    for e in range(epochs):
        for batch_i in range(mnist.train.num_examples//batch_size):
            batch = mnist.train.next_batch(batch_size)

            batch_images = batch[0].reshape((batch_size, 784))
            #对图像像素进行处理,这是因为 Tanh 输出的结果介于(-1,1),real 和 fake 图片共
            享 discriminator 的参数
            batch_images = batch_images * 2 - 1

            #生成器的输入
            batch_noise = np.random.uniform(-1, 1, size = (batch_size, noise_size))

            #Run optimizers
            _ = sess.run(d_train_opt, feed_dict = {real_img: batch_images, noise_img: batch_noise})
            _ = sess.run(g_train_opt, feed_dict = {noise_img: batch_noise})

        #每一轮结束计算损失值
        train_loss_d = sess.run(d_loss,
                                feed_dict = {real_img: batch_images,
                                             noise_img: batch_noise})
```

```
#真实图像损失值
train_loss_d_real = sess.run(d_loss_real,
                             feed_dict = {real_img: batch_images,
                                          noise_img: batch_noise})
#生成假图像损失值
train_loss_d_fake = sess.run(d_loss_fake,
                             feed_dict = {real_img: batch_images,
                                          noise_img: batch_noise})
#由两种损失值计算得生成器的损失值
train_loss_g = sess.run(g_loss,
                        feed_dict = {noise_img: batch_noise})


print("Epoch {}/{}...".format(e + 1, epochs),
      "Discriminator Loss: {:.4f}(Real: {:.4f} + Fake: {:.4f})...".format(train_
      loss_d, train_loss_d_real, train_loss_d_fake),
      "Generator Loss: {:.4f}".format(train_loss_g))
#记录训练过程中计算出的所有损失值
losses.append((train_loss_d, train_loss_d_real, train_loss_d_fake, train_loss_g))

#抽取样本后期进行观察
sample_noise = np.random.uniform(-1, 1, size = (n_sample, noise_size))
gen_samples = sess.run(get_generator(noise_img, g_units, img_size, reuse = True),
                       feed_dict = {noise_img: sample_noise})
samples.append(gen_samples)

#存储checkpoints
saver.save(sess, './checkpoints/generator.ckpt')

#存储生成图像
with open('train_samples.pkl', 'wb') as f:
pickle.dump(samples, f)
```

8. 绘制损失值曲线图像

```
fig, ax = plt.subplots(figsize = (20,7))
losses = np.array(losses)
plt.plot(losses.T[0], label = 'Discriminator Total Loss')
plt.plot(losses.T[1], label = 'Discriminator Real Loss')
plt.plot(losses.T[2], label = 'Discriminator Fake Loss')
plt.plot(losses.T[3], label = 'Generator')
plt.title("Training Losses")
plt.legend()
```

　　结果如图 9-21 所示。根据判别器对于真实图像和生成图像的损失值对比,两条曲线越来越趋近同一条直线,说明判别器在训练过程的后期已经失去判别能力了,只是进行"伪随机"判断(判别为真实图片和生成图片的几率都为 50%)。

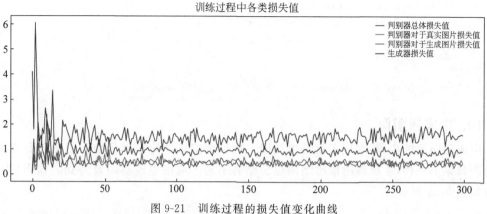

图 9-21　训练过程的损失值变化曲线

9. 显示最后一轮训练的图像

迭代训练过程中的生成图像(300epcho)如图 9-22 所示。

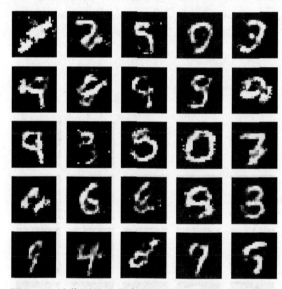

图 9-22　迭代训练过程中的生成图像展示(300epcho)

```
# 加载图像
with open('train_samples.pkl', 'rb') as f：
    samples = pickle.load(f)
def view_samples(epoch, samples)：
    """

    epoch 代表第几次迭代的图像
    samples 为我们的采样结果
    """

    fig, axes = plt.subplots(figsize = (7,7), nrows = 5, ncols = 5, sharey = True, sharex = True)
    for ax, img in zip(axes.flatten(), samples[epoch][1])：
    # 这里 samples[epoch][1]代表生成的图像结果,而[0]代表对应的 logits
        ax.xaxis.set_visible(False)
```

```
        ax.yaxis.set_visible(False)
        im = ax.imshow(img.reshape((28,28)), cmap = 'Greys_r')

    return fig, axes
#运行
_ = view_samples(-1, samples)          #显示最后一轮的 outputs
```

10. 生成新图像

生成新图像的步骤,本质上就是再调用一次训练完毕的生成器函数。但由于每次输入的噪声数据不一样,生成器的输出结果也会略有不同。调用生成器函数得到的输出(生成)图像如图 9-23 所示。

```
#实例化生成器函数
saver = tf.train.Saver(var_list = g_vars)
with tf.Session() as sess:
    saver.restore(sess, tf.train.latest_checkpoint('checkpoints'))
    sample_noise = np.random.uniform(-1, 1, size = (25, noise_size))
    gen_samples = sess.run(get_generator(noise_img, g_units, img_size, reuse = True),
        feed_dict = {noise_img: sample_noise})
        #运行
_ = view_samples(0, [gen_samples])
```

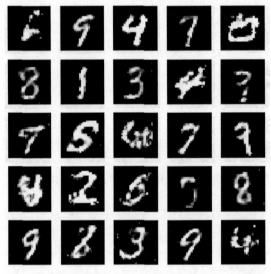

图 9-23　调用训练好的生成器网络得到的生成图像

9.3　实践作业

“GAN 模型的应用”。根据 GAN 模型的应用流程,创建一个基于 GAN 的应用,阐述问题、算法原理、代码解析和成果展示。

参考文献

[1] Goodfellow I J, Pouget-Abadie J, Mirza M, et al. Generative Adversarial Networks[J]. Advances in Neural Information Processing Systems, 2014, 3: 2672-2680.

[2] Antipov G, Baccouche M, Dugelay J, et al. Face Aging With Conditional Generative Adversarial Networks: 10.1109/ICIP. 2017. 8296650[P]. 2017.

[3] Mogren O. C-RNN-GAN: Continuous recurrent neural networks with adversarial training[J]. arXiv: Artificial Intelligence, 2016.

[4] Yamamoto R, Song E, Kim J M. Parallel WaveGAN: A fast waveform generation model based on generative adversarial networks with multi-resolution spectrogram[J]. arXiv, 2019.

[5] Engel J, Agrawal K K, Chen S, et al. GANSynth: Adversarial Neural Audio Synthesis[J]. 2019.

[6] Gong F, Xia Z. Generate the corresponding Image from Text Description using Modified GAN-CLS Algorithm[J]. arXiv: Learning, 2018.

[7] Zhang H, Xu T, Li H, et al. StackGAN: Text to Photo-realistic Image Synthesis with Stacked Generative Adversarial Networks[C]//2017 IEEE International Conference on Computer Vision (ICCV). IEEE, 2017.

[8] Dash A, Gamboa J C B, Ahmed S, et al. TAC-GAN - Text Conditioned Auxiliary Classifier Generative Adversarial Network[J]. 2017.

[9] Xu T, Zhang P, Huang Q, et al. AttnGAN: Fine-Grained Text to Image Generation with Attentional Generative Adversarial Networks[C]. Computer Vision and Pattern Recognition, 2018: 1316-1324.

AI带你玩——人工智能在游戏中的应用

本章学习目标

- 了解游戏中的人工智能应用模式
- 了解强化学习算法原理
- 熟练掌握基于强化学习的 AI 玩家模型开发

  本章阐述人工智能在游戏领域的关键技术和应用模式,着重讨论深度强化学习在游戏中的创新与融合。首先介绍人工智能在游戏领域中的应用模式,接着介绍强化学习算法原理,最后介绍基于强化学习的 AI 玩家应用实践。

  游戏就像是外部世界的缩影,电子游戏已经成为人类日常生活中一部分,不论是儿童还是成年人已经乐于将生活中"碎片"化的时间用于游戏中。游戏设计是基于对现实的模仿,如游戏的环境表现、游戏角色的行为等,同时游戏还能够在某些方面超越了现实,如游戏的即时交互性。在游戏中对于上述效果的实现,人工智能在其中起着重要的作用。现今,游戏玩家们已经不会惊讶于游戏中角色人物与玩家之间如同人类交流的交互方式。战略游戏里的虚拟角色也会对玩家的精妙操作做出及时的反应。多人对战游戏的电脑教练也能有板有眼地训练菜鸟玩家,让他们快速达到登堂入室的水平,和其他玩家对战。2016 年 AlphaGo 战胜人类围棋大师。谷歌公司于 2019 年 1 月公布了 AlphaStar(阿尔法星际)人工智能在《星际争霸Ⅱ》游戏项目中战胜人类职业选手的消息。广义而言,人工智能在游戏中以各种各样的形式存在。比如面向角色的人工智能 NPC,面向服务的智能客服,面向游戏开发的智能游戏生成系统,面向对抗的 AI 玩家,代替人类玩家的智能代理等各种角色等,可见,人工智能在各个层面融入到电子游戏中。

  同时,2016 年 AlphaGo 战胜人类围棋大师也是 AI 研究的里程碑,推动了人工智能第三次浪潮的到来。2019 年美国卡内基-梅隆大学团队开发的 AI 系统 Pluribus 在六人桌无限制的德州扑克比赛中,分别以单机对五人和五机对单人的方式,击败十五名世界顶级专业选手,突破了过去 AI 仅能在国际象棋等二人游戏中战胜人类的局限,成为机器在游戏中战胜人类的又一个里程碑性工作,被 Science 评选为当年的十大科学突破之一。这些应用有力地推动了 AI 技术的迅速普及和深入发展。游戏人工智能一直是人工智能的重要研究领域,电子游戏与人工智能呈现相互反哺的特点。电子游戏也正在逐渐成为训练和检验人工智能的一个绝佳场所。

　　游戏必定会有一系列的游戏规则,而胜负的结果必须按照规则来决定,所以技术研发者只需要按照既定的规则来训练人工智能,让其通过不断的输赢来进行学习,不断优化和调整策略,自主学习游戏技巧。其次,游戏的交互性、竞争性让人工智能能够更好地、直接地学习人的行为模式,从与人类玩家的竞争过程中找到规律与突破口,以此来训练人工神经网络的"思考"与"决策"方式。再加上游戏的结果也易于评估,观众也容易通过胜负结果判断哪一方玩家更加聪慧、实力更加强大。最后,游戏作为人们日常生活中休闲娱乐的方式更加贴近大众的生活,这也是为什么 IBM 的深蓝和谷歌的 AlphaGo 能够引发全世界的关注,让人工智能这种先进技术被大多数人所了解。

　　在 AlphaGo 等游戏人工智能取得突飞猛进的背景下,是深度强化学习理论和技术的不断进步和发展。在大数据支撑下,深度强化学习融合了深度学习在感知能力方面的优势和强化学习在决策能力优势进行互补,通过训练实现端到端的行为决策,从而更有效地教导机器人或者智能体学习人类的游戏技能。深度强化学习成为游戏人工智能的普遍方法与手段,成为提高游戏可玩性的重要突破口。

10.1　游戏中的 AI 应用简介

10.1.1　游戏 AI 的应用模式

　　游戏 AI 的历史却并不久远,即使是 95 后的玩家恐怕也还记得早年间电子游戏那惨不忍睹的 NPC(非玩家控制角色)的反馈,有时候它们愚蠢的行为甚至会让玩家一秒钟出戏,失去了游戏本身最擅长营造的沉浸感。举个例子,1995 年出品的游戏《三国志英杰传》中,玩家在各个城市里探访民情时,居民说话时甚至不会转过来看着你。这种游戏让习惯了高 AI 的玩家来玩,分分钟崩溃在电脑面前。仅仅 20 年的工夫,游戏 AI 就已经有了如此突飞猛进的发展,不得不说是骨灰玩家们的一大福音。然而,有不少计算机科学家和程序员认为,游戏 AI 作为人工智能的低级应用,表现都不够好。游戏人物体现出来的智能其实跟他们研究的人工智能没有关系。目前游戏 AI 设计最常用的方法有两种:规划器法和行为树法,听上去很专业,其实并不难懂。

　　所谓的规划器法,是给 NPC 设置一系列不同的状态,在不同的情况下激活不同的状态,让它看上去似乎对局势有自己的判断。举个例子,从很早期的《使命召唤》和《荣誉勋章》开始,受到对面火力压制的 AI 战友就会压低身子前进。这不是因为它真的"知道"对面有子弹飞过来并设法躲避,而是预装的规划器告诉它当有子弹过来时模型就要做出压低身子的行为。这两者似乎也没什么区别?区别大了,在一些玩家 mod 里,如果忘记给 AI 士兵编辑行为规划器,就算天上掉原子弹他也不会有反应。这种偶尔出现的不真实场景会让在一旁观看的玩家觉得出戏,相信你也有过这样的体验。

　　而行为树法就更加没什么科技含量了,就是暴力枚举所有可能的行为,然后让 AI 沿着规定好的路径运动。早期的下棋软件就是这种枚举法的产物,电脑棋手其实完全不知道棋盘上落子的意义,只是跟着设计师设计好的动作应对对手的棋路。可是这种方法的一个缺点是当所有行为的数量极为庞大时,连计算机都记不住,就没法玩了。计算机想在围棋上战胜人类,难就难在这了。而在电子游戏上的行为树法体现最明显的是我们和 NPC 的对话场景。我们选一句问题,NPC 就回答一句,一直到没话说为止。所有的对话看似是你的选择,实际上都是剧情设计师规定好的。

这两种方法的结合,基本上就是所谓游戏 AI 的算法。会编程的人应该能了解它的奥秘,这和神经算法、遗传算法之类真正的人工智能算法确实搭不上边。也难怪计算机科学家会对游戏 AI 的水平不以为然。随着电子游戏行业的发展,现在 2.5D、3D 游戏已经逐渐普及,三维游戏的场景物体也比二维游戏更为复杂,NPC 的行为智能化研究尤为重要。

玩家和人工智能的交互性也是一个问题。在 VR 和家用动态捕捉普及之前,玩家只能通过键盘和鼠标跟 NPC 交流。这种低信息强度的交流用传统的行为树算法就够了,没有必要引入人工智能。但在游戏世界的下一个时代,玩家和程序更密切的交互一定会对人工智能的介入产生需求,最终倒逼高级的人工智能扮演游戏 AI 的角色。人工智能在游戏领域的应用还处在非常浅层次的阶段,我们以为 NPC 有智能,其实不过是设计师自己思维的体现罢了。但是随着这几年机器学习、遗传算法的飞速进展,也许我们很快就能在游戏里见到活灵活现的虚拟人物了。

总结起来,游戏中的 AI 有下列几个趋势:①游戏 AI 设计正在不断创新,越来越多的开发团队由"状态机器"过渡到了"行为树"和"计划器"。②利用到 AI 的学习能力,使 AI 伴随玩家进行游戏,学习玩家的操作、模仿玩家的习惯,成为玩家在游戏中的影子。这听起来有点像现有游戏中的宠物,只不过 AI 会拥有与玩家更相似的行为。③更加成熟的技术甚至能够实现 AI 自动编写游戏的功能。AI 可以对游戏场景、配乐和玩家行为等进行分析,在大数据背景下设计的游戏将会更满足大多数玩家的需求,游戏更新速度也会加快。④随着政策利好和企业加速入场等因素的促进,AI 在游戏领域的运用形式是多样的。与医疗、教育等不同的是,游戏是生活中的娱乐方式,具有多种表现形态,而后两者则显得较为严肃,提供给 AI 试错、改善的空间不大。因此,游戏领域的包容度给了 AI 更多的可能,反过来,AI 又能为游戏行业带来翻天覆地的变化。而这种变化,能赋予整个游戏行业更多活力和更多机会。AI 已大势所趋,游戏或将成为最佳落地点。⑤在有人提出"社交将死,游戏上位"的时代,游戏的分量有多重不言而喻。互联网+的概念已经不再新鲜,取而代之的是科技主导下的 AI+时代。AI 与游戏的结合可谓是珠联璧合,不少互联网巨头如腾讯、网易等都将游戏 AI 作为推动 AI 战略发展的重要方向。在 AI 尚未遍地开花之时,AI+游戏必将成为 AI 发展的最佳落地点,为玩家带来更多的惊喜,为开发者创造更多商机。

10.1.2　AlphGo 项目简介

利用计算机去破解棋盘游戏已经有一段很悠久的历史了。从最初的西洋双陆棋的游戏开始,到 1997 年深蓝赢得国际象棋冠军,这也成为人工智能在游戏领域一个巨大的分水岭,在那之后,围棋就成为了我们的终极挑战。国际象棋里,每一部平均有 20 种可能走法,而围棋有 200 种,而围棋的复杂性还体现在棋盘上走法的众多可能性,这个数字大于宇宙中原子的数量。如果你问一位围棋大师,这一步为什么要这样走,有时候他们只能告诉你,我的感觉告诉我这样走,相比基于逻辑的国际象棋,围棋更像是一种依靠直觉的游戏。

2016 年 3 月,谷歌旗下的 Deep Mind(DP)公司和世界围棋冠军、职业九段棋手李世石进行了围棋人机大战。阿尔法狗到底是怎样击败了李世石,站上了世界围棋舞台的呢?那就得从人工智能开始说起。科学界普遍认为,虚拟环境和游戏是开发和测试 AI 算法的理想平台,因为可以通过游戏的计分系统实现渐变式进步(incremental progress)。AI的核心在于自我学习,这也就意味着它可以做出超出程序设计师所知范围的事。围棋是人类有史以来发明的最复杂游戏,起源于中国的围棋表面看起来很单纯,其实却很抽象,只有一种棋子,也只有一种落棋方式,双方各执黑白,目标就是把棋子连接起来,制造一个彼此相连的群体,把空地圈起来,而对方那些被包围的棋子就只能被清除出去,说白了就是通过包围领土的方式获得目数,谁抢的领土多,谁就是赢家。道理很简单,但不是谁都玩得转,因为每颗棋子能选择的路径很多,大约有200种,围棋可能变化的数目,即使运用全世界的计算机,运行100万年,也不可能穷尽它所有可能的变化形式,所以想要攻克围棋的阿尔法狗肯定不能用这种笨方法。DP给它设置了三部分网络。第一部分是走棋网络,用数以万计的高阶棋局训练它,用以模仿棋手的招式;第二部分是估值网络,可以衡量棋局的形势,判断在这个棋局下的获胜几率;第三部分是树搜索,用来分析棋局的各种可能变化的情形,并尝试推演棋局未来的演变。在每一盘棋中,首先走棋网络会扫描棋子摆放的情况,选出可行的路径,接着根据每个落点可能产生变化构建出树状图,然后运用估值网络分析每一种方法获胜的几率,阿尔法狗的原则是把胜率提升到最大,但不在乎赢多少。

在DP研究了阿尔法狗两年之后,他们决定请欧洲围棋冠军樊麾来PK一下。一开始樊麾觉得这是小菜一碟,"没关系,只是计算机程序而已,很容易对付,一定能轻松解决"。比赛采用了五局三胜,第一局樊麾输了,他开始意识到眼前这个无形的对手根本不按人类套路出牌,第二局樊麾打算改变自己的风格,还是输了,第三局、第四局直到最后,连输五局,这是真人围棋选手第一次败给了计算机程序。输了比赛之后,樊麾陷入自我怀疑,"我觉得很奇怪,我输给了计算机程序,我好像不了解自己了"。乐观的樊麾没多久就想通了,他虽然输了比赛很不开心,但是很高兴参与缔造了历史。可是大众不这么想,媒体在大肆宣传阿尔法的同时,人们也在大肆批评樊麾,说他技艺不精,已经沦落成业余选手。对阿尔法狗的质疑也随之而来、两个月后,DP团队决定让阿尔法狗接受更大的挑战,和世界级棋手李世石对弈,外界把这场比赛称为人类和机器的终极对决。DP聘请了樊麾作为阿尔法狗的顾问和比赛的裁判,樊麾不停地和阿尔法狗对弈,终于发现了阿尔法狗的一个漏洞。即使阿尔法狗拥有快速学习能力和运算能力,它也有自己的盲点,当它遇到盲点的时候,也会出现错乱。可是大家连它什么时候会遇到盲点都不知道。比赛前三天,大家还是找不到有效的解决方法,只能先冻结程序参加比赛。决战前夕,媒体开始纷纷预言,谁会胜出?李世石的参赛已经被解读为人类而战。"我对比赛充满信心,我相信人类的直觉还是遥遥领先于机器的,人工智能难以望其项背,我将竭尽所能捍卫人类的智慧"。李世石看过樊麾对战阿尔法狗的比赛后,希望能以5:0或者4:1战胜阿尔法狗,毕竟阿尔法狗战胜的樊麾和他不是同一个级别的选手,樊麾只二段,而他是九段,九段是职业围棋手的最高段位。与李世石相反的是,整个DP团队都很紧张,大家只能互相嬉笑减压,比赛采用中国围棋规则,贴目为7.5目,围棋比赛两小时,有三次60s延长读秒机会,由黄世杰代替阿尔法狗执棋。第一局的第一步棋,阿尔法狗就花了很长时间思考,媒体都开始嘲笑它,DP团队在屏住呼吸中终等到了阿尔法狗的第一步。没过几步,阿尔法狗居然用刺,切断了对方,这时候评论家开始称阿尔法狗为顶级职业棋手,它每一步都要思考1到1.5分钟,连李世石都不禁抬头看了一下,这是棋手的一种习惯,看一下对手的情绪用以作判断,可是李世石的对手是毫无感情、毫无情绪的机器。评论界开始担心,因为李世石开始犯错,开始自我怀疑,而这个时候阿尔法狗已经根据当前局面预估到接下来可能的 50 步,甚至 60 步。在以往阿尔法狗的战局中,通常走 150 步就能击败对方,此刻已经下了 150 步了,接近战术临界点了,而输赢确实已成定局。李世石虽然难以置信,最终还是选择有风度地投子认输,"我的天啊,你看计时器停止了 wow"。这让 DP 团队重拾了信心,面对媒体的闪光灯。李世石坦诚自己低估了阿尔法狗,并把胜负几率调为各半。虽然出乎大众的意料,但媒体宣传中还是对李世石接下来的比赛保持乐观。第一局过后,第二局开始,全世界有 8 000 多万人在收看比赛,光是中国就有 6 000 多万人,而李世石也比第一局看起来紧张,下得也慢了很多,比赛一开始就进入激烈的状态,当李世石中场休息下去抽烟的时候,阿尔法狗仍在计算。并走出了让大家惊叹的第 37 步,因为这一步在人类的直觉中是很糟糕的,位置太高,一般人不会走第五条线的肩冲,这一步摆明在豪爽地"卖地",可是这一步对 DP 团队来说,是很让人兴奋的,因为这次创新的想法超越了人类的指导,阿尔法狗自己也承认这一招很多人不会用,它推测人类棋手只有万分之一的几率会走这一步,但是现在大家也不敢随意嘲笑阿尔法狗了,李世石回来后看到这一招怪棋,足足思考了 12 分钟,最后保守地选择在 38 位贴起,而这第 37 步确实起到了神奇的作用,这步棋把之前的棋形都连成一个网络,对于整个棋局都非常重要,"这步棋让我对阿尔法狗刮目相看,围棋里的创意是什么,这是意义深远的一步棋"。越是往后走,李世石越是焦虑,他仍在负隅顽抗,但最终只能认负。在输了两局之后,整层楼都弥漫着沉重的感伤气氛,李世石不得不再次面对媒体闪光灯,他承认自己从一开始就丧失了主导权,媒体也从头讨论阿尔法狗如何厉害,变成恐惧和伤感,这个时候大家关注的已经不是 AI 是否厉害,而是将 AI 人格化的道德问题。

但是对 DP 团队来说,阿尔法狗就是一个简单的智能程序。离大众恐惧的全人工智能还差得很远。当前 AI 还只是一个萌芽的阶段,但不管如何,提前考虑如何确保人们有道德又有负责地使用 AI 是有必要的。连输两局后,李世石的的压力前所未有,因为这一局如果输了的话,意味着李世石败给了阿尔法狗,剩下的就是败多败少的问题。但第三局一开始,就陷入了激战,阿尔法狗领先,下到 50 步的时候,它计算出自己的获胜概率逐渐往 100% 靠近,李世石的压力和心理负担在逐步加大,他甚至摒弃了自己的风格,打算和阿尔法狗硬碰硬,但是战局已经不容乐观了,李世石再次投子认输,这局认输后,网络上的评论铺天盖地都在骂李世石说他没有尽全力。第三次面对媒体的李世石开始道歉,"如果我的棋艺更高超,或者是智商更高超,结果可能截然不同,这一次我让很多人失望了,我要为我的能力不足道歉"。在输赢已成定局的情况下,第四局的李世石反倒轻松不少,一开始阿尔法狗仍旧领先,评论家们调侃李世石说,如果是我直接放弃算了,大家对李世石保守的下法开始质疑,是不是能行? 但李世石看起来很镇定,他专注在围棋上,此刻中部是他的机会,大家都在等着看他是不是能发挥出魔力? 在思考了 8 分钟之后,李世石的第 78 步用挖,这一招下去之后,阿尔法狗似乎找不到突围的办法,他自己预测胜率开始大幅度下滑,然后下法开始脱轨,他进行了深度搜索,还更换了评估方法,但是大家都不知道它要干嘛,只能看着它走得越来越奇怪,终于阿尔法认输了,这一刻振奋人心,大家纷纷赞扬李世石,说他找到阿尔法狗的弱点,成功布局了一招,让 AI 无法正确计算,"这是我赢棋被最多人恭喜的一次",李世石也不知道自己为什么会走那第 78 步,只是觉得那是唯一能走的棋,而在阿尔法狗的预测中,李世石会走那第 78 步的概率只有 0.007%,和它自己的第 37 步一样万中挑一,可是擅长学习的阿尔法狗已经不会再给李世石机会了。第五局中即使大家觉得它似乎频频失误,似乎真的大势已去,它自己评估的胜率仍然是 91%,越往下走,大家越是看不懂,优势也渐渐从李世石转到了阿尔法狗,在大家都不明白为什么阿尔法狗走了很多多余的步子之后,李世石投子认输。仅以 2.5 目负给阿尔法狗,在阿尔法狗的逻辑中,只要赢就可以,赢一目也是赢,又何必贪婪地攻城略地呢,用全新的视角看世界,从一般人想不到的层面发挥创意,或许更能受益,就像阿尔法狗的第 37 步,李世石的第 78 步。

2017 年 5 月 23 日至 27 日,围棋世界排名第一柯洁与 AlphaGo 进行人机大战。三番棋大战,柯洁最终以 0 比 3 告负。被阿尔法狗打败的中国棋手柯洁接受采访时说道:"其实这周应该是很绝望的吧,因为从一开始我就知道想赢得比赛是很困难的。只是觉得自己输得不够精彩吧,然后也会有一点小遗憾。我已经被它打击得够多了,愿意干这活的肯定很多,我不要了,我受够了。因为我输了,我也解脱了。我是觉得对我来说就是一个围棋上帝的存在,就是碾压一切人的存在,反正这感觉其实就是我需要时间去适应这个事情。以前根本不会去怀疑自己,以前觉得我布局特强,在阿尔法狗看来,你这都是什么东西啊?它能看到一个宇宙,我们只能看到门口的小池塘,所以看到宇宙这种事情它去做吧,我就安心地在我的小池塘里钓个小鱼好了。"

接下来关注 Master。棋圣聂卫平以 64 岁的年龄向 Master 发出了挑战。一贯坚持下30 秒快棋的 Master,为了表达对聂老的尊敬,也主动把对局用时调整成了一分钟一手。毫不例外,Master 再次取胜,腾讯围棋网站上神秘的 Master 宣布自己就是 AlphaGo,而代为执子的就是 AlphaGo 团队的黄世杰博士。人工智能在短时间内推翻了人类棋手花了漫长时间积累起来的知识体系,围棋国家队的主教练俞斌断言,它超越了人类围棋,甚至还有人说人类的破壁人已经出现,不过《新京报》的文章指出,在没有明确规则的生活、学习、劳动的场景中,人工智能离人类还差得远,这就意味着人与人是一个合作关系,人类不必恐惧,正如柯洁在悲观的表达之后,紧接着说的话,"我想说,从现在开始我们棋手将会结合计算机,迈进全新的领域,达到全新的境界,新的风暴即将来袭,我将尽我所有的智慧终极一战。"。"围棋是在往前进步的,通过学习,人类或许也会进步。"。"围棋的目标并不是只有胜负,胜负是围棋的一部分,但是围棋还有其他东西是我们人类可以享受的,机器再厉害,它并不体会过程。"

接下来关注 AlphaGo Zero,世界上最强大的围棋程序,胜过以往所有的 AlphaGo 版本。值得一提的是,它击败了曾经战胜世界围棋冠军李世石的 AlphaGo 版本,成绩为 100:0。过去所有版本的 AlphaGo,都利用人类数据训练开始,它们被告知人类高手在这个地方怎么下,在另一个地方又怎么下。AlphaGo Zero 不使用任何人类数据,而是自我学习,完全从自我对弈中学习,凭借自我学习取得比通过人类数据学习更好的成绩。AlphaGo 从非常基础的水平开始,从非常随机的招式开始,但是在学习过程中的每一步,它的对手,或者可以说陪练,都正好被校准为匹配其当前水平。一开始,这些对手非常弱,但是之后变得越来越强大。人们一般认为机器学习就是,关于大数据和海量计算,但是我们从 AlphaGo Zero 中发现,基于所有领域知识所得到的明确算法比所谓计算数据可用性更重要。事实上,AlphaGo Zero 上使用的计算比 AlphaGo 版本上的使用少一个数量级,但是它的性能更加强大,因为使用了更多的原理和算法。过了 40 天左右,它击败了过去所有版本的 AlphaGo,成为世界上最强大的围棋程序。AlphaGo Zero 最重要的理念是,它完全从零开始学习,这意味着它完全从一块白板开始,仅仅依靠自我对弈来学习,不依赖任何人类知识、人类数据、人类案例,它完全通过基本原理去探索如何下围棋。打造 AlphaGo 不是为了击败人类,而是为了探寻科学的意义,一个程序能够自己学习知识是什么? AlphaGo Zero 理解了人类数千年积累的对围棋的认识,它进行分析,开始审视这些知识,并自主探索出来更多的东西。有时候,它的选择实际上超越并带来了一些人类现阶段尚未发现的东西,产生了许多方面富有创造力的、新奇的知识。我们已经看到,一个程序可以在像围棋这样复杂并具有挑战性的领域中达到很高水平,这意味着我们能够开始着手为人类解决最困难、最有影响的问题。

在打败几乎所有高段位围棋专业选手后,谷歌、DeepMind 现在开始进军象棋领域。他们现在挑战的不是最厉害的人类,而是 Stockfish,现存最强的计算机象棋引擎,这可能成为 Kasparov 挑战深蓝以来最令人兴奋的象棋赛事。Alpha Zero 是以神经网络和强化学习为基础的,在给定比赛规则后,完全通过自主学习进行训练。不应该和下围棋的 AlphaGo Zero 混淆。

还需指出的是,这不同于 AlphaGo Zero 下围棋,而是涉及到全新的算法。区分包括:第一,象棋的规则是不对称的,比如卒只能向前移动,国王和王后一侧的王车易位不同,这意味着基于神经网络的技术效率会变差。第二,落子时,算法不仅要预测二进制的输赢几率,还可能出现平局,这也要考虑在内。实际上,有时候平局可能是最好结果。在此简要介绍一下 ELO 评分,一个评估选手技术水平的数字。目前 Magnus Karlssen 是 ELO 评分最高的人类选手,分数在 2 800 左右,几年前,他在维也纳蒙住眼睛同时对战 10 名选手,并赢得了多数比赛,这就是他的水平。而 Stockfish 是目前最好的围棋引擎之一,ELO 评分超过 3 300 分。两者 500 ELO 点数差距意味着 Stockfish 和 Magnus Karlessen 比赛,100 场能赢 95 场。需要注意的是,规则规定相差 400 点就会取消比赛。之后是两种算法的对决,AlphaZero 对 Stockfish,它们每一步棋都有 60 秒时间进行思考,这被认为是足够长的,因为两种算法每走一步最多需要 10 秒时间。下面是结果,AlphaZero 从零开始经过 4 小时学习即可超过 Stockfish,他们进行了 100 场比赛,AlphaZero 赢 28 场,平 72 场,从未输给 Stockfish。简直难以置信,Stockfish 已经是最强的了,即使跟人类天才相比也是如此,而 AlphaZero 仅通过 4 小时的自主学习就打败了它,并且其硬件与 AlphaGo Zero 类似,同为一台含 4 个 Tenser 处理器的机器。最让人称道的是,AlphaZero 是一种更通用的算法,还能以极高的水准玩将军棋,也就是所谓的日本象棋。

10.1.3　AI 生成游戏

如何给计算机赋予"看见"的能力,学界从 20 世纪 60 年代就开始研究了。我们想让计算机掌握的,就是看到图像,然后按照人类的方式去理解,认出现在的空间里有多少件物体,以及物体的三维结构关系,还有各自的类别属性。比如说这儿有大象、的士、绿植,还有一个人坐在椅子上等。我们管正在研究的这种 AI 学习方式叫监督学习,我们收集大量数据组并加以人工分析。比如说每张图呈现的到底是什么事物,计算机通过学习这种数据组,再去理解新的图片。之所以这么做,是因为当你从不同的角度去观察时,同一个事物会变得横看成岭侧成峰。比如说你从前面看我,灯在我的右面;从后面看我,灯就在左边,这种学习方法存在很多问题,这是一个需要大量消耗时间成本的过程。第二个原因就是人工形成这些图像时,它们也许会忽略不感兴趣的信息,比如物体之间的关系。事实上,我这么坐着的图像,可能就包含了我坐在椅子上,椅子在我下方等信息。但更重要的是,这还不是人类或者动物,真正学习看的方式,比如说人类婴儿了解世界,仅通过观察和相互作用就可以了,所以说,AI现有的学习方法必须改良。

DeepMind发表了一篇惊人的论文,名为《神经场景表示和渲染》,它们的AI可以渲染整个3D场景,需要的输入仅有少量的图像。更令人印象深刻的是,AI的学习完全不需要标注,它学习过程中使用的数据,都是自己在探索不同3D场景时得到的。这项技术有着广泛的应用,比如谷歌和通用汽车这样的公司,投入数十亿资金研究开发自动驾驶汽车,如果自动驾驶汽车能够运用这项技术,就能多一个路况信息的来源。使用车载摄像机的大量图片进行几百万小时的训练后,它能创造一个可靠的3D地图。地图包括可能会出现在路面上的东西,提高预测和做出判断的能力,从而进一步减少发生事故的风险。此外,制作高质量的游戏并不是一件很容易的事。需要一整套的开发工具进行数小时的训练,来建立一个精巧繁复的3D世界场景。这项技术使得任何人都能用一张3D图像,甚至是真实生活的照片,生成3D场景。生成的3D场景,除了可以用游戏外,也可以运用于虚拟现实和增强现实。增强现实作为一种设计工具,可以让工程师在设计各种不同的类型的元件时,速度大大加快。研究者的目标很明确,那就是创造能够理解任何给定场景的AI。如果把你或者我放到某个特定场景中,不管是非洲热带草原,还是乔治亚州萨凡纳,我们会迅速观察理解周围环境,我们会观察最近的WiFi信号位置,通过观察太阳来判断,现在是白天还是黑夜,观察我们周围的动物种类,比如狒狒,通过脚印判断村庄的位置。我们的大脑会学着表征环境,此过程不只包括将我们所见之物分类,还包括所有与环境相关的运动控制、记忆、计划、联想,快速习得技能。没有老师教我们这些怎么做,一切都由我们自己来。计算神经科学创始人之一,大卫·马尔,在他极具影响力的书《视觉计算理论》中,指出大脑中很有可能存在生成过程,让我们能拥有这种不需要监督的神奇能力。相比之下,目前最流行的计算机视觉技术,使用的是深度卷积神经网络,通过大量标记过的图像数据学习如何解释图像这种依赖标记,或者有监督的方法需要大量人工劳动,手动标记图像。然后让神经网络学习将输入的图像,映射到其输出的标记上,就这样才能识别图像物体。但即使这样,这种方法也不能让AI真正理解自己看到的东西,也不能理解场景中不同物体之间的联系。此外,研究人员决定创造一种AI,能够内在描述它所处的环境,就像我们一样,不过它们没有我们那挥之不去的存在危机。研究人员想通过给AI一些输入数据,理想情况下就是一些AI所在场景的二维图像,也就是从它的位置所能看到的场景物体,不经过任何标记使用这些作为训练数据。一个开源游戏引擎DeepMind Lab,可直接拿来作为训练数据。该引擎包含大量3D场景,用来做训练数据。其中有一个简单的方形房间,房间中地板和墙的纹理都很容易识别,也有更复杂的随机生成的迷宫。不过一个简单的7×7的方形房间,应该更适合作为训练AI的起点。他们把自己的AI叫作生成查询网络或者GQN。GQN由两部分组成,表示网络和生成网络,表示网络的输出是智能体在3D场景中观察到的事物,也就是2D图像。之后表示网络生成描述其基础场景的表示,这个表示中会包含场景中最重要的元素,比如对象位置、颜色以及房间布局,以压缩的方式给出。然后生成网络会根据表示网络,做生成的表示,从之前未观察过的视角去预测,也就是去想象该场景。表示网络生成高度压缩抽象的场景描述,生成器则学习如何在必要时向其中填写细节,推测环境中对象和规则之间可能存在的关系。这两个网络之间的关系就像犯罪现场目击者和素描画师。目击者,记得罪犯的部分特征,他们的身高、发色等。素描画师必须从一些细节中想象犯罪的整体画面,根据目击者的描述,推测其他可能的特征。

　　算法会从训练场景的不同角度,收集一系列图像。每一个视角都是一幅图像,每幅图像都按顺序被用来做表示网络的输入,表示网络是一个卷积神经网络,它最广为人知的是它在图像分类中的应用。图像就是由数字组成的矩阵,经过一系列矩阵处理操作卷积网络会持续改变输入矩阵,得到结果就是表示生成的表示的数量和视角的数量相同。然后对这些表示进行总结,得到一个唯一的表示 R,接着将 R 作为生成网络的输入,生成网络是一个递归神经网络,因为递归神经网络可以处理序列数据。训练过程中递归神经网络并不仅仅是持续把下一个数据点输入数据集中,它们还会使用之前时刻的状态,也正因此,它们也可以拥有之前的信息。它们能从之前学到的东西中学习,因此,能够理解前情,在预测中加入时间。由于研究人员希望智能体可以通过一系列 3D 场景预测之后的场景,因此他们需要使用序列模型,生成网络使用隐藏变量,用数学方法微调输出值,之后生成器生成给定视角的可能图像。这个生成的图像会和真实图像比较,通过数学方法计算两幅图像的不同,然后,研究人员根据误差调整两个网络,使用流行的方向传播算法,不断更新两个网络中的每个权重,提高下一次迭代训练中结果的准确性。这种优化策略可以同时提高表示网络和生成网络的准确性。只要智能体在环境中移动,这种策略也就成为一种端对端的方法。他们开始使用简单的 7×7 方形地图,训练里面只有少量的物体,AI 很快就学会预测了整个地图。因此,他们把地图换成了更为复杂的迷宫,但这也没有难住 AI。一开始,AI 不太确定地图中的某些部分,但是,通过更多观察,之前的不确定性几乎完全消失了。最后,他们想在仿真环境下用 AI,去控制机械臂抓取有颜色的物体。深度强化学习由两部分组成,一是深度学习即学习映射。二是强化学习,即通过环境中的实验和误差学习。近几年大火的 AI 背后都有深度强化学习,比如 AlphaGo,有名的深度 Q 学习算法。其理念就是让 AI 直接在游戏界面像素中学习策略,不提示游戏的目的和各种操作的意义,这种方法最大的问题是需要很长训练时间才能得到很好的收敛结果。因此,研究者做了一项实验,在实验中第一次发现 GQN,如何表示自己所观察的环境,然后学到的表示则作为学习控制机械臂的策略算法的输入,这个表示将 AI 所见进行封装,包括机械臂的关节角位置、对象颜色、墙的颜色。相比原始输入像素封装后的数据压缩程度更高。也正因如此,数据有效性大大提高。需要的训练时间是使用原始像素的 1/4,令人印象深刻。GQN,非常令人兴奋,因为制约其使用的主要因素是计算能力。如果有足够的计算能力,谁知道它能生成多精致复杂的环境? 这对大家来说都很振奋,从设计师到艺术家、工程师、科学家,以及所有能用这项技术进行创作和可视化工作的人。

10.2　强化学习算法原理

　　2013 年伦敦的一家人工智能公司 Deep Mind 发表了一篇论文 Playing Atari with Deep Reinforcement Learning[1],一个月后 Google 就收购了这家公司。从那之后,强化学习 (Reinforcement Learning,RL)在人工智能领域就火了起来。2016 年 AlphaGo 赢了与人类的围棋比赛,随后进一步研发出算法形式更为简洁的 AlphaGo Zero,完胜 AlphaGo,它们也是使用的强化学习。随着强化学习在 AlphaGo 的应用的成功,对强化学习应用的研究得到了广泛的关注[2-5],目前已经在多个领域中得到广泛应用,比如机器人、游戏、自然语言处理、智能驾驶、智能医疗等。

10.2.1　强化学习核心概念

强化学习是机器学习中的一个领域,强调如何基于环境而行动,以取得最大化的预期利益。其灵感来源于心理学中的行为主义理论,即智能体如何在环境给予的奖励或惩罚的刺激下,逐步形成对刺激的预期,产生能获得最大利益的习惯性行为。强化学习采用的是边获得样本边学习的方式,在获得样本之后更新自己的模型,利用当前的模型来指导下一步的行动,下一步的行动获得 reward 之后再更新模型,不断迭代重复直到模型收敛。在这个过程中,非常重要的一点在于"在已有当前模型的情况下,如果选择下一步的行动才对完善当前的模型最有利",这就涉及到了 RL 中的两个非常重要的概念:探索(exploration)和开发(exploitation),exploration 是指选择之前未执行过的 action,从而探索更多的可能性;exploitation 是指选择已执行过的 action,从而对已知的 action 的模型进行完善。其抽象结构,如图 10-1 所示。

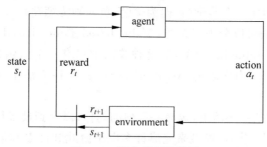

图 10-1　强化学习结构图

由图 10-1 可知,强化学习由五部分组成,包括智能体(agent)、状态(state)、奖赏(reward)、动作(action)和环境(environment)。下面对强化学习的重要组成部分进行解释:

1. 智能体

智能体是整个强化学习系统核心。它能够感知环境的状态,并且根据环境提供的奖赏,通过学习选择一个合适的动作,来最大化长期的 reward 值。简而言之,agent 就是根据环境提供的 reward 作为反馈,学习一系列的环境状态到动作的映射,动作选择的原则是最大化未来累积的 reward 的概率。选择的动作不仅影响当前时刻的 reward,还会影响下一时刻甚至未来的 reward,因此,agent 在学习过程中的基本规则是:如果某个动作带来了环境的奖赏,那么这一动作会被加强,反之则会逐渐削弱,类似于物理学中条件反射原理。

2. 环境

环境会接收 agent 执行的一系列的动作,并且对这一系列的动作的好坏进行评价,并转换成一种可量化的(标量信号)reward 反馈给 agent,而不会告诉 agent 应该如何去学习动作。agent 只能靠自己的历史(history)经历去学习。同时,环境还向 agent 提供它所处的状态信息。

3. 奖励

环境提供给 agent 的一个可量化的标量反馈信号,用于评价 agent 在某一个时间步所做 action 的好坏。强化学习就是基于一种最大化累计奖赏假设：强化学习中，agent 进行一系列的动作选择的目标是最大化未来的累计奖赏。

4. 状态

状态指 agent 所处的环境信息，包含了智能体用于进行 action 选择的所有信息，它是历史的一个函数：$S_t = f(H_t)$。

10.2.2　强化学习算法原理

强化学习的主体是 agent 和环境 environment。agent 为了适应环境，做出的一系列的动作，使最终的奖励最高，同时在此过程中更新特定的参数[6-8]。实际上可以把强化学习简单理解成是一种循环，具体的工作方式如下：

① 智能体从环境中获取一个状态 S_t；

② 智能体根据状态 S_t 采取一个动作 a_t；

③ 受到 a_t 的影响，环境发生变化，转换到新的状态 S_{t+1}；

④ 环境反馈给智能体一个奖励（正向为奖励，负向则为惩罚）。

目前，强化学习算法可以分为三大类：Value based、Policy based 和 Actor Critic。常见的是以 DQN 为代表的 Value based 算法，这种算法中只有一个值函数网络，没有 Policy 网络，以及以 DDPG、TRPO 为代表的 Actor-critic 算法，这种算法中既有值函数网络，又有 Policy 网络。

强化学习是一种在某一环境下，选择一系列的动作，以得到最多得分的学习算法。我们可以通过这种技术训练一个 AI 模型来完成许多电子游戏和许多其他酷炫的应用。强化学习在"反馈"密集时尤其好用，这是什么意思呢？意思就是，假设我们玩一个游戏，那么一旦操作失误就会立即死掉。我们很容易判断哪个动作是错误的。然而如果"反馈"很稀疏，就像我们在玩一个类似于长期决策类游戏，如果我们输了，有可能就是赋予别人的深谋远虑，但也有可能是，我们很早前因为建造了错误的经济设施。还有成百上千种失败的原因，因为在我们所有动作之后，我们只得到一个关于游戏表现的最终反馈。通过这种"稀疏反馈"学习是很困难的，即使对人类也是这样。当我们没有任何指导老师来指导学习过程，而且还没有任何先验知识，情况会变得更糟糕，所以这个问题听上去几乎不可能解决。

那么 DeepMind 的科学家找到了什么方法让我们至少有机会去解决它呢？这个算法就像婴儿学习这个世界一样，首先将这个算法放置在大环境中进行实验，并让它掌握一些基本的任务。如这个例子中，最终的目标是清洁好桌面。首先，算法会学着激活它的触觉传感器，控制它的关节和手指。接着它会学习抓取物体，并把它们叠到别的物体上。最后，这个机器人将会发现，清洁的桌面，只不过是它掌握了那些基础做的序列而已。这个算法也有一个决定下一个动作的内部安排表，并时刻以最大化主要目标的进展为目标。让我们来看一看这让人惊叹的事实吧！这个机械臂轻易找到并移动绿色的方块，找到了合适的位置。值得注意的是，它从乱动学习到学着把这样的工作做好。另外值得一看的是，这是个部署在机械臂上的软件项目。这意味着这个算法可以泛化到不同的控制机制，还可以学习如何做后空翻，电子游戏做得比人类更好，这可是实现智能化求之不得的性质。

10.3　基于强化学习的 AI 玩家开发案例

问题描述：训练机器人自动寻宝,机器人在 1、2、3 、4、5 这 5 个格子内无规律地游走,到达 6 或 8 时代表遭遇陷阱(游戏结束),到达 7 时代表找到宝藏(游戏结束),如图 10-2 所示。

1. 实验环境

Python 3 和 TensorFlow 1. x。

2. 算法介绍

1	2	3	4	5
6 (陷阱)		7 (宝藏)		8 (陷阱)

图 10-2　机器人自动寻宝问题描述

本实验用的算法是强化学习中典型的 Q-Learning 算法[4],其中心思想就是建立一个 Q 表,对不同状态的每一次行动都记录下相应的结果(惩罚或奖励)。然后不断地更新 Q 表。最终再根据 Q 表在不同的情况下,选择最优行为。

在实现中,8 个格子对应着 8 种不同的状态;机器人每次的行动有 4 种可能(东南西北)。对此我们定义状态集 S 和动作集 A。

3. 导入第三方包并初始化

导入第三方库,定义状态集与动作集等参数。

```python
import numpy as np
import pandas as pd
import time

STATES = 8                        #状态集
ACTIONS = ['n', 'e', 's', 'w']    #动作集
#10%的情况下随机选择行为,90%情况下选择最佳行为
GREEDY_RATE = 0.9
ALPHA = 0.1                       #学习率
GAMMA = 0.9                       #衰减率
MAX_DISTANCE = 50                 #最大机器人探险回合
INTER_TIME = 0.0                  #每次行动间隔
np.random.seed(2)
```

4. 建立 Q 表

根据状态集和动作集,建立起一个 8×4 的 Q 表,每个元素初始化为 0。

```python
def init_q_table(states_len, actions):
    shape = (states_len,len(actions))
    table = pd.DataFrame(
        np.zeros(shape),
        columns = actions,
    )
    return table
```

5. 选择动作

根据 GREEDY_RATE 参数设定,10%的情况下随机选择行为,90%情况下选择最佳行为。

```
def choose_action(state, table):
    state_actions = table.iloc[state, :]
    if (np.random.uniform() > GREEDY_RATE) or (state_actions.all() == 0):
        action = np.random.choice(ACTIONS)
    else:
        action = state_actions.argmax()
    return action
```

6. 反馈函数

当机器人作出行为后,我们需要给机器人一个反馈,这个反馈(奖励、惩罚或者没有)代表上个状态(S)和下个状态($S\_$)因动作(A)的产生的改变。在我们的例子中,机器人移动到 7 时才有奖励,移动到 6 或 8 时有惩罚,其他情况为无(通过逻辑判断实现)。

```
def feedback(S, A):
    S += 1
    S_, R = [None] * 2
    if S in [1, 3, 5]:
        if A == "s":
            S_ = "terminal"
            if S in [1, 5]:
                if S == 1:
                    S_ += "6"
                else:
                    S_ += "8"
                R = -1
            else:
                S_ += "7"
                R = 1
        elif A == "n":
            S_ = S
            R = 0
        elif A == "e":
            if S in [1, 3]:
                S_ = S + 1
                R = 0
            else:
                S_ = 5
                R = 0
        elif A == "w":
            if S in [3, 5]:
                S_ = S - 1
                R = 0
            else:
                S_ = 1
```

```
                    R = 0
        else:
            if A in ["n", "s"]:
                S_ = S
                R = 0
            elif A == "w":
                S_ = S - 1
                R = 0
            else:
                S_ = S + 1
                R = 0

    if type(S_) != type(""):
        S_ -= 1
    return S_, R
```

7. 更新函数

更新函数用于在机器人每次执行动作之后，更新当前地图位置以及输出实时信息。

```python
def update_env(S, episode, step_counter):
    env_list = ['-'] * 5
    background_list = ["x", ",", ":", ",", "x"]
    if type(S) == type("") and S.startswith("terminal"):
        S = int(S.replace("terminal", ""))
        interaction = "回合 %s: 本回合走了 %s 步" % (episode + 1, step_counter)
        print('\r{}'.format(interaction), end = '\n')
        if S == 6:
            background_list[0] = 'o'
        elif S == 7:
            background_list[2] = 'o'
        else:
            background_list[4] = 'o'
        print('\r{}'.format(''.join(background_list)), end = '')
        if S != 7:
            print("\t 遭遇陷阱!")
        else:
            print("\t 获得宝藏!")
        time.sleep(2)
        print("\r ", end = '')
    else:
        env_list[S] = 'o'
        interaction = ''.join(env_list)
        print('\r{}'.format(interaction), end = '')
        print('\r{}'.format(''.join(background_list)), end = '')
        time.sleep(INTER_TIME)
```

8. 主循环

伪代码如下：

```
初始化 Q(S,A)
循环：
    初始化状态 S
    循环：
        根据各类参数选择动作 A
        执行动作 A,获得反馈与当前状态
        更新 Q
        更新 S
    直到 S 终点
```

根据以上伪代码写出我们的强化学习主循环。

```python
def rl():
    q_table = init_q_table(STATES, ACTIONS)
    for episode in range(MAX_DISTANCE):
        step_counter = 0
        S = np.random.choice([0, 1, 2, 3, 4])
        is_terminated = False
        update_env(S, episode, step_counter)
        while not is_terminated:
            A = choose_action(S, q_table)
            S_, R = feedback(S, A)
            q_predict = q_table.ix[S, A]
            if not (type(S_) == type("")):
                q_target = R + GAMMA * q_table.iloc[S_, :].max()
            else:
                q_target = R
                is_terminated = True
            q_table.ix[S, A] += ALPHA * (q_target - q_predict)
            S = S_
            update_env(S, episode, step_counter + 1)
            step_counter += 1
    return q_table
```

9. 运行

编写主函数并运行,首先实例化 Q 表。

```python
if __name__ == "__main__":
    q_table = rl()
    print("\r\nQ - TABLE")
    print(q_table)
```

10.4　实践作业

"强化学习应用"。根据强化学习的应用流程,创建一个基于强化学习的应用,阐述问题、算法原理、代码解析和成果展示。

参考文献

［1］　Mnih V，Kavukcuoglu K，Silver D，et al. Playing Atari with Deep Reinforcement Learning[J]. arXiv：Learning，2013.

［2］　Holcomb S D，Porter W K，Ault S，et al. Overview on DeepMind and Its AlphaGo Zero AI[C]. international conference on big data，2018：67-71.

［3］　Abe K，Xu Z，Sato I，et al. Solving NP-Hard Problems on Graphs with Extended AlphaGo Zero. [J]. arXiv：Learning，2020.

［4］　Tang Z T，Shao K，Zhao D B，et al. Recent progress of deep reinforcement learning：from AlphaGo to AlphaGo Zero[J]. Control Theory & Applications，2017.

［5］　Bingnan Z，Wei H ，University N，et al. Deep Reinforcement Learning under Innate Comprehensive Judgment：A Case Study of AlphaGo Zero[J]. Journal of Nanjing Forestry University（Humanities and Social ences Edition），2019.

［6］　张汝波，顾国昌，刘照德，等. 强化学习理论、算法及应用[J]. 控制理论与应用，2000，17(5).

［7］　万里鹏，兰旭光，张翰博，等. 深度强化学习理论及其应用综述[J]. 模式识别与人工智能，2019，32(001)：67-81.

［8］　王雪松，朱美强，程玉虎. 强化学习原理及其应用[M]. 北京：科学出版社，2014.

第11章

知识将比数据更重要——知识图谱

本章学习目标

- 了解知识图谱的应用模式
- 了解领域知识图谱的构建流程
- 熟练掌握领域知识图谱的应用开发

本章阐述知识图谱的应用模式、构建流程和应用实践。首先介绍知识图谱的应用模式，接着介绍领域知识图谱的构建流程，最后介绍领域知识图谱的应用开发实践。

随着互联网的发展，网络数据内容呈现爆炸式增长的态势。由于互联网内容的大规模、异质多元、组织结构松散的特点，给人们有效获取信息和知识提出了挑战。2012 年 5 月 17 日由 Google 正式提出知识图谱(Knowledge Graph,KG)，其初衷是为了提高搜索引擎的能力，改善用户的搜索质量以及搜索体验[1]。KG 以图的形式表现客观世界中的概念和实体及其之间关系，可以方便表示生活中的很多场景，也让机器拥有了最基础的认知能力，即能够进行联想和推理。知识图谱上的实体和边都是确为事实的知识，其推理过程能忠实反映模型的工作机理，具有可解释性，增加了用户的信任度和满意度。KG 具有强大的语义处理能力和开放组织能力，为互联网时代的知识化组织和智能应用奠定了基础。

知识图谱是一个多种技术与知识高度融合的新型应用技术，它包括大数据技术以及知识表示、专家系统、自然语言处理、深度学习、知识工程等相关技术[2-6]。在知识表示层面，需要将逻辑规则、决策过程在内的复杂知识等动态知识融合静态知识进行综合表示。在知识获取方面，需要开发利用高质量但容量小的样本知识构建抽取模型以获取到大规模知识。也需要利用行业文档中的业务知识实现智能抽取。在知识的深度应用，需要将领域知识图谱有效应用于各类应用场景，特别是推荐、搜索、问答之外的应用，包括解释、推理、决策等方面的应用。

人工智能旨在用机器实现大脑功能。机器的记忆几乎是无穷无尽的，机器运算的速度远超人类，带上知识图谱的机器在决策时可以同时考虑数百万变量，对人工智能的发展起到关键性的作用。知识图谱构建技术会朝着越来越自动化方向前进，在越来越多的领域找到能够真正落地的应用场景。

11.1 知识图谱的应用模式

11.1.1 让搜索直通答案

知识图谱解决了搜索引擎的痛点。在没有应用知识图谱时,用户输入自然语言查询,通过关键词建立索引,在互联网巨大的信息库中进行检索并排序,最后直接将网页链接反馈给用户。用户还要他们自己动手,去访问这些网页来找答案,如图 11-1 所示。

图 11-1 反馈网页链接的搜索引擎

让搜索直通答案,成为搜索引擎的核心需求。2012 年 5 月,谷歌推出了 Knowledge Graph(知识图谱)功能,标志着知识图谱技术开始大规模应用。借助知识图谱,会针对用户的自然语言查询语义进行意图识别,进而进入由各种实体、实体的属性和实体的相互关系所组成的世界,搜索能直接给出这个问题的答案。谷歌知识图谱一出激起业界强烈关注,美国的微软必应,中国的百度、搜狗等搜索引擎公司在短短的一年内纷纷宣布了各自的"知识图谱"产品,如百度"知心"、搜狗"知立方"等。在有应用知识图谱的浏览器中输入"东京奥运会中国夺了几枚奖牌",在搜索结果中直接给出具体的奖牌数量 89 枚,而在下方,还给出推断该答案的具体信息文档。直通答案使得用户都不需要单击信息出处的网站便可得到想要的结果,如图 11-2 所示。

谷歌知识图谱一出激起业界强烈关注,美国的微软必应,中国的百度、搜狗等搜索引擎公司在短短的一年内纷纷宣布了各自的"知识图谱"产品,如百度"知心"、搜狗"知立方"等。

11.1.2 提供丰富的信息

有了知识图谱,可以实现复杂的关系搜索。比如搜索"皇太极皇后来自什么部落?"这样的复杂问题,搜索引擎仍然能给出精确结果"科尔沁部",如图 11-3 所示。引擎背后的推理基础则是包括皇太极、皇后、部落等实体相关的知识图谱,如图 11-4 所示。因为知识图谱会

图 11-2　反馈直接答案的搜索引擎

将"皇太极"理解为一个"实体"（entity），也就是一个社会网络中的人物实体。每个实体在知识图谱中是一个节点。这个节点与其他节点连接，形成了一张巨大的网，把人物联系起来。从这张网中可以通过"皇后"和"来自"这两个关系找到连接的实体"科尔沁部"，如图 11-3所示。

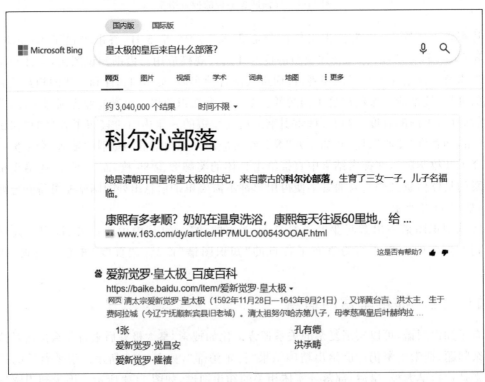

图 11-3　搜索引擎解析复杂问句并反馈精确答案

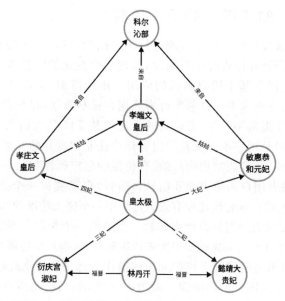

图 11-4 知识图谱通过多跳推理实现复杂问句查询

11.1.3 基于知识图谱的信息推荐

顺着知识图谱可以探索更深入、广泛和完整的知识体系,让用户发现他们意想不到的知识。谷歌高级副总裁艾米特·辛格博士一语道破知识图谱的重要意义所在:"构成这个世界的是实体,而非字符串(things, not strings)"知识图谱正在不断融入其各大产品中服务广大用户。比如谷歌公司 Google Play Store 的 Google Play Movies & TV 应用中添加了一个新的功能,当用户使用安卓系统观看视频时,暂停播放,视频旁边就会自动弹出该屏幕上人物或者配乐的信息。这些信息就是来自谷歌知识图谱。谷歌会圈出播放器窗口所有人物的脸部,用户可以单击每一个人物的脸来查看相关信息(图 11-5)。

图 11-5 Google 利用知识图谱标示视频中的人物或配乐信息

11.1.4 基于知识图谱的用户理解

用户理解指的是通过知识图谱更好地进行用户画像,以便于个性化智能推荐。用户理解指的是通过知识图谱更好地进行用户画像,以便于个性化智能推荐。个性化的前提就是用户画像,互联网时代催生基于用户画像的应用。比如搜索、推荐、广告投放、社交网络分析、人才聘用。当前用户画像主要是基于行为数据和标签数据,存在着以下一些痛点:第一个方面是用户标签的收集是不完整、有偏差的。比如基于隐私人们在公开场合不会展示宗教信仰、政治观念等,但是用户不愿谈及的内容却往往非常重要的。但若是通过庞大的人物关系网络进行深度推理,经常能发现隐蔽的、有价值的用户属性和关系。第二个原因就是在跨领域场景下,由于缺失用户的历史交互信息,使得冷启动变成一个非常突出的问题,基于历史交互的推荐就会失效。这时候比较有效的是采用一个庞大精准的知识库作为背景知识来支持。第三个原因就是没有针对推荐给出解释。当给出一个非常合理的解释的时候,用户才会很好地接受推荐。可以利用大规模知识库来产生解释,从而产生带解释的推荐给用户。

因此,在行为数据不足的情况下可把知识图谱作为背景知识来理解用户标签,进而以标签为核心获取用户的知识图谱网络画像。如图11-6所示,当已知用户喜欢"盗梦空间"这部电影后,可以根据电影知识图谱中"盗梦空间"的主演、题材和导演等关系和属性,进而为用户推荐"泰坦尼克号",因为它们有相同的主演;推荐"黑客帝国",因为它们有相同的题材;推荐"敦刻尔克",因为它们有相同的导演。

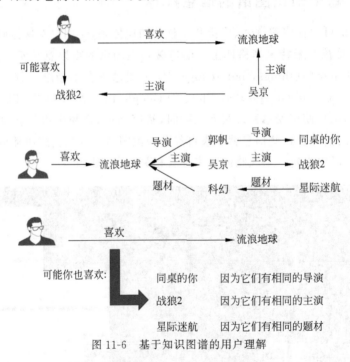

图 11-6 基于知识图谱的用户理解

11.2 领域知识图谱的构建流程

随着知识图谱价值不断地被发掘,各类领域知识图谱也迅速建设起来。领域知识图谱又称为行业知识图谱或垂直知识图谱,是面向某一特定领域的,是由该领域的专业数据构成的行业知识库[7-9]。领域知识图谱的知识覆盖范围和使用方式都聚焦于某一特定领域。因其基于行业数据构建,有着严格而丰富的数据模式,需要考虑到不同的业务场景与使用人员,所以对该领域知识的深度、知识准确性有着更高的要求。那么,一个领域知识图谱需要哪些步骤才能构建起来呢?图11-7是领域知识图谱构建的基本流程。

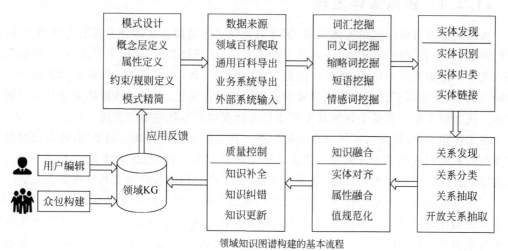

领域知识图谱构建的基本流程

图 11-7 领域知识图谱构建的基本流程

从该流程图可以看出,它包含以下几步:

11.2.1 模式设计

在模式设计阶段由人工编辑出领域知识,对专家知识进行凝练,设计出知识模型,该模型包含概念层、属性、约束或规则,并对设计出的模型进行精简。这一步类似于传统本体设计,在认知基本框架中指定领域的基本概念,以及概念之间 sub-class-of 关系(比如足球领域需要建立"足球运动员"是"运动员"的子类);需要明确领域的基本属性;明确属性的适用概念;明确属性值的类别或者范围。比如"效力球队"这个属性一般是定义在足球运动员这个概念上,其合理取值是一个球队。领域还有大量的约束或规则,比如对于属性是否可以取得多值的约束(比如"奖项"作为属性是可以取得多值的),再比如球队的"隶属球员"属性与球员的"效力球队"是一对互逆属性。这些元数据对于消除知识库不一致、提升知识库质量具有重要意义。

11.2.2 明确数据来源

知识获取是指从不同来源、不同数据中进行知识提取,形成知识存入到知识图谱的过程。在这一步要明确建立领域知识图谱的数据来源。可能来自互联网上的领域百科爬取,可能来自通用百科图谱的导出,可能来自内部业务数据的转换,可能来自外部业务系统的导入。应该尽量选择结构化程度相对较高、质量较好的数据源,以尽可能降低知识获取代价。

11.2.3 词汇挖掘

人们从事某个行业知识的学习都是从该行业的基本词汇开始的。在传统图书情报学领域,领域知识的积累往往是从叙词表的构建开始的。叙词表里涵盖的大都是领域的主题词,及这些词汇之间的基本语义关联。在这一步我们要识别领域的高质量词汇、同义词、缩写词,以及领域的常见情感词。

11.2.4 领域实体发现

领域实体发现阶段包括实体识别、实体归类和实体链接。实体分为限定类别的实体(如常用的人名、地名、组织机构等)以及开放类别实体(如药物名称、疾病等名称)。实体识别是识别文本中指定类别的实体,还可以检测文本中的新实体,并将其加入到现有知识库中。需要指出的是,领域词汇只是识别出领域中的重要短语和词汇,但是这些短语未必是一个领域实体。从领域文本识别某个领域常见实体是理解领域文本和数据的关键一步。

在实体识别后,还需对实体进行实体归类。能否把实体归到相应的类别(或者说将某个实体与领域类别或概念进行关联),是实体概念化的基本目标,是理解实体的关键步骤。比如将特朗普归类到政治人物、美国总统等类别,对于理解特朗普的含义具有重要意义。

实体挖掘的另一个重要任务是实体链接,也就是将文本里的实体提及(mention)与知识库中对应实体进行链接。实体链接主要解决实体名的歧义性和多样性问题,是指将文本中实体名指向其所代表的真实世界实体的任务,也通常被称为实体消歧。实体链接技术通过发现现有实体在文本中的不同出现,可以针对性地发现关于特定实体的新知识。实体链接是拓展实体理解,丰富实体语义表示的关键步骤。

11.2.5 关系发现

实体关系描述客观存在的事物之间的关联关系,定义为两个或多个实体之间的某种联系。关系发现,或者知识库中的关系实例填充,是整个领域知识图谱构建的重要步骤。关系分类旨在将给定的实体对分类到某个已知关系,关系抽取就是自动从文本中检测和识别出实体之间具有的某种语义关系。实体关系抽取分为预定义关系抽取和开放关系抽取。预定义关系抽取是指系统所抽取的关系是预先定义好的,如上下位关系、国家—首都关系等。开放式关系抽取不预先定义抽取的关系类别,由系统自动从文本中发现并抽取关系。实体关系识别是知识图谱自动构建和自然语言理解的基础。

11.2.6 知识融合

因为知识抽取来源多样,不同的来源得到的知识不尽相同,这就对知识融合提出了需求。知识融合需要完成实体对齐、属性融合、值规范化。实体对齐是识别不同来源的同一实体。属性融合是识别同一属性的不同描述。不同来源的数据值通常有不同的格式、不同的单位或者不同的描述形式。比如日期有数十种表达方式,这些需要规范化到统一格式。

11.2.7 质量控制

知识图谱的质量是构建的核心问题。知识图谱的质量可能存在几个基本问题:缺漏、错误、陈旧。先谈知识库的缺漏问题。某种意义上,知识完备对于知识资源建设而言似乎是个伪命题,我们总能枚举出知识库中缺漏的知识。知识缺漏对于自动化方法构建的知识库而言尤为严重。但是即便如此,构建一个尽可能完备的知识库仍是任何一个知识工程的首要目标。

1. 补全

既然自动化构建无法做到完整,补全也就成为提升知识库质量的重要手段。补全可以是基于预定义规则(比如一个人出生地是中国,我们可以推断其国籍也可能是中国),也可以从外部互联网文本数据进行补充(比如很多百科图谱没有鲁迅身高的信息,需要从互联网文本寻找答案进行补充)。

2. 纠错

自动化知识获取不可避免地会引入错误,这就需要纠错。根据规则进行纠错是基本手段,比如 A 的妻子是 B,但 B 的老公是 C,那么根据妻子和老公是互逆属性,我们知道这对事实可能有错。知识图谱的结构也可以提供一定的信息帮助推断错误关联。比如在由概念和实例构成的 taxonomy 中,理想情况下应该是个有向无环图,如果其中存在环,那么有可能存在错误关联。

3. 更新

最后一个质量控制的重要问题是知识更新。更新是一个具有重大研究价值,却未得到充分研究的问题。很多领域都有一定的知识积累。但问题的关键在于这些知识无法实时更新。比如电商的商品知识图谱,往往内容陈旧,无法满足用户的实时消费需求(比如"战狼同款饰品"这类与热点电影相关的消费需求很难在现有知识库中涵盖)。因此,电商领域的图谱构建要从被动的供给侧构建过渡到主动的消费侧构建,要从管理者视角转变成消费者视角。消费侧的需求充分体现在搜索日志和购物篮中。面向日志、购物篮的自动知识获取将成为研究热点。

经历了上述步骤之后得到一个初步的领域知识图谱。在实际应用中会得到不少反馈,这些反馈作为输入进一步指导上述流程的完善,从而形成闭环。此外,除了上述自动化构建的闭环流程,还应充分考虑人工的干预。人工补充很多时候是行之有效的方法。可以看出,整个领域知识图谱的构建是一个系统工程,流程复杂,内涵丰富,涉及到知识表示、自然语言处理、数据库、数据挖掘、众包等一系列技术。也正是这个原因使得知识图谱落地对很多行业或者企业来讲都是一个十分重要的举措,甚至是战略性举措。

11.3 知识图谱开发案例

11.3.1 图数据库的搭建

图形数据库(graph database)是 NoSQL 数据库家族中特殊的存在,用于存储丰富的关系数据[10-11]。Neo4j 是目前最流行的图数据库,支持完整的事务。在属性图中,图是由顶点(vertex)、边(edge)和属性(property)组成的,顶点和边都可以设置属性,顶点也称作节点,边也称作关系,每个节点和关系都可以有一个或多个属性。Neo4j 创建的图是用顶点和边构建一个有向图,其查询语言 Cypher 已经成为事实上的标准。

Neo4j 的安装步骤如下。

1. 安装 Java JDK

Java JDK 需要 1.8 以上版本。

2. 下载 Neo4j

地址：https://Neo4j.com/download/other-releases/，选择 Windows 社区版。

如下载 Neo4j3.4.1（zip）（https://Neo4j.com/downloadthanks/? edition＝community& release＝3.4.1&flavour＝winzip）

解压到路径：D:\Neo4j-community-3.4.1。

3. 配置环境变量

新建系统变量，再修改变量 path，增加％NEO4J_HOME％\bin。

4. 尝试启动

打开命令窗口路径切换至 Neo4j 安装路径，此处路径为：D:\Neo4j-community-3.4.1。执行 Neo4j.bat 控制台，Neo4j 软件安装如图 11-8 所示。

图 11-8　Neo4j 软件安装

运行成功的话，此时可以打开浏览器，输入"http://localhost:7474/browser/"，默认密码：Neo4j，更改密码。完成。显示页面，如图 11-9 所示。

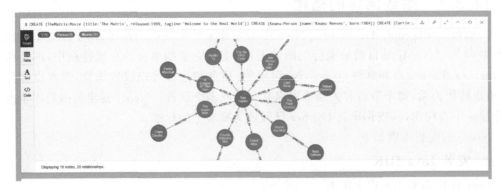

图 11-9　Neo4j 数据库的浏览器端可视化

根据 Learn about Neo4j 的 The Movie Graph 的教学实例学习数据库的基本搭建。图 11-10 展示了 Neo4j 数据可视化示例。

图 11-10　Neo4j 数据可视化示例

11.3.2 Flask 配置

Flask 是一个微型的 Python 开发的 Web 框架,基于 Werkzeug WSGI 工具箱和 Jinja2 模板引擎。Flask 使用 BSD 授权。Flask 也被称为 microframework,因为它使用简单的核心,用 extension 增加其他功能。Flask 没有默认使用的数据库、窗体验证工具。然而,Flask 保留了扩增的弹性,可以用 Flask-extension 加入这些功能:ORM、窗体验证工具、文件上传、各种开放式身份验证技术。

1. Flask 的安装

只需在 Python 环境运行 pip install flask 即可成功安装。

2. Flask 的运行

项目运行时,执行 python app. py。

```
from flask import Flask,request,jsonify
import json
from huazai import chatBot

app = Flask(__name__)
app.config['JSON_AS_ASCII'] = False
@app.route('/chatbot',methods = ["GET", "POST"])
def chatbot():
    question = request.args.get("question")
    result = chatBot.chat(question)
    return jsonify(result)
if __name__ == '__main__':
    app.run(processes = True, threaded = False)
```

其中@app. route('/chatbot',methods=["GET", "POST"])的含义是,我们之后访问项目时,在 URL 访问地址中携带了/chatbot 即可访问到我们定义的方法 chatbot()。request. args. get("question")可读取用户上传的参数,即提问的问题。Flask 默认开启的项目端口为 5000。

请求示例:http://loaclhost:5000/chatbot? question=三的拼音怎么读。

11.3.3 配置 uWSGI

uWSGI 是一个 Web 服务器,它实现了 WSGI 协议、uWSGI、HTTP 等协议。Nginx 中 HttpUwsgiModule 的作用是与 uWSGI 服务器进行交换。WSGI 是一种 Web 服务器网关接口。它是一个 Web 服务器(如 Nginx、uWSGI 等服务器)与 Web 应用(如用 Flask 框架写的程序)通信的一种规范。

我们将基于 Flask 框架开发的项目部署到服务器时,需要结合 uWSGI 才可以部署成功。

1. uWSGI 的安装

运行 pip install uwsgi。

2. 查看 uWSGI 的版本

运行 uwsgi --version。

3. uWSGI 的配置文件

```
[uwsgi]
master = true
processes = 1
threads = 1
chdir = /Users/mac/Documents/学习/研究生/AI 问答/知识图谱/项目/华仔实战项目/
flaskdemo/flaskdemo
wsgi - file = /Users/mac/Documents/学习/研究生/AI 问答/知识图谱/项目/华仔实战项目/
flaskdemo/flaskdemo/app.py
callable = app
http = :5000
logto = /Users/mac/Documents/学习/研究生/AI 问答/知识图谱/项目/华仔实战项目/flaskdemo/
flaskdemo/logs/uwsgi_error.log
vacuum = true
master = true
max - requests = 1000
buffer - size = 640000
harakiri = 120
```

11.3.4 构建一个小型的教育知识图谱

问题描述：构建一个小型的教育知识图谱，包含中文课文的字、词、课文信息，能实现字词以及课文相关信息查询，如①"五"怎么念②"五十四"的翻译是什么？③课文《识字一》的教学要求是什么？

本项目的文件目录架构如表 11-1 所示。

表 11-1　教育知识图谱项目的文件结构

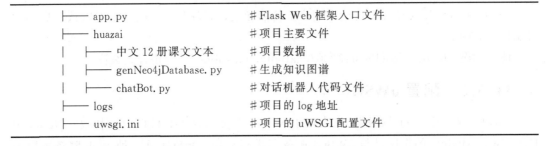

├── app.py	#Flask Web 框架入口文件
├── huazai	#项目主要文件
│　├── 中文 12 册课文文本	#项目数据
│　├── genNeo4jDatabase.py	#生成知识图谱
│　├── chatBot.py	#对话机器人代码文件
├── logs	#项目的 log 地址
├── uwsgi.ini	#项目的 uWSGI 配置文件

下面分别展示教育知识图谱项目的构建过程，包括确定知识的数据源、模式层设计、数据层实例化、数据存储和知识图谱应用等环节。

1. 知识的数据源

本项目需要用到三种数据源：字、词、课文的信息，数据均在"中文 12 册课文文本"目录下。

2. 模式层设计

课文信息包括"出版社""课名""课文简析""教学要求""ISBN-10"等数据项。词信息则

包含"词性""华语等级""例句"等数据项,而字信息则
包括"拼音""笔画""声母"等数据项。根据这些数据项
的语义关系,可以设计出本项目的模式层。它包含以
下概念和关系,如图 11-11 所示,分别有:

(1) 创建"课文"概念表示课文,拥有出版社、教学
要求、课文简析等属性项。

(2) 创建"词"概念表示词汇,拥有词性、华语等
级、例句等属性项。

图 11-11 教育知识图谱的模式层设计

(3) 创建"字"概念表示字类型,拥有词性、华语等级、例句等属性项。

(4) 创建"词"和"字"的关系为"组词为"以及"包含"。

(5) 创建"词"和"课文"的关系为"课文为"。

(6) 创建"字"和"课文"的关系为"课文为"。

3. 三元组数据导入 Neo4j

我们已经人工整理了十二册课文的课文、词、字的信息,需要将 Excel 中的数据导入到
Neo4j 中。相关处理代码在 genNeo4jDatabase.py 中,具体如下:

```python
from py2neo import Graph, Node, Relationship, NodeMatcher,RelationshipMatcher
import xlrd
import re
import os
def splitName(name):
    chineseResult = re.findall(u'[\u4e00-\u9fa5]', str(name))
    chinese = ''.join(chineseResult)
    noChineseResult = re.findall(u'[^\u4e00-\u9fa5]', str(name))
    noChinese = ''.join(noChineseResult)
    noChinese = noChinese.replace("(", "(").replace(")", ")")
    return [chinese,noChinese]
#生成知识图谱
def GeneKnowMap(url):
    data = xlrd.open_workbook(url)
    kewen = data.sheets()[0]
    if str(data.sheets()[1].name).find("词") >= 0:
        ci = data.sheets()[1]
    if str(data.sheets()[1].name).find("字") >= 0:
        zi = data.sheets()[1]
    if str(data.sheets()[2].name).find("词") >= 0:
        ci = data.sheets()[2]
    if str(data.sheets()[2].name).find("字") >= 0:
        zi = data.sheets()[2]
    #链接数据库
    graph = Graph(
        "http://39.98.123.42:7474/",
        username = "neo4j",
        password = "123456"
    )
```

```
matcher = NodeMatcher(graph)                          #构造实体

znrow = zi.nrows                                      #字 sheet 行数
cnrow = ci.nrows                                      #词 sheet 行数
try:
    if kewen.row(0)[11].value ! = "课文简析":
        print("文件:" + url + "课文有问题")
        return
except IndexError:
    print(IndexError)
    return
try:
    if not zi.row(0)[8].value.find("翻译"):
        print("文件:" + url + "字格式有问题")
        return
except IndexError:
    print("文件:" + url + "字格式有问题 报错")
    return


try:
    if ci.row(0)[9].value ! = "释义翻译":
        print("文件:" + url + "生词格式有问题")
        return
except IndexError:
    print("文件:" + url + "词格式有问题 报错")
    return
else:
    print("文件" + url + "没有问题")
lab = '课文'                                          #标签写入'课文'
kewenming = kewen.row(1)[5].value
kewenming = splitName(kewenming)                      #返回汉字跟拼音
kewenmingpy = kewenming[1]                            #课文名拼音
kewenming = kewenming[0]                              #课文名汉字
if not matcher.match(lab, name = kewenming).first():
    #查看是否已存在节点,没有写入,如果不判别会重复写入相同内容
    temp_node = Node(lab, name = kewenming)
    temp_node['拼音'] = kewenmingpy
    temp_node['出版社'] = kewen.row(1)[0].value
    temp_node['教材 ID'] = kewen.row(1)[1].value
    temp_node['教材名'] = kewen.row(1)[2].value
    temp_node['第几册'] = kewen.row(1)[3].value
    temp_node['第几课'] = kewen.row(1)[4].value        #字的英文翻译
    temp_node['ISBN - 10'] = kewen.row(1)[6].value
    temp_node['ISBN - 13'] = kewen.row(1)[7].value
    temp_node['课号'] = kewen.row(1)[8].value
    temp_node['课名翻译'] = kewen.row(1)[9].value
    temp_node['课文简析'] = kewen.row(1)[11].value
    kewenyaoqiu = ''
    for i in range(kewen.nrows - 1):
```

```
                kewenyaoqiu = kewenyaoqiu + kewen.row(i + 1)[10].value
        temp_node['教学要求'] = kewenyaoqiu
        print(temp_node)
        graph.create(temp_node)
else:
        print(matcher.match(lab, name = kewenming).first())


for i in range(znrow − 1):
        lab = '字'
        zming = zi.row(i + 1)[1].value                    #字
        zming = splitName(zming)
        zmingpy = zming[1]
        zming = zming[0]
        zibianhao = zi.row(i + 1)[0].value               #字的编号
        zibihua = zi.row(i + 1)[2].value                 #字的笔画
        zishengmu = zi.row(i + 1)[3].value               #字的声母
        ziyunmu1 = zi.row(i + 1)[4].value                #字的韵母 1
        ziyunmu2 = zi.row(i + 1)[5].value                #字的韵母 2
        zifanyi = zi.row(i + 1)[6].value                 #字的英文翻译
        try:
                zidengji = zi.row(i + 1)[13].value       #字的汉语等级
        except IndexError:
                zidengji = ""
        if zming! = "":
                if not matcher.match(lab, name = zming).first():
                                #查看是否已存在节点，没有写入，如果不判别会重复写入相同内容
                        temp_node = Node(lab, name = zming)
                        temp_node["编号"] = zibianhao
                        temp_node["拼音"] = zmingpy
                        temp_node["华语等级"] = zidengji
                        temp_node["声母"] = zishengmu
                        temp_node["韵母 1"] = ziyunmu1
                        temp_node["韵母 2"] = ziyunmu2
                        temp_node["英文翻译"] = zifanyi
                        temp_node["笔画"] = zibihua

                        graph.create(temp_node)
                        kewenlianjie = matcher.match('课文', name = kewenming).first()
                        call = Relationship(temp_node, '课文为', kewenlianjie)
                        graph.merge(call)                #融合

                        #组词
                        for v in range(3):
                                if zi.row(i + 1)[7 + (2 * v)] ! = "":
                                        lab1 = '生词'
                                        ciming = zi.row(i + 1)[7 + (2 * v)].value
                                        cimingpy = ''
                                        if ciming.find("(")> = 0:
                                                ciming = splitName(ciming)
                                                cimingpy = ciming[1]
```

```
                                    ciming = ciming[0]
                        if ciming ! = "" and ciming.replace(" ", "") ! = "":
                            if not matcher.match(lab1, name = ciming).first():
                                #查看是否已存在节点,没有写入,如果不判别会重复写入相同内容
                                temp_node2 = Node(lab1, name = ciming)
                                if cimingpy ! = '':
                                    temp_node2["拼音"] = cimingpy
                                if zi.row(i + 1)[8 + (2 * v)].value! = "":
                                    temp_node2["翻译"] = zi.row(i + 1)[8 + (2 * v)].value
                                graph.create(temp_node2)
                                node_1_call_node_2 = Relationship(temp_node, '组词为',
                                temp_node2)
                                graph.merge(node_1_call_node_2)
                            else:
                                temp_node2 = matcher.match(lab1, name = ciming).first()
                                if cimingpy ! = '':
                                    temp_node2["拼音"] = cimingpy
                                if zi.row(i + 1)[8 + (2 * v)].value ! = "":
                                    temp_node2["翻译"] = zi.row(i + 1)[8 + (2 * v)].value
                                graph.push(temp_node2)
                                node_1_call_node_2 = Relationship(temp_node, '组词为',
                                temp_node2)
                                graph.merge(node_1_call_node_2)
    else:
        temp_node = matcher.match(lab, name = zming).first()
        temp_node["编号"] = zibianhao
        temp_node["拼音"] = zmingpy
        temp_node["华语等级"] = zidengji
        temp_node["声母"] = zishengmu
        temp_node["韵母1"] = ziyunmu1
        temp_node["韵母2"] = ziyunmu2
        temp_node["英文翻译"] = zifanyi

    graph.push(temp_node)
    kewenlianjie = matcher.match('课文', name = kewenming).first()
    call = Relationship(temp_node, '课文为', kewenlianjie)
    graph.merge(call)                #融合

    #组词
    for v in range(3):
        if zi.row(i + 1)[7 + (2 * v)] ! = "":
            lab1 = '生词'
            ciming = zi.row(i + 1)[7 + (2 * v)].value
            cimingpy = ''
            if ciming.find("(") > = 0:
                ciming = splitName(ciming)
                cimingpy = ciming[1]
                ciming = ciming[0]
            if ciming ! = "" and ciming.replace(" ", "") ! = "":
                if not matcher.match(lab1, name = ciming).first():
```

```
                                      ♯查看是否已存在节点,若不存在,则写入该节点。如果不判别会重复写入相同内容
                                        temp_node2 = Node(lab1, name = ciming)
                                        if cimingpy != '':
                                            temp_node2["拼音"] = cimingpy
                                        if zi.row(i + 1)[8 + (2 * v)].value != "":
                                            temp_node2["翻译"] = zi.row(i + 1)[8 + (2 * v)].value
                                        graph.create(temp_node2)
                                        node_1_call_node_2 = Relationship(temp_node, '组词为',
                                        temp_node2)
                                        graph.merge(node_1_call_node_2)
                                    else:
                                        temp_node2 = matcher.match(lab1, name = ciming).first()
                                        if cimingpy != '':
                                            temp_node2["拼音"] = cimingpy
                                        if zi.row(i + 1)[8 + (2 * v)].value != "":
                                            temp_node2["翻译"] = zi.row(i + 1)[8 + (2 * v)].value
                                        graph.push(temp_node2)
                                        node_1_call_node_2 = Relationship(temp_node, '组词为',
                                        temp_node2)
                                        graph.merge(node_1_call_node_2)

for i in range(cnrow - 1):
    lab = '生词'                            ♯标签写入'课文'
    cid = ci.row(i + 1)[0].value           ♯vocabulary_ID
    cming = ci.row(i + 1)[1].value
    cming = splitName(cming)
    cmingpy = cming[1]
    cming = cming[0]
    cfanyi = ci.row(i + 1)[2].value
    ccixing = ci.row(i + 1)[3].value
    if ci.row(i + 1)[4].value != "":
        ccixing = ccixing + "&" + ci.row(i + 1)[4].value
    cdengji = ci.row(i + 1)[5].value
    cliju = ci.row(i + 1)[6].value
    clijufanyi = ci.row(i + 1)[7].value
    cshiyi = ci.row(i + 1)[8].value
    cshiyifanyi = ci.row(i + 1)[9].value
    if cming != "":
        if not matcher.match(lab, name = cming).first():
♯查看是否已存在节点,如果不存在待写入的生词的节点,则创建该生词节点。如果不判别会重复
写入相同内容
            temp_node = Node(lab, name = cming)
            temp_node["编号"] = cid
            temp_node["拼音"] = cmingpy
            temp_node["翻译"] = cfanyi
            temp_node["词性"] = ccixing
            temp_node["华语等级"] = cdengji
            temp_node["例句"] = cliju
            temp_node["例句翻译"] = clijufanyi
            temp_node["释义"] = cshiyi
```

```
                    temp_node["释义翻译"] = cshiyifanyi
                    graph.create(temp_node)
                    kewenlianjie = matcher.match("课文", name = kewenming).first()
                    call = Relationship(temp_node, '课文为', kewenlianjie)
                    graph.merge(call)
                else:
                    temp_node = matcher.match(lab, name = cming).first()
                    temp_node["编号"] = cid
                    temp_node["拼音"] = cmingpy
                    temp_node["翻译"] = cfanyi
                    temp_node["词性"] = ccixing
                    temp_node["华语等级"] = cdengji
                    temp_node["例句"] = cliju
                    temp_node["例句翻译"] = clijufanyi
                    temp_node["释义"] = cshiyi
                    temp_node["释义翻译"] = cshiyifanyi
                    graph.create(temp_node)
                    kewenlianjie = matcher.match("课文", name = kewenming).first()
                    call = Relationship(temp_node, '课文为', kewenlianjie)
                    graph.merge(call)
    # 词跟字的包含关系创建
    for i in range(znrow - 1):
        zming = zi.row(i + 1)[1].value
        zming = splitName(zming)
        zming = zming[0]
        for j in range(cnrow - 1):
            cming = ci.row(j + 1)[1].value
            cming = splitName(cming)
            cming = cming[0]
            if cming! = "" and zming! = "" and re.findall(zming, cming):
                node1 = matcher.match('生词', name = cming).first()
                node2 = matcher.match('字', name = zming).first()
                node1_call_node2 = Relationship(node1, '包含', node2)
                graph.merge(node1_call_node2)
                print(node1_call_node2)
# 遍历文件夹下所有文件
def searchFiles():
    for root, dirs, files in os.walk('./中文 12 册课文文本'):
        for file in files:
            excelFile = os.path.join(root, file)
            if excelFile.find("xls")> = 0 or excelFile.find("xlsx")> = 0:
                GeneKnowMap(excelFile)          # 每个文件进行生成
if __name__ == '__main__':
    searchFiles()
```

执行以上代码后把所有的数据导入到 Neo4j 中,数据默认存放在 graph.db 文件夹里。
如果 graph.db 文件夹之前已经有数据存在,则可以选择先删除再执行命令。把 Neo4j 服务重启之后，就可以观察到知识图谱了，如图 11-12 所示。

五十三
五十四
Fifty three
three
五个
three hundred
三百
five
五
三
三个
three
百
九
识字一
三十六
二
十
四
八
七
六
一
组词为
课文为

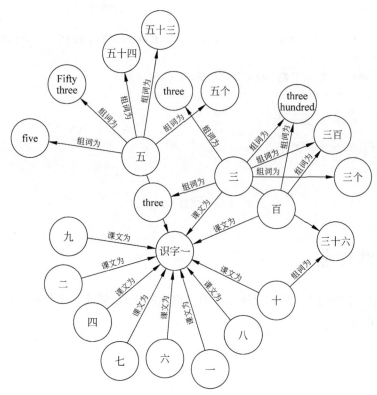

图 11-12　教育知识图谱展现效果

4. 项目部署

(1) 在项目部署时，需将项目代码上传到服务器上。

(2) 需要先安装 Flask、uWSGI。在控制台运行：

```
pip install flask
pip install uwsgi
```

(3) 启动项目。在控制台运行：

cd 到项目的文件夹中：

```
uwsgi uwsgi.ini
```

项目部署配置代码如图 11-13 所示。

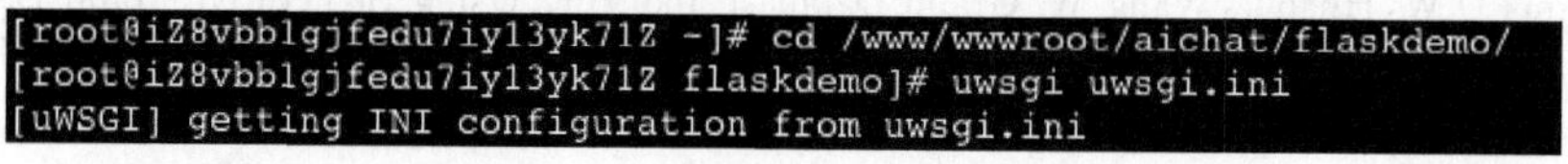

[root@iZ8vbblgjfedu7iy13yk71Z ~]# cd /www/wwwroot/aichat/flaskdemo/
[root@iZ8vbblgjfedu7iy13yk71Z flaskdemo]# uwsgi uwsgi.ini
[uWSGI] getting INI configuration from uwsgi.ini

图 11-13　项目部署配置代码

项目 API 测试如图 11-14 所示。

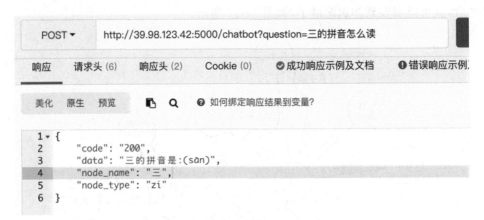

图 11-14　项目 API 测试

11.4　实践作业

"领域知识图谱构建"。根据领域知识图谱构建的流程,创建一个领域知识图谱,并实现基于知识图谱的应用。

参考文献

［1］　Steiner T,Verborgh R,Troncy R,et al. Adding realtime coverage to the Google knowledge graph[C]. International Semantic Web Conference,2012:65-68.

［2］　Wang Z,Zhang J,Feng J,et al. Knowledge graph embedding by translating on hyperplanes[C]. National Conference on Artificial Intelligence,2014:1112-1119.

［3］　Paulheim H,Cimiano P. Knowledge graph refinement:A survey of approaches and evaluation methods[J]. Semantic Web,2017,8(3):489-508.

［4］　Xiao H,Huang M,Yu H,et al. TransG:A Generative Mixture Model for Knowledge Graph Embedding[J]. Computation Science,2015.

［5］　陈悦,刘则渊.悄然兴起的科学知识图谱[J].科学学研究,2005,023(002):149-154.

［6］　刘则渊.科学知识图谱方法与应用[M].北京:人民邮电出版社,2008.

［7］　李涛,王次臣,李华康,等.知识图谱的发展与构建[J].南京理工大学学报(自然科学版),2017,41(1):22-34.

［8］　李涓子,侯磊,等.知识图谱研究综述[J].山西大学学报(自然科学版),2017,40(3):454-459.

［9］　刘峤,李杨,段宏,等.知识图谱构建技术综述[J].计算机研究与发展,2016,53(3):582-600.

［10］　Miller,JJ. Graph Database Applications and Concepts with Neo4j[J]. 2013.

［11］　Williams D W,Huan J,Wang W. Graph Database Indexing Using Structured Graph Decomposition [C]//IEEE International Conference on Data Engineering. IEEE,2007.

图 书 资 源 支 持

感谢您一直以来对清华版图书的支持和爱护。为了配合本书的使用，本书提供配套的资源，有需求的读者请扫描下方的"书圈"微信公众号二维码，在图书专区下载，也可以拨打电话或发送电子邮件咨询。

如果您在使用本书的过程中遇到了什么问题，或者有相关图书出版计划，也请您发邮件告诉我们，以便我们更好地为您服务。

我们的联系方式：

地　　址：北京市海淀区双清路学研大厦 A 座 714

邮　　编：100084

电　　话：010-83470236　010-83470237

客服邮箱：2301891038@qq.com

QQ：2301891038（请写明您的单位和姓名）

资源下载：关注公众号"书圈"下载配套资源。

资源下载、样书申请　　　　图书案例

书 圈　　　　　清华计算机学堂

观看课程直播